U0271520

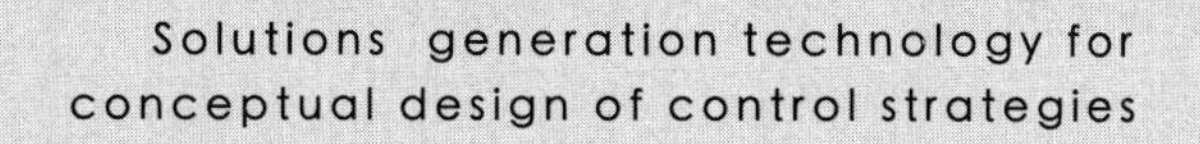

控制策略概念设计方案生成技术

刘歌群　著

中国科学技术大学出版社

内 容 简 介

控制策略的设计是控制系统设计的核心理论。本书参照机械领域的概念设计理论，结合功能建模、知识表示、设计推理、形态综合与工作流网等人工智能和系统工程理论，将控制策略的设计划分为概念设计与详细设计两个阶段，介绍了控制策略概念设计的方案生成技术，建立了适用于控制策略的系统化的概念设计方案生成方法。

本书是控制策略概念设计技术的开拓性著作，可供自动控制、设计理论、人工智能、知识工程、系统工程与创新理论等领域的专科生、本科生、研究生、工程技术人员和科研工作者参考阅读。

图书在版编目(CIP)数据

控制策略概念设计方案生成技术/刘歌群著. —合肥：中国科学技术大学出版社，2020.12

ISBN 978-7-312-04849-4

Ⅰ. 控… Ⅱ. 刘… Ⅲ. 智能控制—系统设计 Ⅳ. TP273

中国版本图书馆 CIP 数据核字(2019)第 295175 号

控制策略概念设计方案生成技术

KONGZHI CELUE GAINIAN SHEJI FANG'AN SHENGCHENG JISHU

出版 中国科学技术大学出版社
安徽省合肥市金寨路 96 号，230026
http://press.ustc.edu.cn
https://zgkxjsdxcbs.tmall.com

印刷 安徽国文彩印有限公司

发行 中国科学技术大学出版社

经销 全国新华书店

开本 710 mm×1000 mm 1/16

印张 14

字数 259 千

版次 2020 年 12 月第 1 版

印次 2020 年 12 月第 1 次印刷

定价 65.00 元

前　言

多年前，作者在接触大量控制理论文献之后发现，许多控制算法的创新采用了组合、移植、局部替换等技法，因此开始思考控制策略的创新是否有规律可循、控制策略的设计是否有系统化方法可依。若有，控制策略的设计与浅层次创新便可由计算机完成，研究人员便可集中精力于深层次理论研究，设计人员也可获得更多更好的控制算法备选方案。带着这样的疑问和期望，作者开始了数年的学习、研究与探索。

作者认为，控制策略的获得是一个设计过程，应当遵循设计理论的一般规律。可奇怪的是，控制领域通常把这个过程叫作“综合(synthesis)”，而不是“设计(design)”。正是因为“综合”这个惯常说法的存在，控制策略的设计才很少与设计理论联系在一起，也很少得到设计理论的支撑。发现这一状况之后，作者大胆设想：如果把设计理论引入控制策略的设计过程中，则有可能带来控制策略设计模式的变革，从而推动控制工程技术显著进步。这一设想为作者开启了一扇通往控制策略概念设计理论与方法的大门，门的背后是人类几乎未曾涉足的广袤天地。作者在此开山辟路、披荆斩棘，付出了多年的艰辛与探索，也收获了提出问题并解决问题的满足与喜悦。

本书是作者研究工作的总结，全书分为 5 章：第 1 章提出了控制策略概念设计及其方案生成问题；第 2 章提出了基于功能-构型法的控制策略概念设计方案生成方法；第 3 章提出了基于功能-算艺法的控制策略概念设计方案生成方法；第 4 章提出了基于功能-构型-算艺法的控制策略概念设计方案生成方法；第 5 章提出了几种基于创新技法的控制策略概念设计方案生成方法。

由于控制策略概念设计问题是本书提出的新问题，所以书中定义了大量的新概念和新术语。为了便于读者阅读理解，附录中给出了术语、符号、缩略语等内容的说明一览表。本书内容涉及控制理论、概念设计理论、功能论设计方法、知识工程、智能优化、Petri 网、工艺创成、TRIZ 等方面的理论和方法，因篇幅所限，书中没有对相关基础知识予以介绍，建议读者自行查阅相关文献。

本书是基于多年研究撰写而成的原创性成果。在此成书之际，感谢上海交通大学许晓鸣教授、西北工业大学卢京潮教授和刘卫国教授对本书相关研究的肯定与鼓励。本书得以出版，还要感谢上海宇航系统工程研究所顾冬晴研究员、上海理工大学杨会杰教授和上海市教育委员会“青年东方学者”顾长贵教授的帮助与支持。中国科学技术大学出版社在出版过程中给予了大力支持，在此表示感谢。

本书的出版得到了 2018 年度上海航天科技创新基金项目（编号：SAST2018-022）和上海市教育委员会“青年东方学者”人才计划（编号：QD2015016）的上海理工大学校内配套经费的资助。

本书内容属于开拓性研究，由于作者水平所限，错误与不当之处在所难免，故恳请广大专家学者指正，并推动控制策略概念设计技术不断向前发展。

刘歌群

2020 年 6 月于上海

目　　录

第1章　绪　　论

1.1　控制策略概念设计问题概述

1.1.1　控制策略概念设计的定义

控制策略的设计要完成三大任务:构型综合、设计流程确定和参数选择。其中构型综合与设计流程确定是概念设计问题,而参数选择是详细设计问题,整个设计过程可以用图1-1表示。**控制策略概念设计**是指:“在给定控制系统设计需求之后,在被控对象的控制量、被控量和观测量已经确定的前提下,通过选择与合成控制策略的构型与算艺,获得多种可行控制策略概念模型,为控制策略的详细设计提供较佳方案的一个设计过程”[1]。通俗地讲,控制策略概念设计就是控制律或控制算法的设计构思。

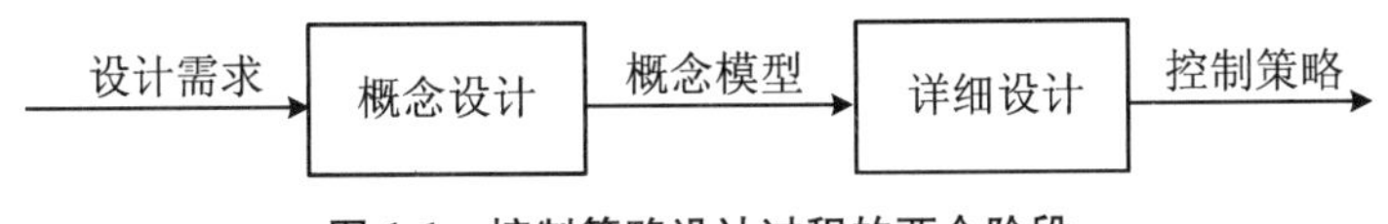

图1-1　控制策略设计过程的两个阶段

概念设计是设计领域的一个基本问题,1984年由Pahl和Beitz在*Engineering Design*一书[2]中给出定义:“在确定任务之后,通过抽象化以拟定功能结构、寻求适当的作用原理及其组合、确定出基本求解途径、得出求解方案,这一部分设计工作叫作概念设计。”三十多年来,人们对概念设计进行了广泛深入的研究,极大地丰富和扩展了概念设计的理论体系和应用领域。现在概念设计是设计领域中最活跃的研究方向之一,概念设计已有的理论分支从图1-2可见一斑。广义的概念设计可以定义为:在对预设目标充分理解后,确定设计理念,构想实现目标的途径和方法,采用适合预设目标的表达形式,构成多种可行方案,并评价和决策出最优方案,为详细设计提供依据的一种设计过程。概念设计按设计对象可以分为“硬”系统的设计和“软”系统的设计,“硬”系统的设计是指物质的、有形的产品的设计,“软”系统的设计是指精神的、无形的产品的设计[3]。控制策略概念设计属于“软”系统的设计。

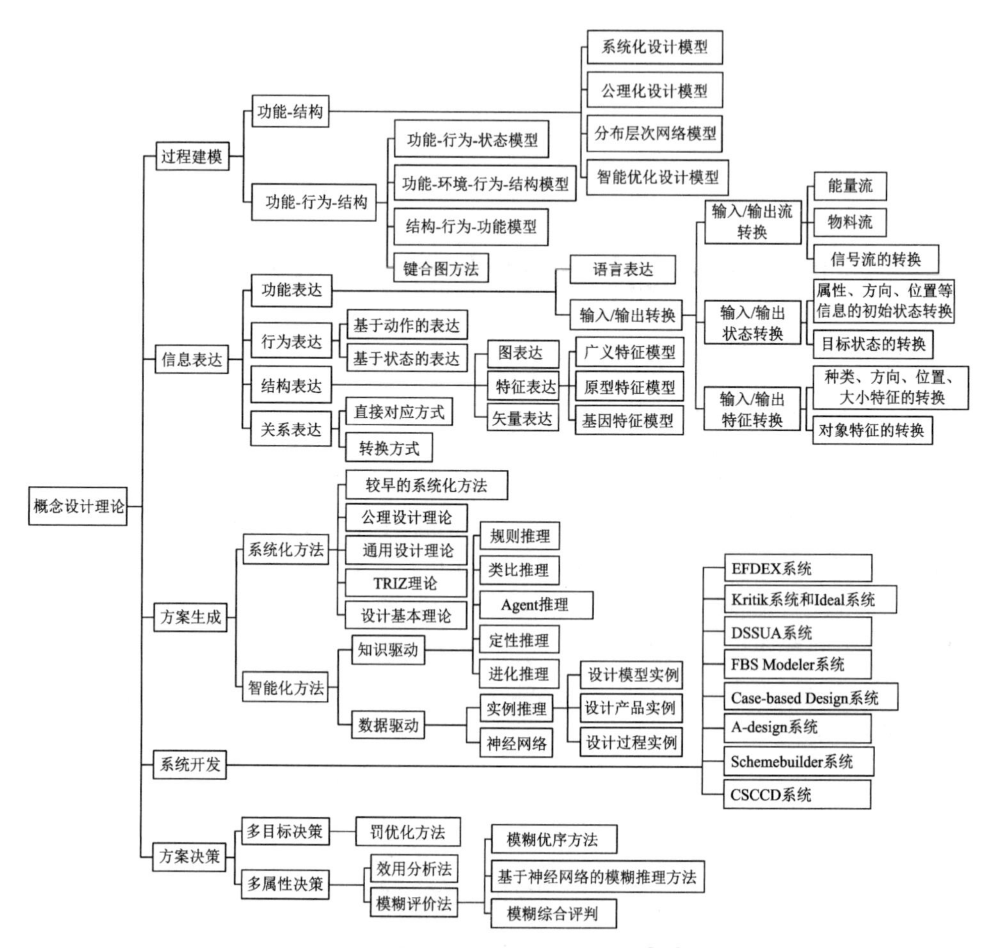

图 1-2 概念设计已有的理论分支[120]

控制策略概念设计在控制策略的设计过程中处于重要地位。概念设计完成具有前瞻性和创造性的方案选型工作,详细设计完成具体参数的确定工作。高质量的概念设计能起到事半功倍的效果,而不良的概念设计会增加设计风险和设计成本,延长设计周期。设计过程中的主要创造性工作在概念设计阶段完成,新问题和难题会在概念设计阶段对控制理论提出新要求,概念设计是控制理论与控制工程的结合点,也是控制理论不断向前发展的突破点,作用举足轻重。

控制领域经过几十年的发展,各种控制算法层出不穷、相互融合,使得控制策略方案选型的空间极大,如何在概念设计阶段构造最佳方案成为一个难题。控制策略的方案选型涉及因素多,选型时不但要考虑被控对象的特征,还要考虑性能指标能否实现。控制策略概念设计方案的构成本身比较复杂,选型时除了要构思控制策略构型,还要预先确定控制策略的求解流程,再加上构型与求解流程之间相互交织,使问题复杂度成倍增加[4]。控制策略概念设计对设计人员的知识积累、设计经验、设计技巧、设计灵感以及创新性思维都提出很高的要求。控制策略概念设计属于创新性设计,而创新性设计是人工智能领域公认的难题[5]。控制策略概念的好的设计对设计工作的成功至关重要,与控制理论的发展紧密相关,而且难度很大,不是单凭经验就可以满足工业化设计需求的,应当有系统化、规范化的方法,需要进行专门研究。控制策略概念设计具有以下特征[1,16]:

(1) 创新性。概念设计的核心是创新设计,概念设计属于广泛意义上的创新性设计。一方面,概念设计要为无现成解答的控制问题提供创新性控制算法;另一方面,概念设计的理论本身就是面向创新的。

(2) 约束性。概念设计要受到多种限制和约束,如被控对象的类型、干扰的特征、设计目标、设计成本和算法复杂度等等,这些限制和约束构成了控制策略设计空间的边界条件。

(3) 预见性。概念设计要为详细设计提供依据,因此要能预见所选控制策略概念模型是否适合被控对象的特征并满足性能指标。

(4) 残缺性。概念设计得到的是有残缺的控制策略的概念模型,算法的具体参数尚未确定,不是最终完整的控制算法。

(5) 多样性。首先,概念设计要为较佳控制策略的寻求提供多种备选方案,即要求解要具有多样性;其次,概念设计是具有创新性的框架性设计,方案组合和可行解的生成方法必然产生多样性设计方案。

(6) 层次性。概念设计的要素组织具有层次性,设计过程具有层次性,模型的生成过程也具有层次性[17]。

(7) 系统性。概念设计过程是一个由众多要素组成的有机系统,其设计理论要借鉴系统工程学的原理,因而具有系统性。

(8) 知识性。概念设计是一个基于知识的设计过程,脱离控制领域知识进行概念设计是不可想象的。

1.1.2 控制策略概念设计方案生成

方案生成是概念设计的一个阶段,其前一阶段的工作是用户需求分析,后一阶段的工作是方案决策,用户需求分析通常不属于概念设计环节。方案生成是由设计需求向方案集转换的一个过程[15],是概念设计的关键环节。方案决策主要进行可行方案的择优,但是方案择优并不与方案生成完全独立,方案生成过程中也存在择优环节。

方案生成的作用是实现系统设计需求到控制策略概念模型的转换。具体地说，就是根据被控对象特征、控制系统相关变量和性能指标，生成同时包含构型和算艺的概念化的控制策略，其过程可以表示为图 1-3。

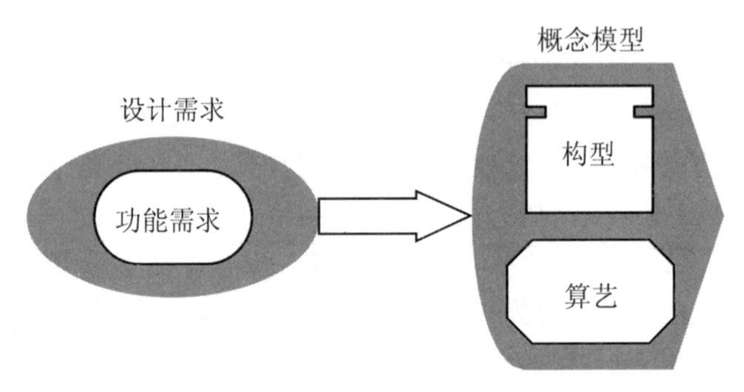

图 1-3 方案生成的过程

方案生成是一个有相当难度的问题，需要综合运用多种相关知识，如控制算法构成知识(单元算法的适用条件，相互间的连接关系、嵌套关系等)、控制算法设计流程知识(单元步骤的适用条件，相互间的连接关系、嵌套关系等)、被控对象知识(线性或非线性性质、时变性质、型别、阶次、复杂性、定性定量模型等)、基本控制理论(稳定性、准确性、快速性、鲁棒性、自适应性、最优性、智能性等)、创新技法、惯用设计模式等等。

方案生成方法是控制策略概念设计技术的关键，对概念设计起到核心支撑作用。方案生成方法对设计对象来说应具有通用性，即不论控制算法是经典的还是智能的，也不论控制策略算艺是传统的还是自然计算类的，方案生成方法应都能适用。

1.1.3 控制策略概念设计方案生成技术研究的意义

方案生成技术研究的目标是寻找概念设计问题的结构化求解方法，将基于经验的设计转变为基于科学的设计，使控制策略概念设计规范化、形式化，对设计工作的高层决策和设计自动化提供有效支持。

进行控制策略概念设计方案生成技术研究具有重要的理论意义、工程意义和经济意义。

1.1.3.1 理论意义

(1) 探索控制策略概念设计方案生成的方法，为控制策略高层设计决策支持这一传统难题寻找出路。

(2) 探索控制策略概念设计的方法和控制策略两阶段设计模式的实现途径，

促进控制策略设计模式的变革。

(3) 探索设计理论、概念设计理论与创新技法在控制领域的应用方式与途径,同时扩展设计理论、概念设计理论与创新技法的应用领域,丰富其内容。

(4) 建立关于控制策略构型的知识表示形式和方案生成方法。

(5) 建立关于控制策略算艺的知识表示形式和方案生成方法。

(6) 建立基于功能论的控制策略设计方法,为控制策略功能、结构、层次等深层知识的研究提供切入手段。

(7) 建立控制策略的创新设计技术,以利于控制领域难题的解决、新型控制策略的诞生和新控制理论的提出。

1.1.3.2　工程意义

(1) 使控制策略的方案选型更加科学合理,更加规范化和系统化,为控制策略的详细设计提供可靠依据。

(2) 有助于控制策略设计高层决策支持系统的研制和面向控制系统设计的新型专家系统的开发。

(3) 建立能够在整个设计空间内进行组合的、具有多样性和创新性的方案生成方法,有助于设计出性能更优的控制策略,为工农业生产更好地服务。

(4) 有助于增强控制算法工程师的方案构思能力和创新设计能力。

1.1.3.3　经济意义

(1) 有助于减少控制策略设计过程中的盲目性,降低设计成本,提高设计成效,缩短产品开发周期,增强企业竞争力。

(2) 为组态软件、控制系统计算机辅助设计(computer aided control system design,CACSD)软件的下一步发展提供新的价值增长点。

1.2　现有的控制策略设计方案生成技术

现有的控制策略设计方法并不区分概念设计与详细设计,方案生成技术蕴含在控制结构设计、CACSD和组态软件设计三个问题之中。其中,组态软件设计主要解决控制系统软件工程问题,控制算法的方案生成不是该方向的研究主题。目前,方案生成技术主要有基于经验的方法(人工设计)、基于优化的方法、基于人工智能的方法和基于设计理论的方法。以下从四个方面介绍现有的控制策略设计方案生成技术:① 控制结构设计研究;② 基于优化的方法;③ 基于人工智能的方法;④ 基于设计理论的方法。

1.2.1 控制结构设计中的控制器方案选型

控制结构设计(control structure design)问题的提出源于文献[6],后来文献[18,19]对该问题进一步补充,把控制结构设计问题归结为五个方面:① 被控量的选择;② 控制量的选择;③ 观测量的选择;④ 变量配对;⑤ 控制器类型的选择。其中,控制器类型的选择问题与本书所定义的控制策略概念设计问题有相通之处,但两者研究的着眼点不同,前者着眼于整个控制系统的设计,后者着眼于单个控制策略的设计。

控制结构设计方向已有的研究成果较多集中于前四个问题,国外文献如[20-24]、国内文献如[25-29]取得了代表性的研究成果。1993 年,文献[30]给出了一个具有 41 个观测量、12 个控制量的过程控制对象,后来该对象被许多学者作为变量选择与配对研究的测试例[31-37],并称之为"Tennessee Eastman 问题"。

在控制器类型选择的研究早期,控制领域的学者仅把观测量与控制量之间的连接结构定义为控制策略的构型(control configuration)[39]。后来有学者发现控制策略的求解流程(design sequence)属于控制结构设计方案的必要组成部分,于是提出把控制策略的求解流程和控制算法的连接关系统一归结为控制策略的构型[38]。2006 年,文献[1]把控制策略的求解流程定义为控制策略的算艺(technological process),认为控制策略的概念模型(conceptual model)由构型(configuration)和算艺组成,其中构型的定义为控制器内部的算法类型及其连接关系。现在,控制器类型选择已经被控制结构设计研究方向的学者确定为下一步要攻克的难题,并提出五个问题协同解决的设想。该设想计划在变量选择与配对时就考虑控制器类型选择问题,如果没有合适的控制器类型选择方案,相应的变量选择与配对方案就被否决。但目前的问题是,协同解决需要以成熟的控制器类型选择技术为前提,而类型选择技术仍待开发。

此外,文献[40]定义了一种过程图模型,用于分析过程对象控制量和观测量之间的关系,并基于过程知识和惯用控制模式来生成控制系统的变量配对方案。该分析方法是一种宏观层面上的分析方法,对于从概念层面上解决控制器类型选择问题有启发作用。

1.2.2 基于优化的方案生成方法

控制策略设计问题的相关变量多、约束条件多、性能要求杂,天然具备优化问题的特征。1973 年,文献[41]把控制系统的设计问题归结为一组不等式问题,这是控制系统优化设计方法的典型写照。

控制系统的优化设计方法,按优化内容可以分为控制器结构的优化、控制器参数的优化和控制器结构、参数一体优化三种情况。利用优化方法进行控制器设计的基本步骤如下：① 确定备选控制器集合，并对备选控制器进行参数化描述；② 确定优化目标和约束条件；③ 选择优化算法；④ 对备选控制器进行结构或参数的优化，获得满足要求的控制器设计方案。[42,43]

利用优化方法进行控制器设计，整个过程不明确区分概念设计和详细设计，优化的直接结果就是详细设计方案，概念设计方案的生成与选择蕴涵在了优化过程之中。

控制系统优化设计的目标函数主要由系统的时域和频域指标组成，如稳态误差、上升时间、ITAE 指标、稳定裕度、主导极点位置、控制器阶次等。例如，文献[44]针对不同阶次、不同参数的被控对象，在不同给定值和不同干扰水平下，采用时域、频域性能指标的组合作为目标函数。目标函数的形式最初为各种指标的加权平均，如二次型性能指标，设计方案是单目标优化的结果。文献[45,46]提出了控制系统的多目标优化设计方法，把目标函数表示为多维向量的形式，优化算法同时对多个目标进行求解。针对目标函数的权重系数，文献[47]提出了基于变权综合型目标函数的控制系统优化设计方法。

控制器的优化设计算法，基本覆盖了常见的线性与非线性优化算法。例如，文献[48,49]提出了外部近似法（outer approximation methods）和半无限优化算法（semi-infinite optimization），文献[50,51]利用单纯形法进行控制器的优化设计，文献[52]采用无约束变尺度法和约束序列二次规划法进行控制器参数的优化，文献[53,54]利用蚁群算法分别进行神经模糊控制器与 PID 控制器的优化，文献[55-57]利用模拟退火算法进行最优控制器的优化设计，文献[58]利用多目标免疫算法进行温室控制器的优化设计，文献[59]利用免疫算法进行多模型控制算法的设计，文献[60,61]利用禁忌搜索分别进行马尔可夫随机控制器参数和模糊控制器成员函数的优化设计，文献[62,63]利用混沌优化分别进行单纯型滑模控制器和神经网络非线性控制器的优化设计，文献[64,65]利用粒子群优化算法分别进行模糊控制器结构和 PID 控制器参数的优化设计……在众多的优化算法之中，遗传算法可以说是控制器优化设计算法的代表。自文献[66,67]把遗传算法用于控制策略设计以来，遗传算法在控制器设计中的应用研究层出不穷。从 PID 控制、模糊控制、预测控制到 H_∞ 控制、神经网络控制和输出反馈控制，从自学习控制、逆控制、LQ 控制到解耦控制和最优控制，都有利用遗传算法进行优化设计的报道。遗传算法的优化对象覆盖全面，既包括控制器的参数，也包括控制器的拓扑结构和函数形式[68-70]。

利用优化方法获得控制器的设计方案，现有技术较多集中于控制器参数（典型的如 PID 控制参数、最优控制参数和滑模控制参数）的优化[71]。对于控制器结构优化的研究，则较多集中于模糊控制器的模糊规则、隶属度函数和成员函数的优化[72-74]，此外还有神经网络连接关系连接权的优化[75]和控制系统信息结构的优化[76]等。进行控制器结构和参数一体优化设计研究的工作较少，如文献[77]在H_∞回路成型控制设计过程中，利用层次化微遗传算法同时生成权重函数的结构和参数，文献[44]利用遗传优化算法同时生成控制策略的拓扑结构和参数。

总的来说，现有的优化方法对控制策略结构方案生成的支持力比较弱，具有解的大范围结构多样性的控制器优化设计方法还比较少见。例如，优化方法难以同时得到两个较佳控制器：一个是模型自适应PID控制器，另一个是神经滑模控制器。

1.2.3 基于人工智能的方案生成方法

控制策略概念设计蕴涵在控制系统的设计问题之中。如何进行控制策略的构型选择，在20世纪六七十年代，控制领域的专家就已经注意到这个问题[6]，并提出了利用计算机设计控制系统的构想[7,8]，该技术称为控制系统计算机辅助设计(computer aided control system design，CACSD)技术。CACSD思想一经提出，即得到学术界的普遍关注，许多学者对CACSD技术进行了大量的研究[9-14]，并研发了许多CACSD软件，例如工业界和学术界广泛使用的MATLAB。MATLAB虽然实现了数学运算的计算机化，但不能代替人进行方案构思。20世纪80年代，基于产生式规则的专家系统被引入CACSD技术[13]，并形成研究热潮。由于产生式规则在知识关系、知识结构及深层知识表示等方面的固有不足，基于产生式规则的CACSD专家系统没有实现工业化普及。尽管如此，这些研究工作却奠定了利用人工智能进行控制策略设计的技术基础。

利用人工智能进行控制策略设计方案的生成，已有技术以三个典型系统为代表：第一个是1984年文献[13]所设计的基于专家系统的CACSD环境，第二个是1996年文献[91]中Elsag Bailey公司设计的“系统实施设计顾问”(design advisor for implementing systems，DAIS)，第三个是2002年斯洛伐克开始研究的MARABU知识门户(knowledge portal)项目[93]。以下对这三个系统逐一介绍。

1984年，文献[13]率先设计了基于专家系统的CACSD。在该系统中，设计问题由框架表示，包括对象特征、设计约束和性能指标；设计知识用产生式规则描述；黑板模型由设计所需参量、当前设计状态等要素组成；设计方案由DELTA推理机通过事件驱动和目标驱动式的推理获得。以该系统为开端，国际上掀起了一个基于专家系统的CACSD技术的研究热潮，如[12,78-87]等中外文献都进行了大量研究，并开发了许多CACSD专家系统。从1984年到1996年左右，控制界的工作主要针对CACSD专家系统进行深化和细化研究。从控制策略设计方案生成的角度来看，这一阶段的主要技术基本上以产生式规则表示知识、通过前向或后向推理获得设计方案，该阶段没有变革性的新技术出现。其间有一些典型的新思想和新方法，如文献[86]提出由“设计专家”确定设计方法、控制器类型和控制器参数，并选择最合适的控制器设计算法。又如文献[88]在基于专家系统的 CACSD 中引入了规划方法，把设计目标分解为多个层次，在启发式规则的协助下对每一个层次进行规划以获得整体设计方案。大约 1999 年之后，一些具体应用领域的面向计算机辅助控制工程(computer aided control engineering，CACE)的专家系统仍在开发，如美国核能研究所开发的控制引擎(control engine)[89,90]，但是专家系统不再是 CACSD 研究的热点。

1996 年，文献[91]提出了 DAIS 构想，并由 Elsag Bailey 公司开发相应的系统，以期实现 CACE 的六项核心内容：① 对象特征定义；② 目标性能定义；③ 实现、操作及其他约束定义；④ 控制算法配置(scheme)选择；⑤ 控制器设计与调整；⑥ 控制系统实现。该构想把框架作为知识表示的形式，引入了模板设计技术，通过基于框架的匹配进行设计推理，知识获取来源于 INFI90 的功能块语言，设计方案由 INFI90 的功能码进行描述[92]。该技术从功能视角进行控制策略的设计方案选择，把模板技术、基于框架的知识表示与推理、组态软件设计等要素有机结合在一起，是控制策略智能设计技术的一次变革，也是一项代表性的研究工作。

2002 年，斯洛伐克科学院开始了 MARABU 项目[93]，该项目旨在研制一个对系统建模和控制进行决策支持的知识门户。在 MARABU 项目中，知识库基于本体(ontology)建造，设计推理采用基于实例的推理(case-based reasoning，CBR)技术，决策支持由多智能体实现，整个决策支持系统采用知识门户的体系结构[94-96]。该研究工作已经超越了传统的 CAD 概念，采用了本体、多智能体、CBR 和网格计算(grid computing)等多种人工智能新技术，从网络化的视角构建分布式决策支持环境，利用网络知识的巨大资源进行建模、设计和仿真辅助工作。从设计方案生成的角度来看，该项目虽然在知识表示上引入了本体论，但设计推理方法比较单一，主要是 CBR。

在人工智能技术框架之下，还有一些其他的研究成果。文献[97-99]明确提出了“控制系统的智能设计”构想，并采用大规模组合仿真的方法进行参数选择知识的获取，以期实现参数选择的智能化，如文献[99]中的组合仿真数目为1 600。文献[100]提出了控制算法计算链(computational chains)的概念，并用 MATLAB 中的容器(containers)对其进行建模。文献[101]提出了一种基于分层结构的自然语言理解的黑板驱动模型，以期利用自然语言理解技术实现人机交互，提高控制系统自动设计的智能化水平。

1.2.4 基于设计理论的方案生成方法

控制策略设计本身是一项设计活动，基于设计理论研究控制策略的设计方法本是顺理成章的事情，但可惜的是，控制领域的传统是从系统综合的角度看待控制策略设计问题。所以，从设计理论的角度考虑控制系统的设计问题，仅在机电设计领域有一些零星的研究成果。

1998 年，文献[102-104]提出了一种基于功能-方法树(function-means tree)的控制策略概念设计方法，Schemebuilder 是他们所开发的支持该方法的机电系统设计软件环境。在该方法中，被控对象特征用系统阶次、量测噪声的频率特征、量测噪声的幅值特征、执行机构动作范围、传输零点和执行机构动作方式共六个属性表示。控制策略的功能(function)基于物质、能量和信息的转换关系以图的形式描述，总功能可以分解为子功能和功能元。控制策略的方法(means)指代算法单元，用缩写符号表示，如内模用 Mc(s)表示，微分用 D 表示，非线性增益用 N 表示……每一个算法单元都具有性能属性，并从六个方面进行评价：① 精确度；② 对高频传感器噪声的敏感性；③ 电力传输相互作用；④ 对未知快变动态的敏感性；⑤ 对速度响应的影响；⑥ 对未知慢变动态的敏感性。性能属性值为“Low/High”的形式，并以“if …”作为前提。该设计方法利用功能-方法树建立控制策略功能与基本算法单元之间的关系，功能-方法树是控制策略设计知识的表示形式。设计方案的生成以被控对象的特征为出发点，通过对树的搜索获得，设计方案的优选根据所选基本算法单元的属性进行。例如，他们为一个五阶带高频量测噪声的被控对象设计的高精度非重复性跟踪控制方案为“u＝I. e－P. w－M4. u”，该设计方案为定性方程，可以用语言描述为“控制量等于误差的积分减去反馈量的比例和控制量的四阶滞后值”。

1999 年，文献[105]把概念设计领域的功能-行为-结构法引入到控制系统设计领域，由此得到了一种系统化的设计方法。该方法把由系统行为引起的能够实现一定目标的作用定义为“功能”，把系统对外界的反应定义为“行为”(包括有用行为、潜在行为和有害行为)，把系统的软硬件组成定义为“结构”。设计目标由对象拓扑结构、对象固有特性、设计意图和系统性能指标组成。设计知识表示为目标、约束、功能、行为和结构五个域之间的映射。“Achieved_by”实现目标域到功能域的单对多映射，“Conditioned_by”实现功能域到目标域的单对多映射，“Conditioned_by”反映的是功能实现的前提目标，“Realised_by”实现功能域到行为域的单对多映射，“Exhibited_by”实现行为域到结构域的单对多映射，“Constrained_by”实现从约束域分别到功能域、域行为和结构域的映射。当设计问题被定义之后，通过目标—功能—行为—结构推理获得设计方案。

2001年，文献[106]把功能-结构法引入到飞机电传控制系统的概念设计，通过功能建模、功能分解、功能与结构之间的映射获得控制系统的结构设计方案。该方法对总功能进行逐层分解，得到具有三层结构的功能模型，功能模型的底层是传感器、执行机构和控制任务(task)。传感器、执行机构和控制任务之间的信号连接用任务图表示。设计方案生成的过程模型为"功能模型—任务图—非冗余硬件布局—任务配置—硬件冗余设计—错误与故障处理方案"，最终得到的是控制系统的软硬件配置方案。

2001年，文献[107]基于公理设计理论的"独立公理和信息公理"，为环氧配剂控制系统确定了变量配对方案，实现了各回路控制器设计和控制目标之间的解耦。该工作把相对成熟的公理设计理论(axiomatic design theory)引入到控制系统的结构设计中，对于设计理论在控制领域的应用和控制系统设计过程中功能解耦的实现，具有启迪作用。

2002年，文献[108]把质量功能配置(quality functional deployment，QFD)用于自主机器人控制方案的设计需求分析，获得了控制系统构架应具有的设计规范。该研究把QFD这一经典的需求分析方法应用到控制领域，是利用设计理论进行控制系统设计需求分析的一次探索，对控制策略的设计需求分析有启示作用。

此外，在机电系统建模与设计领域还有一些研究成果，如多领域建模环境MODELICA的开发[109]，基于键合图(bond graph)的控制系统分析与设计[109,111]等等，都实现了设计理论与控制系统设计的结合。由于这些成果侧重于建模工具与方法的研究，对控制策略设计方案生成技术的发展直接贡献较少。

1.2.5　现有控制策略设计方案生成技术的不足

概括来讲，现有的控制策略设计方案生成技术，在基于优化的方法和专家系统方面有一些成形的技术(基于优化的方法是一种局部解决方案，基于规则的专家系统是一种系统性的解决方案)，并取得了一定的工业应用成果，而新一代的智能方案生成方法和基于设计理论的方案生成方法还处于萌芽状态。现有的控制策略设计方案生成技术存在以下不足：

(1) 控制界还没有形成从设计理论的角度看待控制策略方案构思问题的习惯，在控制策略方案生成问题上对设计理论的引入不够充分，已有的方案生成方法大多部分运用了设计理论，充分运用设计理论的研究比较少见。

(2) 控制策略的创新研究及创新性设计得到经典创新理论的系统性指导不足，对创新理论、创新技法的运用存在简单模仿性、盲目性、非系统性和牵强性。

(3) 从功能视角进行控制策略方案生成方法的研究比较缺乏。功能视角是认识世界的基本视角[112]，是打开控制策略深层知识的钥匙。功能视角的缺位，使得对控制策略功能、层次、结构及其关系的一般规律认识不足。功能创新性设计、嵌套式方案生成和控制策略设计的高层决策支持所必需的知识基础因此比较薄弱。机械设计领域围绕设计目录已经建立了一系列成熟的技术[113]，相比之下，组态软件的功能块没有功能属性、通用功能块数量少、控制领域没有面向功能的单元控制算法设计目录等状况，均是控制算法功能研究不足的表现。

(4) 对控制策略设计的过程模型研究与认识不足。过程模型从一般意义上探究设计过程各个环节的组成与规律[114]，过程模型研究的缺乏，使得信息表达方式和设计推理技术定位不当，设计方法的方案构思能力弱，适用性有限，系统性和规范性不强。

(5) 控制领域虽然已经运用了框架这样的优于产生式规则的知识表示形式，但是对于使用框架表示哪些变量、这些变量的槽和侧面如何配置才能支持多层次组合式创新性方案生成没有成熟的研究。该问题属于概念设计中的设计变量选择和信息表达问题，是设计推理赖以进行的基础，是设计理论层面的问题，仅靠人工智能技术和控制理论难以彻底解决。

(6) 对控制策略概念模型的组成认识不足，对控制策略的算艺在系统性能实现中所起的作用缺乏应有的认识成果，未将控制策略的算艺作为一个专门问题进行研究。

(7) 控制策略概念设计的概念提出时间较短[1]，远不够体系化和完整化，控制策略概念设计没有与详细设计进行分立研究，也没有形成一个专门的研究方向，相应的研究成果非常缺乏。

(8) 缺乏支持大范围、多层次、组合式方案创新的控制策略设计推理方法，概念设计的多样性、创新性、层次性等特征得不到支撑。

1.3 引入设计理论的控制策略概念设计技术

针对目前存在的问题，本书的研究思路是：基于“两个角度”的结合，通过“两个引进”和“两个分离”，对“两个问题”进行重点研究，以获得面向组态软件的控制策略方案生成技术。

“两个角度”指的是看待控制策略设计问题的两个角度：一个是系统综合角度，另一个是设计理论角度。系统综合角度解决的是控制理论的知识问题，设计理论角度解决的是控制理论知识的组织问题。知识以及组织知识的方法是设计过程中不可缺少的两个方面。把系统综合角度和设计理论角度相结合，同时从这两个角度看问题，才能对控制策略的设计问题有透彻的理解和全面的把握，才有可能形成符合控制问题根本规律的设计方法，才有可能促进控制策略设计高层决策支持这一难题的解决。

“两个引进”的“第一个引进”指的是在控制策略的设计技术中引进成熟的概念设计理论。设计理论是分析研究设计活动、解决设计问题的一般性规律，引入设计理论有助于深化认识，抓住设计活动中的核心要素，创建符合设计规律的控制策略设计方法。概念设计理论是设计理论的一个分支，在信息表达、过程建模、对象表示、需求分析、功能建模、方案生成、方案决策、系统开发和创新技法等方面取得了丰硕的成果[115]。本书的核心思路就是在解决控制策略概念设计问题时，有针对性地引入一些成熟的概念设计理论和方法，通过改造、移植和组合，形成适合控制领域且有控制领域特色的概念设计方法。其实控制界对概念设计理论的渴望早在1993年就表达了出来，文献[97]在提出控制系统智能设计构想的同时，从控制工程的角度提出了一种理论需求——统筹设计理论，期望该理论能够高层面、全方位地解决控制策略的设计决策问题。该文认为，统筹设计理论应该做到如下几点：① 正确阐明现有各种（频率域的和时间域的）设计方法的特长和局限，特别应当指出每种方法最适合的和不适合的设计任务的类型；② 针对现有各种设计方法均不适合的特殊类型的设计任务，提出新的设计方法加以补充；③ 建立一种按照被控对象特性和控制目标统筹地选择最佳设计方法的逻辑流程；④ 为各种设计方法建立选择有关自由参数的指导原则和算法。他们提出的“统筹设计理论”本质上就是“概念设计理论”。

“第二个引进”指的是引进创新技法进行控制策略概念设计研究。创新技法是创新理论在具体应用层面的表现形式，是前人智慧的结晶。引入创新技法研究控制策略的创新性方案生成问题，有助于降低方案创新过程中的盲目性、非系统性和牵强性，有利于增强创新能力和改进创新效果，把粗糙简陋的创新方式转变为科学的创新方式[220,221]。

“两个分离”指的是控制策略概念设计与详细设计相分离、构型设计与算艺设计相分离。

概念设计与详细设计是两个性质不同的设计阶段：概念设计关注的是控制策略的方案构思，强调的是方案的创新性、多样性和预见性；而详细设计关注的是算法参数的具体取值，强调的是性能指标的具体数值。如果同时考虑概念设计和详细设计，并以性能指标是否实现作为考量标准，这样的设计方法必然在方案构思上显得力不从心，这也恰是控制领域多年来没有产生高水平的控制策略方案生成技术的根本原因。概念设计阶段有自己的特色，概念设计理论有针对性，只有把概念设计与详细设计相分离，才有可能催生出高水平的控制策略方案生成技术。因此，本书提出把概念设计与详细设计相分离，为控制策略引入“概念设计＋详细设计”的两阶段设计模式。

控制策略是一种非常独特的设计对象，其独特之处在于控制策略构型与参数求解流程同时影响着系统性能。也就是说，只有在同时确定了算法结构和参数求解流程（就是通常所说的“结构性问题”，会造成“硬伤”）之后，设计方案才能算作大局已定。控制领域的创新成果有一些是一种新的控制算法结构，而另一些却是控制策略的一种新的求解计算流程，这种现象就是控制策略独特性的典型写照，即控制策略概念设计要同时考虑构型和算艺两个方面。但是作为设计对象，构型和算艺的性质却截然不同——构型是结构性的，算艺是过程性的——不能采用同样的方法进行方案生成。构型设计与算艺设计要兼顾，是控制策略设计问题显得困难的根本原因。构型设计与算艺设计没有分离，是至今没有产生成熟控制策略设计决策支持方法的原因。本书将构型设计与算艺设计相分离，予以区别对待，采用不同的方法进行方案生成，而控制策略概念设计则是这两个方面的统分结合。

功能建模、信息表达、过程模型和方案择优是概念设计研究的四个重点问题，由于篇幅所限，本书将仅对信息表达和过程模型两个核心问题[116]进行重点研究。

信息表达研究用什么样的形式对设计对象的特征变量进行描述，是知识表示的基础。信息表达方式决定了设计推理的手段和方案生成能力。控制策略概念设计具有多样性和创新性，结合控制策略概念模型的组成特点，以及算法之间的相互可嵌套性，信息表达方式既要能支持不同域之间的映射，对各种控制算法和设计流程具有广泛适用性，还要支持层次化、可嵌套、可组合的设计推理技术。信息表达方式是概念设计方案生成技术的关键点和难点，是控制策略系统化设计方法能否取得巨大突破的前提。本书把信息表达方式作为第一个重点研究的问题。

过程模型需要确立设计活动的序列和各阶段的内容，将产品设计过程中最前端的、最有创造价值的且最不确定的设计过程加以模型化和规律化[117,118]。控制策略概念设计需要从功能需求出发，获得由构型和算艺共同表示的概念模型，是功能、构型和算艺三个域之间的复杂映射推理。通过什么样的映射活动与组合活动的序列实现概念模型的多层次、组合式方案生成，是一个难题。过程模型关系到方案生成方法的系统性和层次性，也关系到方法可自动化实现的能力，为此本书把过程模型作为另一个重点研究的问题。

信息表达技术与过程模型一旦确立，概念设计方案生成技术的核心构架就基本确立了。

本书所研究的方案生成技术以面向功能块语言为主。组态软件的方案生成问题是控制理论与控制工程的终端问题。功能块语言建立了面向功能的控制软件组态设计方法，国际电工委员会标准 IEC 61499 描述了创建和管理基于功能块的工程系统所必需的概念、规范和信息交换方式，为设计、实现和维护分布式工业过程测控系统提供了工程指导[119]。但是组态软件解决的是软件工程问题，不是控制算法的方案构思问题。功能块语言没有功能属性，基于功能块的设计不是基于功能的设计，功能块与功能之间还有很远的距离。赋予功能块功能属性，以功能块为构型单元建立控制策略概念设计方法，既能充分利用 IEC 61499 标准所取得的成果，推动功能块技术的发展，又能直接面向应用，形成便于控制策略设计的决策支持技术。基于功能块面向组态软件的控制策略概念设计技术，是控制理论、设计决策支持与工程应用的三者结合，可以填补理论与应用之间的鸿沟，使设计人员获得现实的决策支持手段。

本书的研究思路详细表述如下：在控制策略概念设计的方案生成技术研究上，把基于系统综合的观察视角和基于设计理论的观察视角相结合，把概念设计与详细设计相分离，把构型设计与算艺设计相分离，通过引进概念设计理论和创新技法，对信息表达与过程模型进行重点研究，以获得面向组态软件功能块语言的系统化方案生成方法。

控制策略概念设计技术涉及的领域包括以下几个方面：控制理论、设计理论、人工智能和系统工程。人工智能技术主要解决知识表示、设计推理和智能组合优化问题，系统工程主要解决设计过程的系统化问题。对比智能控制的四元结构，控制策略概念设计理论也具有四元结构，如图 1-4 所示。

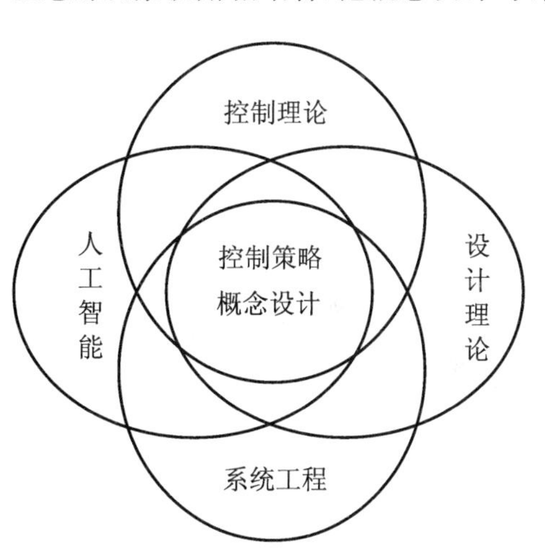

图 1-4　控制策略概念设计理论的四元结构

1.4　基于功能-构型-算艺法的控制策略概念设计

作为本书提出的第一大类方案生成方法，也作为第 2 至第 4 章内容的总领，本节概述基于功能-构型-算艺法的控制策略概念设计方法，对其中的设计变量选择、信息表达和过程模型等问题进行介绍。第 2 至第 4 章分别对功能-构型法、功能-

算艺法和功能-构型-算艺法进行详细论述。

1.4.1 控制策略概念设计方法的系统化问题

控制策略概念设计要通过层次化的设计推理，实现从设计需求到构型和算艺的映射，最终获得控制策略的概念模型。如何确定设计活动的序列，并对设计活动进行恰当的限定，是一个系统工程问题。概念设计领域有许多系统化的设计理论，如早期的系统化方法、公理设计理论、通用设计理论、TRIZ 理论和设计基本理论等[120]。早期的系统化方法认为，产品功能和结构均具有层次性，通过功能分解、功能元-结构元映射和结构元组合可以得出设计方案。公理设计理论将设计描述为用户、功能、物理和过程四个域之间的往复映射[121,122]，功能-行为-结构法将概念设计描述为功能、行为与结构三个域之间的映射[123]。文献[102-104]把控制策略概念设计描述为功能与方法之间的映射，文献[105]把功能-行为-结构法引入控制系统的设计中，文献[106]把控制系统的概念设计描述为功能-结构之间的映射。由此说明，系统化的设计理论在控制领域具有应用可行性。本书基于对控制策略概念模型组成的认识[4]，并参照公理设计理论和功能-行为-结构法，提出一种基于功能-构型-算艺法的系统化方法。

1.4.2 设计变量的选择

设计变量也称特征变量，是表征设计对象特征的参量。设计变量的选择是设计方法的立足点，反映了对设计对象本质特征的认识，关系到整个概念设计系统化方法学的成败。概念设计的灵魂是创新，控制策略概念设计包括设计工作中的所有创造性工作，设计变量应当刻画控制策略的创造性特征。

首先，控制策略的算法类型与单元算法之间的连接关系能够描述控制策略的创造性特征，这一点是毋庸置疑的。此外，控制策略的求解流程或计算流程也能描述控制策略的创造性特征。例如，文献[38]把控制策略的求解流程定义为控制策略构型的一部分，文献[4]提出控制策略的构型研究应当结合相应的分析、设计与优化流程进行，把控制策略的计算流程也归于表征控制策略创造性的特征之中。基于该认识与功能论思想，参照公理设计理论的域映射模型与功能-行为-结构法，本书选择功能、构型和算艺作为控制策略概念设计的特征变量。

定义 1-1　控制策略的功能(function)是指控制策略的总体或者部分在控制系统中所表现出来的作用和性能，有总功能、子功能和功能元之分。控制策略的功能用于满足设计需求，与设计需求相对应。

定义 1-2　控制策略的构型(configuration)是指控制策略的各组成算法的类型及其连接关系，是对控制策略静态构成的一种描述。控制策略的构型由构型元组成。

定义 1-3 控制策略的算艺（technological process）是指求得一个控制策略所采用的分析、计算、选择、优化等方法或算法的序列及其关系，描述的是控制策略形成的动态过程性信息。控制策略的算艺由算艺元组成。

定义 1-4 控制策略的概念模型（conceptual model）是指由构型和算艺共同描述的控制策略的框架性模型，同时反映控制策略的静态构成和动态形成过程。给定一个控制策略的概念模型之后，便可以按其算艺无需创造地计算出具有给定构型的控制策略。

控制策略概念设计阶段就是构型与算艺方案的确定阶段，也是整个设计工作中的创新性阶段。虽然详细设计还没有进行，具体参数还没有选取，系统性能还没有最终确定，但是参数的取值方法已作为算艺在概念设计阶段确定，控制系统的最终性能不再发生质的变化。详细设计阶段不具有创新性，概念设计阶段包括了所有的创新性工作。

1.4.3 信息表达方式

信息表达方式即设计变量的形式化表示方式。信息表达方式类似于知识表示形式，但是不同于知识表示形式，是知识表示形式的基础。信息表达方式表达的不一定是知识，但是知识却一定是基于信息表达方式表示的。本小节针对概念设计的要求和控制领域的特征，提出功能、构型、算艺和概念模型的信息表达方式。所提出的信息表达方式的优点是支持深层知识的表示，可反映出知识之间的结构化关系，便于对知识的深入理解、应用和创新。

1.4.3.1 功能的表达

功能利用功能属性表达，表达的关键是功能属性的表示形式。功能属性有离散值、区间值和模糊值等表示形式，常见的方式是将功能属性表示为 0-1 向量，如多色集合理论[124]。本书采用 0-1 行向量表示功能属性。

设功能元集 $\mathscr{F}=\{f_1,f_2,\cdots,f_{n_0}\}$，其中 $f_i(i=1,2,\cdots,n_0)$ 为 $\mathscr{F}$ 的功能元，采用语言描述，$n_0=|\mathscr{F}|$。

构型 *C* 的功能属性表示为 $\mathbb{F}(C)=[f_1 \quad f_2 \quad \cdots \quad f_{n_0}]$，其中变量 $f_i=1(i=1,2,\cdots,n_0)$ 表示控制策略的构型 C 支持功能元 f_i，变量 $f_i=0$ 表示控制策略的构型 C 不支持功能元 f_i。**算艺 *T* 的功能属性**表示为 $F(T)=[f_1 \quad f_2 \quad \cdots \quad f_{n_0}]$，其中变量 $f_i=1(i=1,2,\cdots,n_0)$ 表示通过算艺 T 设计出来的控制策略支持功能元 f_i，变量 $f_i=0$ 表示通过算艺 T 设计出来的控制策略不支持功能元 f_i。**概念模型 *M* 的功能属性**表示为 $\mathbb{F}(M)=[f_1 \quad f_2 \quad \cdots \quad f_{n_0}]$，其中变量 $f_i=1(i=1,2,\cdots,n_0)$ 表示概念模型 M 支持功能元 f_i，变量 $f_i=0$ 表示概念模型 M 不支持功能元 f_i。

1.4.3.2 构型的表达

系统方框图是最常见的控制算法类型及其连接关系的图形化表达方式，但系统方框图不是一种能支持设计推理的信息表达方式。控制策略构型的表达方式应支持算法类型描述、算法连接关系描述、功能属性描述、性能属性描述、图形化表达和层次化设计推理。

控制领域有两种普遍使用的构型表达方式：一种是 Simulink 的算法块，另一种是组态软件中的功能块。两者都基于框架（也称为面向对象技术）建模。将 Simulink 的算法块及子系统封装类型用作构型表达方式，具有面向仿真、支持基于构件的设计和图形化表示明晰等优点，但也有不面向功能、不支持层次化设计推理和相关设计方法学成果少等缺点。IEC 61499 标准定义的功能块，虽然存在图形表达不如方框图明了、不能面向仿真等不足，但是用作构型表达方式却有很多优点：① 面向功能；② 支持基于构件的设计；③ 支持层次化递阶设计；④ 具有可以扩展的属性[125]；⑤ 围绕 IEC 61499 标准功能块的控制系统软件设计方法学成果较多；⑥ 直接面向应用。因此，本书基于 IEC 61499 标准定义的功能块对构型进行表达。

针对用功能块进行概念设计存在的不足，本书基于 GB/T 19769.1—2005，提出一种扩展形式的功能块模型，用于控制策略构型的表达。该模型基于 IEC 61499 功能块扩展了三个属性：功能属性、性能属性和算艺属性。设构型 C 以功能块表示，其**功能属性** $\mathbb{F}(C)$ 反映该构型在控制策略中所表现出来的功能，其**性能属性** $P(C)$ 反映该构型的设计工作量，其**算艺属性** $T(C)$ 反映能够设计出该构型的算艺。当构型具有算艺属性时，就没有性能属性，其设计工作量由算艺的性能属性表示。

1.4.3.3 算艺的表达

简言之，算艺即计算的技艺。控制策略的算艺是求解计算出控制策略的动态过程性描述，是机械制造领域产品的加工工艺的一个类比概念。这两个概念都是对最终产品的加工条件和加工方法的过程性描述，不同的是机械制造领域的工艺加工出来的是有形的产品，而控制策略的算艺计算出来的是无形的控制策略算法。工艺通常表示物理化学一类的加工方法，而算艺则表示辨识、优化等计算方法。控制策略算艺的表达方式可以借鉴机械产品工艺的表达方式。

机械产品工艺有多种表达方式，如有向图、Petri 网、活动树等，其中工作流 Petri网[126]因定义清晰、图形表示直观、数学分析手段完备等优点得到了广泛应用。本书针对基本 Petri 网的优点和控制策略算艺自身的特征，提出一种新型的扩展 Petri 网。该扩展 Petri 网采用 0-1 标志，规定变迁发生后其前集不失去标记，称为**信息/求解网系统**[127,218,219]（information/solver net system，本书中缩写为 **I/S 网系统**，简称“**I/S 系统**”）。I/S 系统中，“**信息**”与基本 Petri 网的“库所”对应，“**求解**”与

"变迁"对应,可以直接描述一个条件一旦具备将永远具备的情况,便于数据与变量的求解过程的表达。控制策略设计算艺的表达采用属性 I/S 工作流网,即网元素具有功能属性和性能属性的 I/S 工作流网。

I/S 工作流网支持层次化设计,一个求解可以展开为下一层的网系统,算艺 T(求解 s)的功能属性$\mathbb{F}(T)$($\mathbb{F}(s)$)表示通过该算艺(求解)设计出来的控制策略所具有的功能,算艺 T(求解 s)的性能属性 $P(T)$($P(s)$)表示该算艺(求解)的设计工作量。

1.4.3.4　概念模型的表达

控制策略的概念模型反映概念设计的结果,由表示构型的功能块网络及相应的 I/S 工作流网组成。概念模型具有功能属性和性能属性,性能属性表示该概念模型的设计工作量。考虑到控制策略的特征,构型和算艺也可以单独作为控制策略的概念模型,也就是说,概念模型可以有三种形式:构型、算艺、构型+算艺。下面以一个例子对概念模型进行说明。

例 1-1　采用 Z-N(Ziegler-Nichols)方法整定的单位负反馈 PID 控制策略的概念模型 $\mathscr{M}=(C,T,\mathbb{F}(\mathscr{M}),P(\mathscr{M}))$,构型 C 为图 1-5 所示的功能块网络,构型 C 的算艺 T 为图 1-6 所表示的 I/S 工作流网。

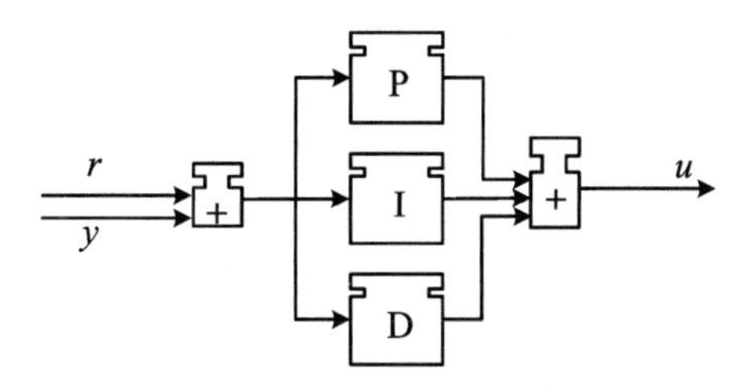

图 1-5　单位负反馈 PID 控制策略的构型

类型名称标记为"+"的功能块为加减法器,r 为输入参考信号,y 为被控对象输出信号,u 为广义控制量

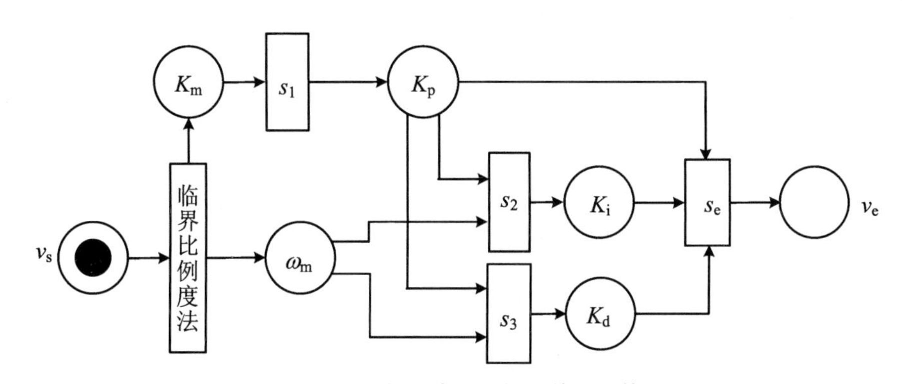

图 1-6　单位负反馈 PID 控制策略的算艺

v_s 为起始信息,v_e 为终止信息,s_e 为终止求解

求解 s_1, s_2, s_3 依次为公式(1-1)至公式(1-3)。

$$K_p = 0.6K_m \tag{1-1}$$

$$K_i = \frac{K_p\omega_m}{\pi} \tag{1-2}$$

$$K_d = \frac{K_p\pi}{4\omega_m} \tag{1-3}$$

1.4.3.5 性能属性的定义

构型和算艺的性能属性可以采用多种方式进行定义，本书采用相对设计工作量的经验估值，对性能属性取值规定如下：

(1) 当不考虑算艺设计方案时，规定单位负反馈 PID 控制策略的性能属性为 1，其他构型的性能属性是其设计工作量与单位负反馈 PID 设计工作量之比的经验估值。

(2) 当考虑算艺设计方案时，在线性定常系统模型未知的情况下，规定单位负反馈 PID 控制器的 Z-N 临界比例度法的性能属性为 1，其他算艺的性能属性是其设计工作量与 Z-N 临界比例度法设计工作量之比的经验估值。

性能属性值越大，设计工作量越大，性能属性值越小，设计工作量越小。

1.4.4 功能-构型-算艺法的过程模型

概念设计的过程模型是对设计工作中推理与决策步骤的描述，刻画了设计中间状态的形成和演化过程，是概念设计的核心问题之一。概念设计的基本求解活动是两个设计变量集合之间的映射操作[128]。文献[129]对功能-行为-结构法(F-B-S 法)中两个层次上的 F-S，F-B，F-SF，B-S，B-SF，B-SB，S-SF 共七种基本映射进行了讨论，为 F-B-S 法过程模型规律的分析奠定了基础。功能-构型-算艺法(F-C-T 法)通过功能、构型、算艺三个集合上的映射操作，获得满足特定功能需求的概念模型。三个集合上共有四种基本映射操作，如图 1-7 所示。

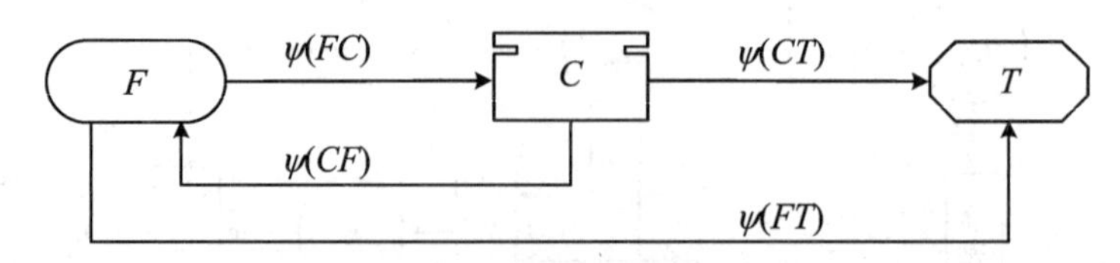

图 1-7 功能、构型、算艺三个集合上的映射操作

图中，$\psi(FC)$ 表示功能需求到构型的映射，$\psi(FT)$ 表示功能需求到算艺的映射，$\psi(CT)$ 表示构型到算艺的映射，$\psi(CF)$ 表示构型的待定子元到功能的映射。$\psi(FC)$ 和 $\psi(FT)$ 是基于因果关系的映射，映射的后项是前项实现的原因。$\psi(CT)$

和$\psi(CF)$是基于任务的映射，后项为前项提供服务，映射的两个设计变量之间没有强烈的因果关系，映射的目的是降低设计的复杂性。

基本映射操作的不同组合造就不同的设计过程模型。考虑到概念模型的三种表示形式，本书给出五种控制策略概念设计过程模型。

1.4.4.1　单层功能-构型法

单层功能-构型法（单层 F-C 法）由映射$\psi(FC)$和$\psi(CF)$组成，仅通过一个层次的形态综合进行求解，获得仅由构型表示的概念模型。其映射与组合操作模型如图 1-8 所示。

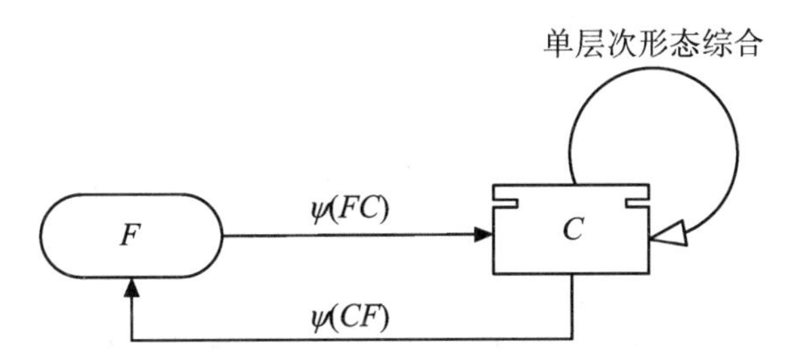

图 1-8　单层功能-构型法的映射与组合操作模型

1.4.4.2　多层功能-构型法

多层功能-构型法（多层 F-C 法）也由映射$\psi(FC)$和$\psi(CF)$组成，通过多个层次的形态综合进行求解，获得仅由构型表示的概念模型。进行多层次形态综合的好处是可以增强设计方法的组合能力，提高创新性。建立多层次的求解模型，便于在不同的粒度上对问题进行分析和求解，以实现递阶层次式设计。其映射与组合操作模型如图 1-9 所示。

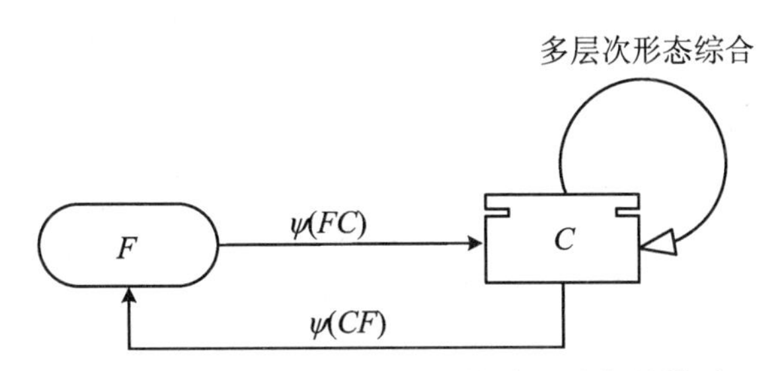

图 1-9　多层功能-构型法的映射与组合操作模型

1.4.4.3　功能-算艺法

功能-算艺法（F-T 法）由映射$\psi(FT)$组成，获得仅由算艺表示的概念模型。其映射与组合操作模型如图 1-10 所示。

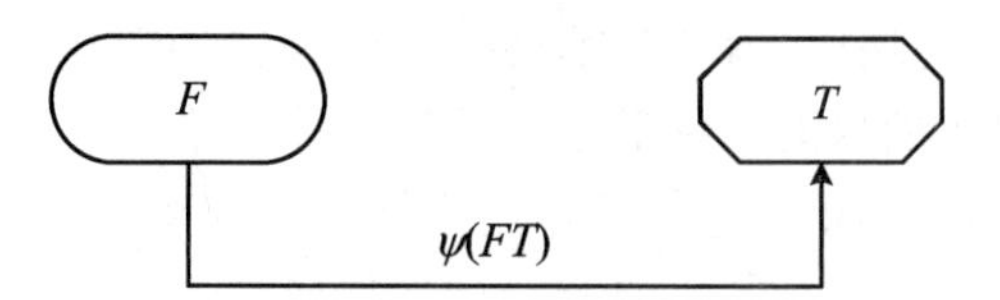

图 1-10 功能-算艺法的映射与组合操作模型

1.4.4.4 单层功能-构型-算艺法

单层功能-构型-算艺法(单层 F-C-T 法)由所有四种映射组成,通过构型一个层次的形态综合与 I/S 工作流网一个层次的合成,获得同时由构型和算艺表示的概念模型。其映射与组合操作模型如图 1-11 所示。

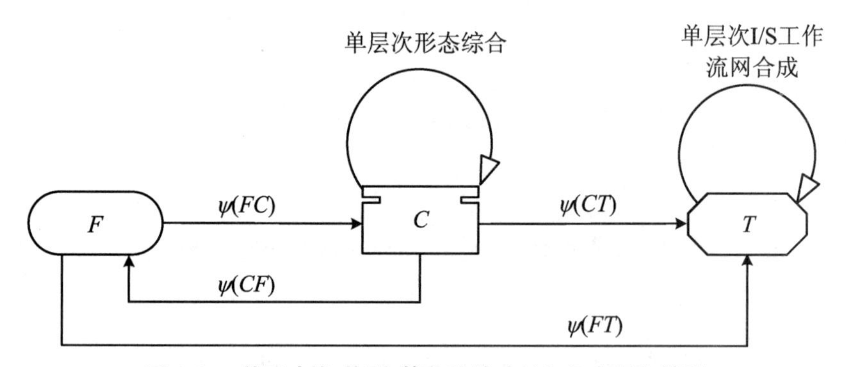

图 1-11 单层功能-构型-算艺法的映射与组合操作模型

1.4.4.5 多层功能-构型-算艺法

多层功能-构型-算艺法(多层 F-C-T 法)由所有四种映射组成,通过构型多个层次的形态综合和 I/S 工作流网多个层次的合成,获得同时由构型和算艺表示的概念模型。多层 F-C-T 法的优点是可以同时进行构型与算艺的多层次创新,可以在不同的粒度和层次上对控制策略的算法组成和设计流程进行分析与求取。其映射与组合操作模型如图 1-12 所示。

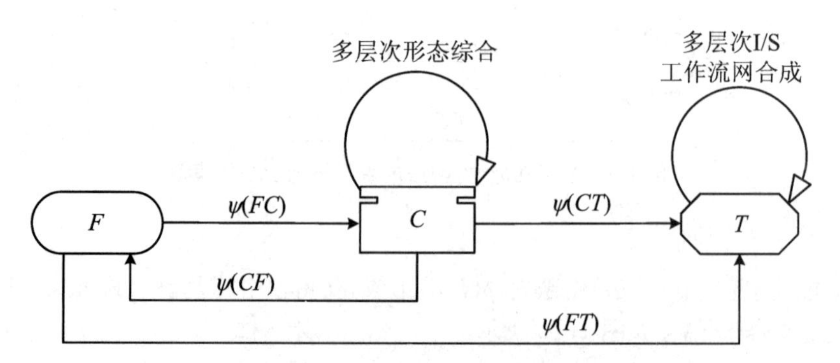

图 1-12 多层功能-构型-算艺法的映射与组合操作模型

单层功能-构型法和多层功能-构型法统称为**功能-构型法**，本书中缩写为 F-C 法；功能-算艺法本书缩写为 F-T 法；单层功能-构型-算艺法和多层功能-构型-算艺法统称为**功能-构型-算艺法**，本书中缩写为 F-C-T 法。

1.5 基于创新技法的控制策略概念设计

作为本书的第二大类方案生成方法，本节简要叙述基于创新技法的控制策略概念设计方法，为第 5 章的内容在控制策略系统化设计方法中的地位提供一个全局视图。

1.5.1 控制策略概念设计对创新知识的需求

概念设计的灵魂是创新，如何在概念设计阶段支持创新性设计是一个重大问题。创新性设计有两种：一是适应性设计，二是变革性设计。控制策略概念设计的创新与控制理论的创新紧密相关，但又不完全相同：概念设计的创新是面向设计问题的，要基于现有的控制理论知识，为设计问题提供或创造多样化的方案；控制理论的创新是面向控制领域理论问题的，与概念设计的创新目的和侧重点不同，它要从数学原理上为新的被控对象提供新的控制算法以实现新的控制目的并证明其有效性。概念设计的创新，不但需要控制理论方面的领域知识，而且需要具有普遍指导意义的创新知识，没有创新知识的支持，概念设计的创新无从谈起。

1.5.2 基于创新技法的控制策略概念设计

创新技法是创新理论和创新知识的集中体现，是各个领域解决具体创新问题可以依赖的现实工具。本书提出“基于创新技法的控制策略概念设计”这一技术路线，以保证控制策略概念设计方法具备应有的创新能力。

概念设计包含需求分析、方案生成和方案决策三个阶段，在方案生成阶段引入创新技法，可得到基于创新技法的控制策略概念设计方法，如图 1-13 所示。

把创新技法引入方案生成阶段的途径有三条：

(1) 把创新技法知识库作为概念设计技术系统的组成部分。

(2) 基于创新技法建立过程模型。

(3) 建立基于创新技法的设计推理方法。

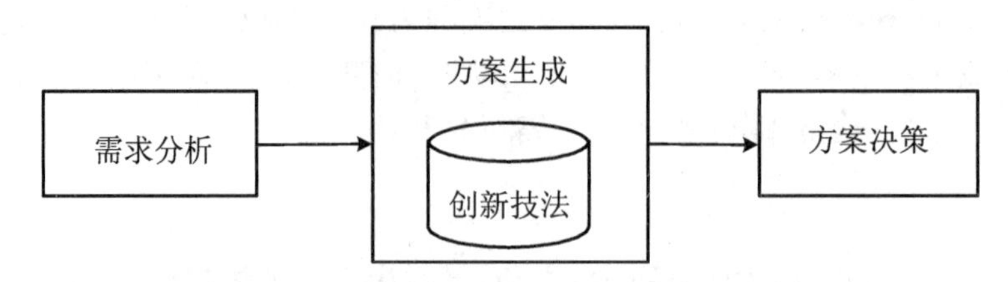

图 1-13 基于创新技法的控制策略概念设计方法

1.5.3 控制策略概念设计中引入创新技法的意义

(1) 使创新设计活动得到创新知识的支持，增强设计技术的创新能力。

(2) 使创新技法的运用更加科学合理，改进创新效果。

(3) 有助于创建创新性更强的概念设计系统化方法。

(4) 有助于实现控制策略的计算机辅助创新(computer aided innovation, CAI)，实现创新设计自动化。

(5) 能够促进控制策略创新技术的发展，促使控制策略的创新研究向理论化方向演变。

(6) 有助于催生面向控制策略的创新技法，丰富创新技法的知识宝库。

1.6 本书结构安排

本书的目标是提出能同时生成控制策略构型与算艺的方案生成方法，所提出的方法应具有多层次、嵌套式、大范围可组合式生成的特点，生成的方案应具有多样性和创新性。为此，本书首先提出功能-构型-算艺法，通过功能、构型、算艺之间的映射获得概念模型方案。书中对设计变量选择、信息表达、过程模型、设计推理和组合优化技术进行介绍，并通过实例展示所提方法具有的解的多样性、创新性和预见性。随后，本书在更高层面上提出基于创新技法的控制策略概念设计方案生成技术，并以 TRIZ 为例提出几种具体的创新式方案生成方法。

本书结构安排如下：

(1) 第 1 章 绪论。提出控制策略概念设计问题及其意义，对控制策略概念设计方案生成技术进行综述，指出现有技术的不足，给出本书的研究思路。从宏观层面提出控制策略概念设计的两种系统化方法：F-C-T 法和基于创新技法的方法。

(2) 第 2 章 基于功能-构型法的控制策略概念设计方案生成技术。作为F-C-T法的第一项基本技术，提出 F-C 法。介绍构型的信息表达方式、合成方法和改进 Freeman-Newell 功能推理模型，并给出单层 F-C 法和多层 F-C 法。对于 F-C 法的形态综合问题，给出面向小规模问题的启发式枚举算法和面向大规模问题的改进粒子群算法。最后，以一个被控对象为模型未知的非线性时延系统、备选构型数为 10、备选框架数为 4 的例子，展示 F-C 法的方案生成能力和概念设计效果。

(3) 第 3 章 基于功能-算艺法的控制策略概念设计方案生成技术。作为 F-C-T法的第二项基本技术，提出 F-T 法。作为控制策略算艺信息表达的理论基础，给出一种扩展 Petri 网系统——I/S 系统及 I/S 工作流网系统。随后在 I/S 工作流网的基础上，介绍控制策略算艺的信息表达方式，给出 F-T 法。最后，以一个被控对象为线性时变系统、算艺知识求解数为 17 的例子，展示 F-T 法的方案生成能力和概念设计效果。

(4) 第 4 章 基于功能-构型-算艺法的控制策略概念设计方案生成技术。在 F-C 法和 F-T 法两个技术的基础上，提出完整的 F-C-T 法。介绍构型与算艺之间的映射模型、概念模型的定义和合成方法，给出单层 F-C-T 法和多层 F-C-T 法。最后，以一个被控对象为带正弦波扰动的线性定常系统、构型知识数为 7、框架知识数为 3 的例子，验证 F-C-T 法的方案生成能力和概念设计效果。

(5) 第 5 章 基于创新技法的控制策略概念设计方案生成技术。作为本书的第二大类方法，提出基于创新技法的控制策略概念设计方案生成方法。对可用于控制领域的创新技法进行汇总，简要论述应用创新技法进行方案生成的若干问题。基于 TRIZ 提出控制策略的冲突矩阵创新法和模块-信号分析法。最后，以实例展示创新技法、控制策略冲突矩阵创新法和模块-信号分析法的方案生成能力。

第 2 章　基于功能-构型法的控制策略概念设计方案生成技术

2.1　引　　言

要想获得同时包括构型和算艺的控制策略概念模型，首先需要有构型方案生成方法。构型方案生成方法是控制策略概念设计方案生成的第一项基本技术。控制策略的构型方案生成，就是从功能需求出发，获得满足设计需求的控制策略算法类型及其连接方案。

与其他有形或无形系统的结构设计相比，控制策略的构型设计有其特殊性。首先，构型元的输入/输出只有信息一种类型，不像机电系统的结构元，输入/输出有物质、能量和信息三种类型；其次，控制策略的构型设计得到的是算法的概要，属于“软”系统的设计；第三，控制算法之间具有可组合、可相互嵌套的特点，即两种算法通过组合或嵌入对方内部，可以得到新的算法；第四，控制算法的类型跨度大，从简单的比例控制，到复杂的 CMAC 神经网络控制，再到更复杂的多模型自适应控制，算法形态各异，连接关系错综复杂。因此，控制策略的构型方案生成方法需要结合控制策略的特点，除了应当具有层次性、创新性和解的多样性之外，还要能支持算法之间的组合与相互嵌套。总而言之，构型方案生成方法既要具有普遍适用性，又要能起到设计决策支持的作用，还要能降低对设计人员知识水平的要求。

功能-结构法的常规步骤是：先通过功能分解得到功能元，然后进行功能匹配得到实现功能元的结构元，最后利用细化规则进行形态综合，获得结构设计方案[130]。由于控制策略的特殊性，现有的功能-结构法不能照搬。在控制领域已有的方案生成方法中，产生式规则对深层次结构化知识的表示能力不足；基于产生式规则的智能设计方法[13,85]难以适用于多样的创新性方案生成；而优化方法[42,43]和 CBR 技术[93]仅是一项局部技术；另外，DAIS 系统虽然运用了基于框架的知识表示形式和推理技术[91]，但是没有引入控制策略的深层次知识，难以在实质上支持创新性设计;还有文献[102-104]提出的功能-方法树技术不支持层次化可嵌套式方案生成。文献[105]提出的功能-行为-结构法是机械设计领域功能-行为-结构法的简单延伸,该方法的主要不足是实质性创新集中于功能建模阶段。因为功能建模由人工完成[131],所以核心创新工作仍旧基于设计人员的知识,该方法的决策支持辅助作用不强。再则,该方法缺乏对控制策略概念模型特征的研究,已取得的成果难以支持层次化嵌套式方案生成。控制系统软件工程领域有一系列围绕 IEC 61499 标准的控制算法软件方案生成方法[132-135],该类技术解决的是控制算法的软件实现问题,而不是控制算法本身的方案生成问题,这些方法以基于构件技术和软件中间件技术为主,仅对控制策略构型方案生成技术有借鉴意义。

总的来说,现有技术难以获得控制策略概念设计所期望的方案生成能力。有鉴于此,本章提出采用构型元与框架两类元素进行控制策略的构型方案生成。构型元是组成构型的基本单元,框架是反映算法连接关系的知识,两者基于 IEC 61499 标准的功能块进行定义,具有广泛的适用性和强大的设计灵活性。(“框架”及第 4 章将要定义的“框架概念模型”与人工智能中作为知识表示形式的“框架”不同。在本书中,“框架概念模型”有时简称为“框架”,文中出现的“框架”具体所指,可由上下文语境判定。)框架具有待定子元,为待定子元选择构型元,不同待定子元的可行构型元之间进行形态综合,可以实现多样化的组合式设计。待定子元的选定能够引入新的功能,因而设计方法具有功能创新性。框架能够作为构型元匹配其他框架的待定子元,从而可以实现不同算法之间的嵌套式设计。一个框架匹配另一个框架的待定子元,另一个框架再匹配其他框架的待定子元……依此类推,可以实现层次化设计。构型元与框架均具有功能属性,以框架为基础建立功能推理模型,功能通过构型元与框架之间的组合实现。由此可知,本章所提方法无需建立结构化的功能模型,实质性创新工作在多层形态综合中完成,设计方法的决策支持能力得到加强,降低了对设计人员知识能力的要求。

2.2　基于 IEC 61499 功能块的控制策略构型模型

本节在 IEC 61499 标准功能块的基础上扩展出用于构型方案生成的两类元素,即构型元和框架,给出用于构型方案递阶生成的改进 Freeman-Newell 功能推理模型,以及基于框架的构型合成方法。

2.2.1 IEC 61499 标准功能块简介

工业控制编程语言中的功能块(function block, FB)被定义为在执行时能够产生一个或多个值的程序组织单元(program organization unit)。它是组成控制程序的基本模块,有自己的数据结构,可以被程序和其他功能块调用,自身可以调用算法和其他的功能块[136]。

IEC 61499 标准在 IEC 61131-3 标准[137]的基础上进一步细化和发展了功能块方法,定义了功能块应用的公共模型。IEC 61499 标准定义的功能块如图 2-1 所示,功能块具有类型名称、实例名称、事件输入、事件输出、数据输入、数据输出、内部变量和行为。

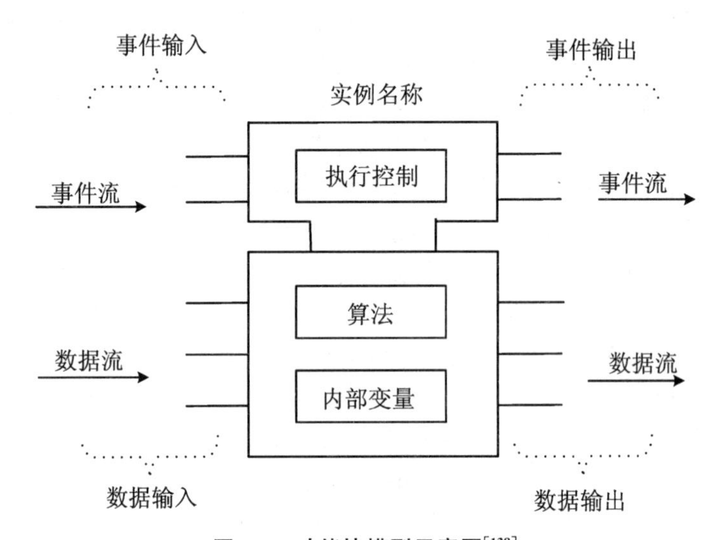

图 2-1 功能块模型示意图[138]

功能块分为基本功能块、复合功能块和服务接口功能块三种类型。其中基本功能块定义了基本的块形式,其行为通过执行控制表(ECC)进行定义,大型的复合功能块就建立在这个结构之上。复合功能块是一种复杂的功能块形式,由基本功能块和低一级的复合功能块组成,复合功能块的一个应用实例如图 2-2 所示。

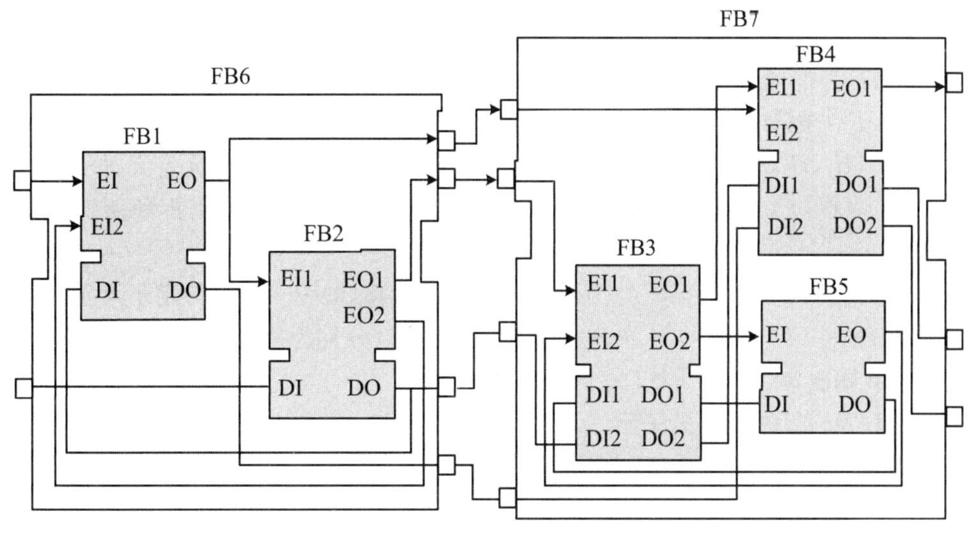

图 2-2　复合功能块应用实例[139]

2.2.2　基于扩展 IEC 61499 功能块的控制策略构型数学模型

GB/T—19769.1 是在 IEC 61499 基础上制定的中国标准[125]，其附录 J 规定："为了支持在软件生命周期中功能块的使用，除了功能块算法描述以外，还需要其他信息。可通过把属性附加到功能块类型和实例的组件元素上来提供这种信息。"为了支持基于功能的设计，根据 GB/T—19769.1 标准的规定，本节为功能块扩展功能与性能两种属性，第 4 章为功能块扩展算艺属性。

定义 2-1　构型基于 IEC 61499 基本功能块扩展，用五元组表示为

$$C=(I,O,f,\mathbb{F}(C),P(C)) \tag{2-1}$$

其中：

$I=\{I_1,I_2,\cdots,I_{n_I}\}$为 C 的输入集，$n_I=|I|$。

$O=\{O_1,O_2,\cdots,O_{n_O}\}$为 C 的输出集，$n_O=|O|$。

f 为 C 所实现的算法，$O=f(I)$。

$\mathbb{F}(C)$为构型 C 的功能属性，是 n_O 维 0-1 行向量。

$P(C)$为构型 C 的性能属性，表示构型 C 的相对设计工作量。

2.2.3　构型的框架数学模型及改进 Freeman-Newell 功能推理模型

定义 2-2　构型的**框架**基于 IEC 61499 复合功能块扩展，用以表示构型之间相互连接的结构性知识，是构型内部子构型之间的联结纽带，用八元组表示为

$$H=(I,O,\mathbb{F}(H),P(H),B,Dr,V,\boldsymbol{L}) \tag{2-2}$$

其中：

I,O 分别为框架的输入集和输出集。

$\mathbb{F}(H)$为框架 H 的功能属性。

$P(H)$为框架 H 的性能属性，表示框架的相对设计工作量。

$B=\{B_1,B_2,\cdots,B_{n_B}\}$为框架的固定子元集，$n_B=|B|$，**固定子元**定义为三元组 $B_i=(I^{B_i},O^{B_i},f^{B_i})$，其中 I^{B_i},O^{B_i} 与 f^{B_i} 分别为 B_i 的输入集、输出集和所实现的算法。

$Dr=\{Dr_1,Dr_2,\cdots,Dr_{n_D}\}$为框架的待定子元集，$n_D=|Dr|$，**待定子元**定义为三元组 $Dr_j=(I^{Dr_j},O^{Dr_j},\mathbb{F}(Dr_j))$，其中 I^{Dr_j} 与 O^{Dr_j} 分别为待定子元 Dr_j **应有输入集**与**应有输出集**，$\mathbb{F}(Dr_j)$为 Dr_j 的**必备功能属性**。

B 和 Dr 统称为 H 的**子元**。

V 为框架的**中间变量集**，由下式计算：

$$V=(\bigcup_{i=1}^{n_B}I^{B_i})\cup(\bigcup_{j=1}^{n_D}I^{Dr_j})\cup(\bigcup_{i=1}^{n_B}O^{B_i})\cup(\bigcup_{j=1}^{n_D}O^{Dr_j})-I\cup O \tag{2-3}$$

$\boldsymbol{L}$ 为框架的**关联矩阵**，表示框架接口及其内部固定子元、待定子元之间的连接关系，定义为

$$\boldsymbol{L}=(l_{i,j})_{n_L\times m_L}=\begin{matrix} \\ I_1 \\ \vdots \\ I_{n_I} \\ O_1 \\ \vdots \\ O_{n_O} \\ V_1 \\ \vdots \\ V_{n_V}\end{matrix}\begin{matrix} B_1 & \cdots & B_{n_B} & Dr_1 & \cdots & Dr_{n_D} \\ \end{matrix}\begin{bmatrix} l_{1,1} & \cdots & l_{1,m_L} \\ \vdots & & \vdots \\ l_{n_L,1} & \cdots & l_{n_L,m_L}\end{bmatrix} \tag{2-4}$$

其中，$n_L=n_I+n_O+n_V$，$m_L=n_B+n_D$，$n_V=|V|$，$l_{i,j}=0$ 表示第 i 个变量与第 j 个子元（矩阵列对应的子元）无关，$l_{i,j}=1$ 表示第 i 个变量从第 j 个子元流出，$l_{i,j}=-1$ 表示第 i 个变量流入第 j 个子元。

框架解决构型设计中的层间转换问题，即为了实现上层构型，需要什么样的下层构型来支持。上层构型对其子构型的要求仍由功能来体现。功能、层次与结构是系统论中相关联的三个范畴，上层功能不是下层功能的简单加和[140]。系统在不同层次上进行结构设计，需要协调功能的涌现性问题，即需要描述相邻两层的结构

组成与功能支持关系[141,142]。Freeman-Newell 功能推理模型[143,144]是一种应用广泛、影响深远的模型，给出了相邻两层功能之间的支持关系，如图 2-3 所示。Freeman-Newell 功能推理模型的含义为：载体(S)为了提供(P)功能(F1)需要(R)下层功能(F2 和 F3)的支持。

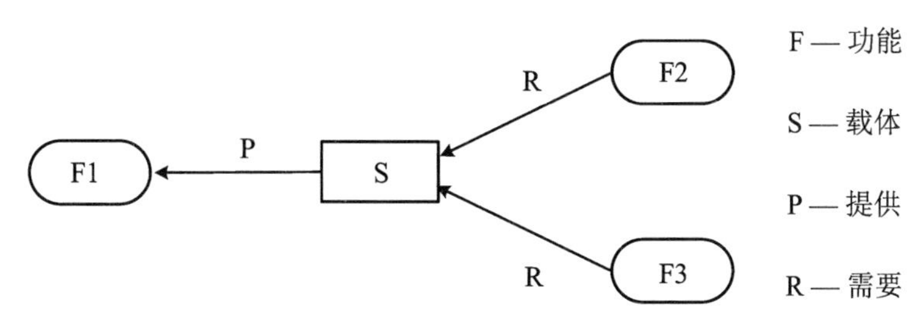

图 2-3　Freeman-Newell 功能推理模型

Freeman-Newell 功能推理模型的缺点是太过笼统，用于具体设计时应当与功能、结构的表达方式相结合并加以改进。例如，文献[129]在 Freeman-Newell 功能推理模型中引入了行为环节，构造了基于功能-行为的改进 Freeman-Newell 功能推理模型。本书为构型的框架提出一种新的**改进 Freeman-Newell 功能推理模型**[217]，如图 2-4 所示。该模型的含义为：框架 H 为了实现功能属性$\mathbb{F}(H)$，其待定子元 Dr_j 应具备功能属性$\mathbb{F}(Dr_j)$($j=1,2,\cdots,n_D$)。

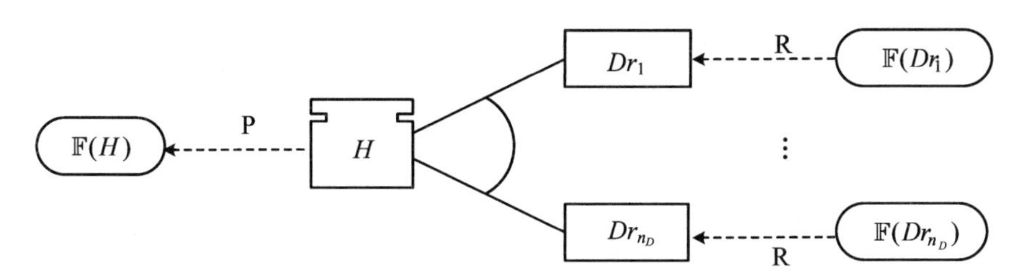

图 2-4　框架的改进 Freeman-Newell 功能推理模型[217]

改进的模型与原模型相比，对框架内部结构的描述更加清晰。下层功能直接定位到待定子元上，便于待定子元的设计实现。功能表示为 0-1 向量，便于对框架功能实现机理的理解以及模型知识的构造，也便于支持创新性设计。

2.2.4　基于框架的构型合成

构型 $C=(I^C, O^C, f, \mathbb{F}(C), P(C))$ 匹配框架的待定子元 $Dr_j=(I^{Dr_j}, O^{Dr_j}, \mathbb{F}(Dr_j))$ 应同时满足两个条件：

接口匹配条件——CH. IO 条件：

$$I^{Dr_j} \supseteq I^C \wedge O^C \supseteq O^{Dr_j} \tag{2-5}$$

功能支持条件——CH. F 条件：

$$\mathbb{F}(C) \geqslant \mathbb{F}(Dr_j) \tag{2-6}$$

设框架 $H=(I^H, O^H, \mathbb{F}(H), P(H), B, Dr, V, \boldsymbol{L})$ 的待定子元 Dr_j 选为构型 D_j $(j=1,2,\cdots,n_D)$。H 与构型集 $D=(D_1, D_2, \cdots, D_{n_D})$ 合成新的构型 $C=(H,D)$，H 称为 C 的框架，D_j 称为 C 的**可变子元**，D 称为 C 的可变子元集。

新合成构型 C 的输入集

$$I = I^H \tag{2-7}$$

新合成构型 C 的输出集

$$O = O^H \tag{2-8}$$

新合成构型 C 的功能属性

$$\mathbb{F}(C) = \mathbb{F}(H) \vee \left(\bigvee_{j=1}^{n_D} (\mathbb{F}(D_j) - \mathbb{F}(Dr_j))\right) \tag{2-9}$$

新合成构型 C 的性能属性

$$P(C) = P(H) + \sum_{j=1}^{n_D} P(D_j) \tag{2-10}$$

由式(2-9)知，可变子元超出待定子元必备功能属性的功能属性，直接反映在构型 C 的功能属性里面，该部分功能属性称为**构型 C 的增量功能属性** $\mathbb{F}(C/H)$。

$$\mathbb{F}(C/H) = \bigvee_{j=1}^{n} (\mathbb{F}(D_j) - \mathbb{F}(Dr_j)) \tag{2-11}$$

增量功能属性是超出原有框架知识的、使所合成构型具有新功能的部分属性。通过增量功能属性，可以实现构型的增量式设计，即功能创新性设计。

2.2.5 分析与讨论

本小节为功能块扩展了功能属性，解决了功能块没有功能属性的问题，使功能块语言与设计意义上的功能相联系。所扩展的构型模型，在方案生成过程中承担构件的角色。框架也作为构件参与方案生成，但是通过区分固定子元与待定子元，使得固定子元与功能推理模型可以表达控制领域中的设计范式。框架的提出，既有助于实现层次化嵌套式设计和基于范例的推理，又有助于控制策略构型规律的深层次理解，从而支持功能创新性设计。

2.3　基于功能-构型法的控制策略概念设计方案生成方法

本节在构型、模型与改进 Freeman-Newell 功能推理模型的基础上，先介绍单层功能-构型法（单层 F-C 法），再以单层 F-C 法为基本环节，介绍多层 F-C 法。内容包含 F-C 法构型方案生成问题的标准形式，以及单层 F-C 法与多层 F-C 法的方案生成过程与设计步骤。

2.3.1　功能-构型法问题形式化

设**概念设计需求**

$$R=(I^R, O^R, \mathbb{F}(R), p) \tag{2-12}$$

其中：

I^R 与 O^R 分别为待设计构型的输入集与输出集，$n_{RI}=|I^R|$，$n_{RO}=|O^R|$。

$\mathbb{F}(R)$为待设计概念模型**应具备的功能属性**。

p 为应求的较佳概念模型的个数。

控制策略构型的概念设计是基于构件的设计，基于构件的设计是一种基于知识的设计，一般应有一定规模的构件库作为支撑。设控制策略构型知识库由备选构型集 Z 和备选框架集 Y 组成：$Z=\{z_1, z_2, \cdots, z_{n_Z}\}$，$z_k=(I^{z_k}, O^{z_k}, f^{z_k}, \mathbb{F}(z_k), P(z_k))$，其中有 $k=1,2,\cdots,n_Z$，和 $n_Z=|Z|$；$Y=(y_1, y_2, \cdots, y_{n_Y})$，$y_k=(I^{y_k}, O^{y_k}, \mathbb{F}(y_k), P(y_k), B^{y_k}, Dr^{y_k}, V^{y_k}, \boldsymbol{L}^{y_k})$，其中有 $k=1,2,\cdots,n_Y$ 和 $n_Y=|Y|$。方案生成过程就是在 Z 和 Y 两个集合上的匹配与组合操作过程。

方案生成的基本过程是先求出**可行构型集** C_{f}，然后通过择优获得**较佳构型集** C_{p}。

设 $C=(I, O, f, \mathbb{F}(C), P(C))$为一较佳构型方案，则 C 应满足如下条件：

接口匹配条件——CR. IO 条件：

$$I^R \supseteq I \wedge O \supseteq O^R \tag{2-13}$$

功能支持条件——CR. F 条件：

$$\mathbb{F}(C) \geqslant \mathbb{F}(R) \tag{2-14}$$

性能优选条件——CR. P 条件：

$$P(C) \in \min_{C_i \in C_{\mathrm{f}}}{}^{p}(P(C_i)) \tag{2-15}$$

其中$\min^p$ 表示取 p 个最小的。

CR. IO 条件和 CR. F 条件是**可行构型**的判别条件，CR. P 条件是**较佳构型**的选择条件。

2.3.2 单层功能-构型法方案生成方法

单层 F-C 法方案生成分为两种情况：第一种是在备选构型集上直接进行 CR. IO 条件和 CR. F 条件的匹配，获得可行方案；第二种是通过备选框架与备选构型一个层次的形态综合获得可行方案。第一种情况可以看作是第二种情况的特例，以下对第二种情况加以详细说明。

通过形态综合生成可行构型方案，首先要获得可行框架。

框架 $H=(I^H, O^H, \mathbb{F}(H), P(H), B, Dr, V, \boldsymbol{L})$ 作为设计需求 R 的**可行框架**应满足接口匹配条件——HR. IO 条件：

$$I^R \supseteq I^H \wedge O^H \supseteq O^R \tag{2-16}$$

设 H_f 为设计需求 R 的**可行框架集**，$\forall y_k \in H_\mathrm{f}$，若$\mathbb{F}(y_k) \geqslant \mathbb{F}(R)$，则基于 y_k 的构型设计是一个常规设计；若$\mathbb{F}(y_k) < \mathbb{F}(R)$，则基于 y_k 的构型设计是一个**增量式设计**。称$\mathbb{F}(R/y_k)$为**增量功能需求**，增量功能需求应通过待定子元的选择实现。$\mathbb{F}(R/y_k)$的定义为

$$\mathbb{F}(R/y_k) = \mathbb{F}(R) - \mathbb{F}(y_k) \tag{2-17}$$

对于可行框架 y_k，利用 CH. IO 条件与 CH. F 条件，可以从 Z 中匹配出各待定子元的可行构型集，为每一个待定子元选定一个构型，与 y_k 可以组合出多个构型方案。为待定子元选择构型，然后与 y_k 组合出构型方案的过程称为**形态综合**。形态综合可以描述为组合优化问题，即获得不超过 p 个的、以 y_k 为框架的、满足 CR. F 条件和 CR. P 条件的较佳构型方案，2.4 节将对此进行专门讨论并给出具体算法。

以 y_k 为框架的较佳构型方案，可以添加到设计需求 R 的可行方案集 C_f 中。Z 中能够直接匹配 CR. IO 条件和 CR. F 条件的构型，可被看作待定子元集为$\varnothing$的框架，也应当包括在 C_f 中。

得到 R 的可行方案集 C_f 之后，计算 C_f 中各元素的性能属性，通过 CR. P 条件获得较佳方案集 C_p，C_p 即为概念设计的结果。

单层 F-C 法由一级改进 Freeman-Newell 模型组成，其功能推理模型如图 2-5 所示。

单层 F-C 法的过程模型如图 2-6 所示，设计步骤如下：

步骤 CSG1

STEP 1 利用 HR. IO 条件从 Y 中获得可行框架集 H_f。

STEP 2 利用 CH. IO 条件与 CH. F 条件从 Z 中为可行框架的待定子元选定可行构型集。

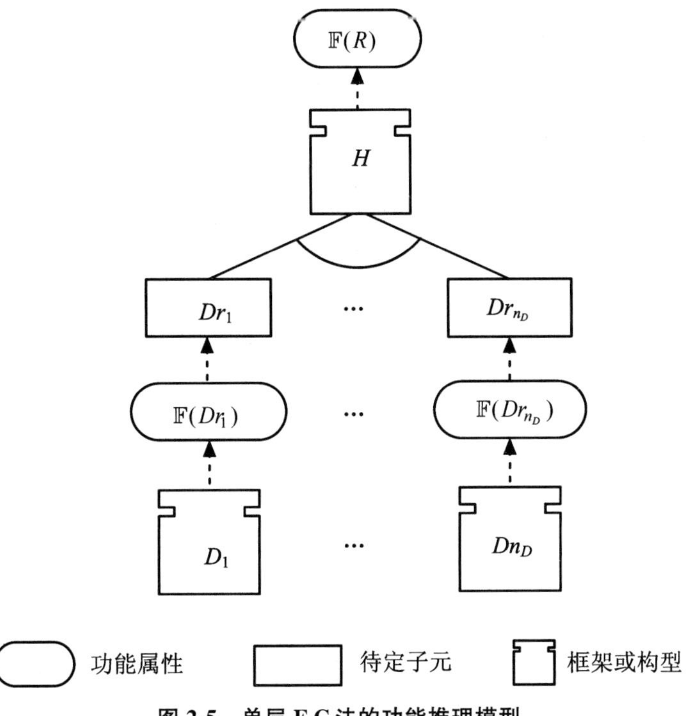

图 2-5　单层 F-C 法的功能推理模型

STEP 3　通过形态综合获得以 $y_k \in H_f$ 为框架的较佳构型集。

STEP 4　由所有以 $y_k \in H_f$ 为框架的较佳构型集组成 R 的可行构型集 C_f。

STEP 5　利用 CR. IO 条件和 CR. F 条件从 Z 中获得可行构型加入 C_f。

STEP 6　利用 CR. P 条件获得较佳构型集 C_p。

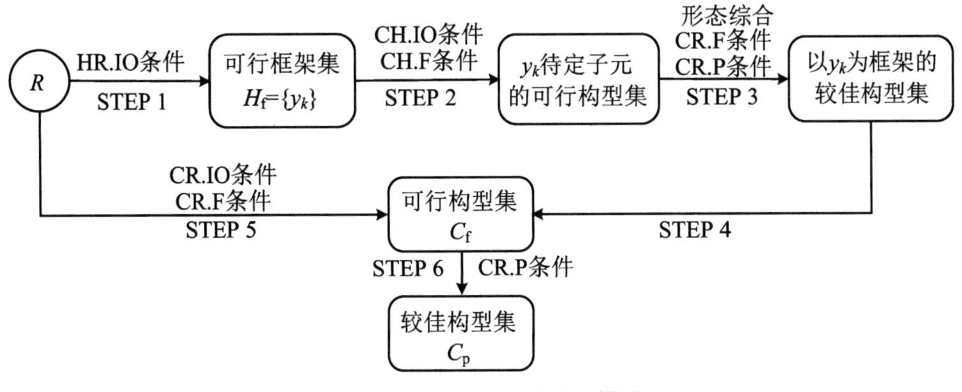

图 2-6　单层 F-C 法的过程模型

2.3.3 多层功能-构型法方案生成方法

在单层 F-C 法中，若待定子元 Dr_j 没有可以直接匹配的构型，就应当把该待定子元的设计问题定义为一个新的设计需求，对该需求利用形态综合进行求解。一般来说，通过两个或两个以上层次的形态综合进行设计的方法称为多层 F-C 法。进行多层次的形态综合是控制策略概念设计的普遍情况，其功能推理过程由多级改进 Freeman-Newell 功能推理模型组成，如图 2-7 所示。

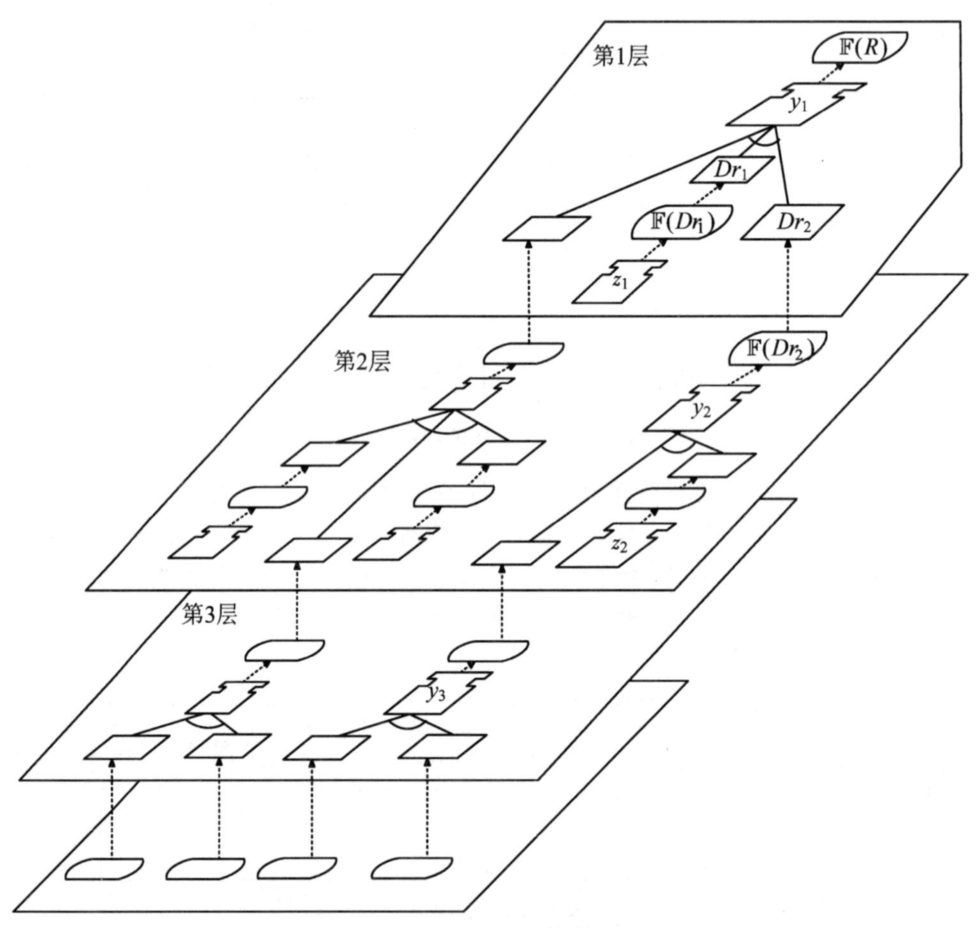

图 2-7　多层 F-C 法的功能推理模型

多层 F-C 法是基于改进 Freeman-Newell 功能推理模型的多级逐层推理设计法。设计需求 R 分解为子需求 sR，sR 通过一级改进 Freeman-Newell 功能推理模型进行设计推理。若 sR 不能在该层实现，则定义子子需求 ssR，通过更下一级的功能推理实现……依此类推，直到最上层设计需求 R 的所有功能属性都能得到支持为止。多层 F-C 法提供了一种在更小粒度上对设计需求进行实现的方法。

基于改进 Freeman-Newell 功能推理模型进行多层次构型设计，有多种不同的具体过程，本小节提出一种“自顶向下分解、自底向上合成”的设计过程。求解的目标是在 Y 与 Z 元素所有可能的组合中寻求较佳方案。

2.3.3.1　自顶向下的分解

第 1 层对于设计需求 R，通过 CR. IO 条件和 CR. F 条件，从 Z 中可以获得可行构型集 Z_R^1，通过 HR. IO 条件从 Y 中可以获得可行框架集 Y_R^1。对于每一个 $Dr_{j1}^{y_{k1}}$ ($Dr_{j1}^{y_{k1}} \in Dr^{y_{k1}}$，$y_{k1} \in Y_R^1$)，利用 CH. IO 条件与 CH. F 条件可以从 Z 中获得 $Dr_{j1}^{y_{k1}}$ 的可行构型集 $Z_{y_{k1}\cdot j1}^1$。

第 2 层，把待定子元 $Dr_{j1}^{y_{k1}}$ 的实现问题作为子设计需求 sR，对其展开并求解。对于上层的每一个待定子元 $Dr_{j1}^{y_{k1}}$，利用 HR. IO 条件从 Y 中可以获得可行框架集 $Y_{y_{k1}\cdot j1}^2$。对每一个 $Dr_{j2}^{y_{k2}}$ ($Dr_{j2}^{y_{k2}} \in Dr^{y_{k2}}$，$y_{k2} \in Y_{y_{k1}\cdot j1}^2$)，利用 CH. IO 条件与 CH. F 条件可以从 Z 中获得 $Dr_{j2}^{y_{k2}}$ 的可行构型集 $Z_{y_{k2}\cdot j2}^2$。

…………

第 l 层，继续把上层待定子元作为子子设计需求 ssR，在本层更小粒度上对其进行匹配与分解。对于每一个设计需求 $Dr_{j(l-1)}^{y_{k(l-1)}}$，利用 HR. IO 条件从 Y 中可以获得可行框架集 $Y_{y_{k(l-1)}\cdot j(l-1)}^l$。对每一个 $Dr_{jl}^{y_{kl}}$ ($Dr_{jl}^{y_{kl}} \in Dr^{y_{kl}}$，$y_{kl} \in Y_{y_{k(l-1)}\cdot j(l-1)}^l$)，利用 CH. IO 条件与 CH. F 条件可以从 Z 中获得 $Dr_{jl}^{y_{kl}}$ 的可行构型集 $Z_{y_{kl}\cdot jl}^l$。

…………

依此类推，直到最下层的待定子元不能从 Y 中获得可行框架为止。

通过自顶向下分解可以得到一棵**多层形态综合树**，如图 2-8 所示。树的每个分叉点是一个三行表形式的形态学矩阵，表示在该分叉处有一次形态综合。表的第一行是该形态综合问题所选用的框架，第二行是该框架的各个待定子元，第三行是各待定子元的可行构型集。从待定子元所在列的底部引出的若干并列的表，是对该待定子元进行深一层次匹配与求解的形态学矩阵。深一层次匹配与求解所选用的框架，对该待定子元满足 HR. IO 条件。树的根为最上层 R 的直接匹配问题，树的叶子为不再有下层可行框架的形态学矩阵。

2.3.3.2　自底向上的合成

多层形态综合树穷尽了知识库 Y 与 Z 中能够满足 R 的所有可能的构型组合，特别是涵盖了递阶嵌套的情况。在得到多层形态综合树之后，自底向上的合成过程从树的叶子开始。先对所有叶子进行形态综合，得到该叶子上的较佳构型集，将其加入到相应上层待定子元的可行构型集中，然后从形态综合树中删除该片叶子。删除一片叶子的同时，原来的某些分叉有可能消失，分叉点转变为新的叶子。依次自底向上,不断地对树上的叶子进行合成,并删除所有的叶子,直到形态综合树的根。

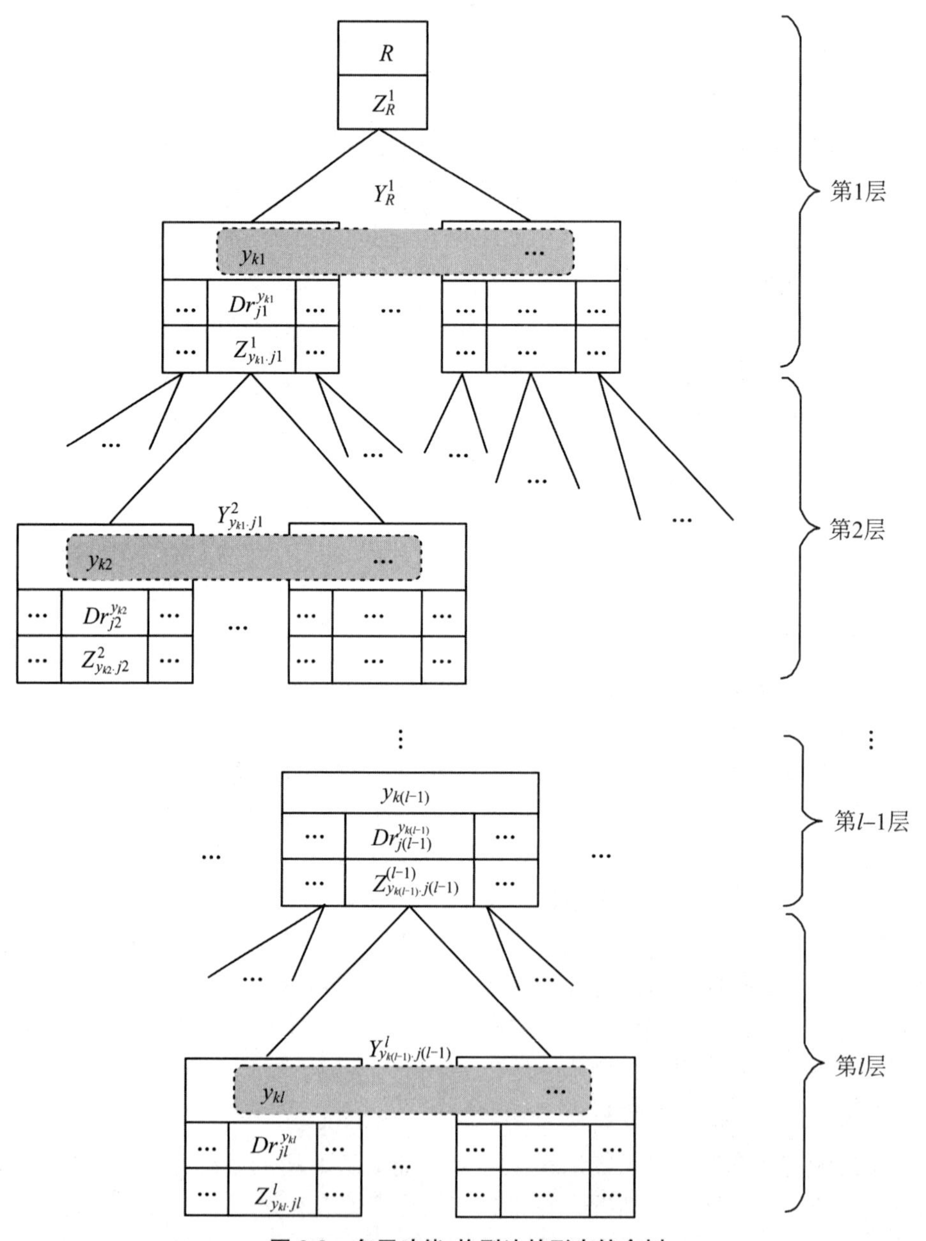

图 2-8　多层功能-构型法的形态综合树

设某叶子以 y_{kl} 为框架,要通过形态综合为 $Dr_{j(l-1)}^{y_{k(l-1)}}$ 生成可行构型。则对

$Dr_{j(l-1)}^{y_{k(l-1)}}$ 利用 CR. F 条件和 CR. P 条件，通过形态综合生成不超过 p 个以 y_{kl} 为框架的 $Dr_{j(l-1)}^{y_{k(l-1)}}$ 的较佳构型，将其加入到 $Dr_{j(l-1)}^{y_{k(l-1)}}$ 的可行构型集 $Z_{y_{k(l-1)},j(l-1)}^{l-1}$ 之中，该片叶子即合成完毕，从形态综合树中删除。当一个分叉点的所有下属形态学矩阵全部合成完毕，把合成结果加入到其待定子元的可行构型集中之后，所有下属形态学矩阵均已删除，该分叉点演变为一片叶子。此时，该形态综合问题的所有更细粒度上的设计问题均已结束，结果反映在其待定子元的可行构型集中。

当所有叶子全部合成完毕之后，在 Z_R^1 中得到通过直接匹配以及所有各层形态综合生成的 R 的可行构型方案。把 Z_R^1 作为 R 的可行方案集 C_f，最后利用 CR. P 条件优选出 p 个方案作为较佳构型集 C_p。

2.3.3.3　多层 F-C 法的设计步骤

多层 F-C 法的设计步骤如下：

步骤 CSG2

STEP 1　利用 CR. IO 条件和 CR. F 条件从 Z 中获得 R 的可行构型集 Z_R^1。

STEP 2　利用 HR. IO 条件从 Y 中获得 R 的可行框架集 Y_R^1。

STEP 3　对所有 $y_{k1} \in Y_R^1$ 的待定子元进行多层匹配与求解，获得多层形态综合树。

STEP 4　利用 CR. F 条件和 CR. P 条件进行逐级形态综合，直至获得 R 的所有可能较优的可行递阶组合方案，与 Z_R^1 组成 R 的可行构型集 C_f。

STEP 5　利用 CR. P 条件获得较佳构型集 C_p。

2.4　功能-构型法形态综合的求解算法

F-C 法中，不同待定子元的可行构型之间相互组合，可以与框架组成多种不同的设计方案。在所有可能的组合中，求出满足 CR. F 条件和 CR. P 条件的较佳方案是一个组合优化问题，称为**形态综合**。

形态综合由美国的兹威基提出，其要点是将系统分成若干部分，对每部分寻求多种解，然后通过分析其各种组合得出系统解[145]。形态综合最基本的方法是分析不同部件解之间的相容性，通过细化规则限制组合数目以获得可行方案[146]，该方法本质上是一种穷举法。把形态综合作为组合优化问题解决，常见的方法是把问题表示为 0-1 整数规划的形式，或者使用经典算法如分枝定界法求解，或者使用智能优化算法如遗传算法进行求解。在机械设计领域，目标函数和约束函数通常采用广义距离和性能评价值等参量。由于形态综合具有 NP 问题的性质，在问题规模比较大时，经典算法效率不高，智能优化算法常见报道。除了遗传算法应用较早外，文献[147,148]采用了蚁群算法，文献[149]采用了混合遗传蚂蚁算法，文献[150]采用了模糊多目标免疫算法，文献[151]将粒子群算法用于建筑的概念设计中。

2.4.1 构型形态综合问题形式化

考虑了性能优选条件的控制策略形态综合问题可以用形态学矩阵表示，如表2-1所示。控制策略构型的形态综合与传统的形态综合在过程上略有不同。传统的形态综合是先为功能元寻求结构元，在结构元组合的过程中再进行接口匹配，以获得可行方案，是一个“功能映射—载体接口匹配”的设计过程，可以称为“功能元形态综合”。而本小节所述的形态综合，基于框架模型及改进 Freeman-Newell 功能推理模型，先对待定子元进行接口匹配和功能匹配，再在组合过程中进行功能匹配以获得可行方案，是一个“接口匹配—载体功能满足”的设计过程，可以称为“结构元形态综合”。从组合优化的角度来说，两种形态综合是相通的。

表 2-1　构型形态综合的形态学矩阵

y_k 的待定子元 Dr_j	满足 CH. IO 条件和 CH. F 条件的备选构型集 $Z_{y_k \cdot j}$
Dr_1	$z_{1,1}\ z_{1,2} \cdots z_{1,m_1}$
Dr_2	$z_{2,1}\ z_{2,2} \cdots z_{2,m_2}$
$\vdots$	$\vdots\quad\vdots\quad\vdots$
Dr_n	$z_{n,1}\ z_{n,2} \cdots z_{n,m_n}$

已知 $z_{j,i}$ 的功能属性为 $\mathbb{F}(z_{j,i})$，性能属性为 $P(z_{j,i})$，框架 y_k 待定子元的必备功能属性为 $\mathbb{F}(Dr_j)$，设计需求 R 对框架 y_k 的增量功能需求为 $\mathbb{F}(R/y_k)$，**构型形态综合优化**（configuration synthesis optimization，CSO）**问题**描述为

$$(\mathrm{CSO})\begin{cases}\min^p & \sum_{j=1}^{n} P(z_{j,u_j}) \\ \text{s.t.} & \bigvee_{j=1}^{n} (\mathbb{F}(z_{j,u_j}) - \mathbb{F}(Dr_j)) \geqslant \mathbb{F}(R/y_k) \\ & u_j = 1,2,\cdots,m_j \quad (j = 1,2,\cdots,n)\end{cases} \tag{2-18}$$

其中，$\min^p$ 表示求 p 个最小值。因此 CSO 问题是一个多最值优化问题。

CSO 问题的组合方案数为 $m_1 m_2 \cdots m_n$，对变量 $m_j(j=1,2,\cdots,n)$ 来说，该问题是一个多项式可解问题；对变量 n 来说，该问题就是一个 NP 问题。因此在问题规模不大时，可以采用枚举法或者启发式枚举算法求出最优解；在问题规模比较大时，应当采用智能优化算法寻求近似解。针对 CSO 问题特定的目标函数和约束函

数，以及一定程度NP性质的特点，此处给出两种算法：一种是用于小规模问题的启发式枚举算法，另一种是用于大规模问题的分段惯性权重粒子群算法。

2.4.2　面向小规模问题的启发式枚举算法

在问题规模较小时，可采用枚举算法，通过比较获得 p 个性能属性最小的组合方案。为了提高效率，此处提供一种启发式枚举算法，该算法采用“贪婪策略”，在深度优先搜索的基础上，通过最小性能属性优先搜索和启发式剪枝技术，对较差方案剪枝，尽早得到最优方案。

2.4.2.1　贪婪策略

为了提高搜索效率，采用“贪婪策略”对形态学矩阵进行如下三步前处理：

(1) 按性能属性从小到大的顺序对每个 $Z_{y_k}\cdot{}_j$ 元素进行排序。

(2) 对于每个 $Z_{y_k}\cdot{}_j$ 中功能属性相同的元素，最多保留性能属性小的 p 个元素。

(3) 按 $Z_{y_k}\cdot{}_j$ 的性能属性平均跨度从大到小的顺序对待定子元进行排序。

设处理后的形态学矩阵仍用表2-1的符号与下标表示。$Z_{y_k}\cdot{}_j$ **性能属性平均跨度** $\overline{\Delta P}_j$ $(j=1,2,\cdots,n)$ 由下式计算：

$$\overline{\Delta P}_j=\frac{\max\limits_{i=1,2,\cdots,m_j}(P(z_{j,i}))-\min\limits_{i=1,2,\cdots,m_j}(P(z_{j,i}))}{m_j-1}\tag{2-19}$$

处理后的形态学矩阵满足如下规律：

$$P(z_{j,1})\leqslant P(z_{j,2})\leqslant\cdots\leqslant P(z_{j,m_j})\quad(j=1,2,\cdots,n)\tag{2-20}$$

$$\overline{\Delta P}_1\geqslant\overline{\Delta P}_2\geqslant\cdots\geqslant\overline{\Delta p}_n\tag{2-21}$$

2.4.2.2　枚举顺序

基于深度优先枚举时，把 $Z_{y_k}\cdot{}_1$ 的元素作为第一层，把 $Z_{y_k}\cdot{}_2$ 的元素作为第二层，依次直到把 $Z_{y_k}\cdot{}_n$ 的元素作为最深一层，每层从下标最小的元素开始。例如 $z_{1,1}z_{2,1}\cdots z_{n-1,1}z_{n,1}$ 为初始组合方案，$z_{1,1}z_{2,1}\cdots z_{n-1,1}z_{n,2}$ 为第二组合方案，$z_{1,m_1}z_{2,m_2}\cdots z_{n-1,m_{n-1}}z_{n,m_n}$ 为最后一个组合方案。在以上枚举顺序下，$Z_{y_k}\cdot{}_j$ 元素有序排列是为了实现最小性能属性优先搜索，$Z_{y_k}\cdot{}_j$ 之间有序排列是为了提高剪枝数，对功能属性相同的元素限量是为了及早舍去无用备选项。

2.4.2.3　相关计算及剪枝技术

为了进行启发式剪枝，计算辅助值

$$\hat{P}_j=\sum_{l=j+1}^{n}P(z_{l,1})\quad(j=1,2,\cdots,n-1)\tag{2-22}$$

和

$$\hat{\mathbb{F}}(Z_{y_k,j}) = \bigvee_{l=j+1}^{n}\left(\bigvee_{i=1}^{m_l}(\mathbb{F}(z_{l,i}) - \mathbb{F}(Dr_l))\right) \quad (j = 1,2,\cdots,n-1) \tag{2-23}$$

设有组合方案(**可变子元集**)$D=z_{1,i_1} z_{2,i_2} \cdots z_{n,i_n}$,$D$ 的性能属性为

$$P(D) = \sum_{j=1}^{n} P(z_{j,i_j}) \tag{2-24}$$

D 的增量功能属性为

$$\mathbb{F}(D/y_k) = \bigvee_{j=1}^{n}(\mathbb{F}(z_{j,i_j}) - \mathbb{F}(Dr_j)) \tag{2-25}$$

设有**分枝** $D_b=z_{1,i_1} z_{2,i_2} \cdots z_{j,i_j} x \cdots x$(其中 $x \cdots x$ 表示 $j+1$ 及其后各层的任意组合),D_b **性能属性的下限估值**为

$$P(D_b)^- = \hat{P}_j + \sum_{l=1}^{j} P(z_{l,i_l}) \tag{2-26}$$

D_b **增量功能属性的上限估值**为

$$\mathbb{F}(D_b/y_k)^+ = \left(\bigvee_{l=1}^{j} \mathbb{F}(z_{l,i_l}/Dr_l)\right) \vee \hat{\mathbb{F}}(Z_{y_k,j}) \tag{2-27}$$

设在搜索的过程中已选有 p 个较佳方案,P_p 为当前较佳方案的最大性能属性。若当前组合方案的性能属性大于 P_p,则该方案及其在最深层次上以后的方案都可以剪枝;若当前分枝性能属性的下限估值大于或等于 P_p,则该分枝及同层以后的其他分枝都可以剪枝。若某分枝增量功能属性的上限估值小于 $\mathbb{F}(R/y_k)$,则该分枝可以剪枝。

2.4.2.4 算法步骤

用于构型形态综合的启发式枚举算法如下:

CSOA1 算法

STEP 1 设置初态,令初始组合方案 $D=z_{1,1} z_{2,1} \cdots z_{n-1,1} z_{n,1}$,$P_p = n \cdot \max\limits_{j=1,2,\cdots,n;i=1,2,\cdots,m_j}(P(z_{j,i}))$,较佳方案集 $C_p=\varnothing$,C_p 中方案数目 $n_p=0$。

STEP 2 对于当前方案 D,求 $P(D)$ 与 $\mathbb{F}(D/y_k)$。

STEP 3 若 $P(D) \geqslant P_p$,则对当前分枝 $D_b=z_{1,i_1} z_{2,i_2} \cdots z_{n-1,i_{n-1}} x$ 剪枝,跳转到 STEP 5。

STEP 4 若 $P(D) < P_p$ 且 $\mathbb{F}(D/y_k) \geqslant \mathbb{F}(R/y_k)$:

STEP 4.1 若 $n_p=p$,则用 D 替换 C_p 中性能属性最大的一个组合方案,求 $P_p=\max\limits_{D_i \in C_p}(P(D_i))$。

STEP 4.2 若 $n_p<p$,则把 D 添加到 C_p 中,令 $n_p=n_p+1$,此时若 $n_p=p$,则 $P_p=\max\limits_{D_i \in C_p}(P(D_i))$。

STEP 5 若所有组合已穷尽,则跳转到 STEP 9。

STEP 6　按深度优先且性能属性最小优先顺序，枚举下一组合方案 D。

STEP 7　若下一方案处于新的分枝 $D_b = z_{1,i_1} z_{2,i_2} \cdots z_{j,i_j} x \cdots x$：

STEP 7.1　若 $P(D_b)^- > P_p$，则对 $z_{1,i_1} z_{2,i_2} \cdots z_{j,i_j} x \cdots x$ 到 $z_{1,i_1} z_{2,i_2} \cdots z_{j,m_j} x \cdots x$ 之间的所有分枝进行剪枝，跳转到 STEP 5。

STEP 7.2　若 $\mathbb{F}(D_b/y_k)^+ < \mathbb{F}(R/y_k)$，则对 $z_{1,i_1} z_{2,i_2} \cdots z_{j,i_j} x \cdots x$ 进行剪枝，跳转到 STEP 5。

STEP 8　跳转到 STEP 2。

STEP 9　把 C_p 中各方案的元素按原形态学矩阵的顺序重新排列，与 y_k 组成新的 C_p。

2.4.3　面向大规模问题的分段惯性权重粒子群算法

问题规模较大时，智能优化算法较为可取，粒子群算法（particle swarm optimization，PSO）[152]由于具有易实现、需调整参数少等特点，在组合优化领域得到迅速发展。PSO 用于组合优化，现有的研究常见于 TSP 问题(旅行商问题)，因为形态综合问题具有的特点，其编码方法与改进方法有待专门研究，不宜照搬 TSP 问题的解法。本小节为 CSO 问题提供一种面向大规模问题的分段惯性权重 PSO 算法，并以一个组合方案数为 378 000 的例子对所提出的算法进行验证。

2.4.3.1　编码方法

用智能算法进行形态综合优化，常见的编码方式是同一部件的解采用二进制编码，不同部件解的编码拼接成一个长串，用长串表示组合方案。该方法的优点是采用了二进制，便于基因的表达、交叉和变异，不足之处是有冗余编码，不便于采用贪婪策略。此处针对问题结构和目标函数的特点，对位置采用自然数循环编码方法，速度采用同维实数向量编码。这种编码方法的优点是，与贪婪策略相结合，可以把 CSO 问题转化为可能最优点已知的单峰函数优化问题。

设第 i 个粒子的空间位置为 $u_i = [u_{i1} \quad u_{i2} \quad \cdots \quad u_{in}]$，则 $u_{ij} = 1, 2, \cdots, m_j$ 表示给 Dr_j 选择子构型 $z_{j,u_{ij}}$ $(j = 1, 2, \cdots, n)$。位置在加减运算后应当进行调整使其始终满足 $u_{ij} \in \{1, 2, \cdots, m_j\}$。设 u'_{ij} 为调整之前的值，则调整之后的值为

$$u_{ij} = u'_{ij} \bmod m_j + \begin{cases} 0 & \text{其他} \\ m_j & u'_{ij} \bmod m_j \leqslant 0 \end{cases} \tag{2-28}$$

其中，mod 表示取模。该式使第 j 维的位置值增加时在 $1, 2, \cdots, m_j$ 之间循环递增，减少时在 $m_j, m_{j-1}, \cdots, 1$ 之间循环递减。

2.4.3.2　贪婪策略

为了能使算法尽快收敛到最优位置，在循环编码的基础上采用两种“贪婪策略”。

一是将每个 $Z_{y_k \cdot j}$ 的元素排序，使得

$$P(z_{j,1}) \leqslant P(z_{j,m_j}) \leqslant P(z_{j,2}) \leqslant P(z_{j,m_j-1}) \leqslant \cdots \leqslant P\left(z_{j,\mathrm{fix}\left(\frac{m_j}{2}\right)+1}\right) \quad (2\text{-}29)$$

其中，fix( )为向 0 方向取整函数。这种排列次序和粒子位置的编码方法，使得性能属性在位置空间上成为单峰函数，$u_{\min}=[1 \quad 1 \quad \cdots \quad 1]_{1\times n}$是全局最小点。随着粒子位置各分量对“1”的远离，性能属性逐步增大，$u_{\max}=\left[\mathrm{fix}\left(\frac{m_1}{2}\right)+1 \quad \mathrm{fix}\left(\frac{m_2}{2}\right)+1 \quad \cdots \quad \mathrm{fix}\left(\frac{m_n}{2}\right)+1\right]$是全局最大点。

二是在初始化时，把一小部分粒子的初始位置指定在 $u_{\min}$ 的邻域内，其余粒子的初始位置用随机函数在整个空间内均匀产生。优化开始时，$u_{\min}$ 的邻域内有一定数量的粒子，有助于尽早找到最优解或者近似解。

2.4.3.3 罚函数

优化问题中的不等式约束采用罚函数法，对于粒子 $u_i=[u_{i1} \quad u_{i2} \quad \cdots \quad u_{in}]$，若对应组合方案的增量功能属性满足

$$\mathbb{F}(u_i/y_k)=\bigvee_{j=1}^{n}(\mathbb{F}(z_{j,u_{ij}})-\mathbb{F}(Dr_j))<\mathbb{F}(R/y_k) \quad (2\text{-}30)$$

则通过令粒子的性能属性 $P(u_i)=P_{\max}$ 对该位置进行惩罚，其中罚函数值 $P_{\max}$ 为任选常数，应满足

$$P_{\max}>\sum_{j=1}^{n}P\left(z_{j,\mathrm{fix}\left(\frac{m_j}{2}\right)+1}\right) \quad (2\text{-}31)$$

2.4.3.4 分段惯性权重技术及更新算法

在对形态学矩阵排序之后，性能属性函数的分布规律已经确知，优化就是考虑了罚函数的寻优。为了使粒子群既在 $u_{\min}$ 附近有较强的局部寻优能力，又有较强的全局寻优能力，此处给出一种分段惯性权重技术：当粒子飞行到 $u_{\min}$ 的一个邻域内时，选用较小的惯性权重对速度进行更新；当粒子飞出邻域之后，选用较大的惯性权重。邻域的定义采用与 $u_{\min}$ 距离的 l_1 范数。设邻域半径为 r_0，ω_1 为邻域内的惯性权重值，ω_2 为邻域外的惯性权重值，则粒子 u_k 的惯性权重 ω 按下式选取：

$$\omega=\begin{cases}\omega_1 & \|u_i-u_{\min}\|_1\leqslant r_0\\ \omega_2 & \|u_i-u_{\min}\|_1>r_0\end{cases} \quad (2\text{-}32)$$

其中，u_i 与 $u_{\min}$ 之间的距离 $u_i-u_{\min}$ 是根据式(2-28)调整之后的结果。采用 l_1 范数的好处是把仅在少数几维上离 $u_{\min}$ 比较远的位置仍看作在邻域内，这与形态综合的实际情况是相符的。

设第 i 个粒子的飞行速度为 $v_i=[v_{i1} \quad v_{i2} \quad \cdots \quad v_{in}]$，其经过的最好位置为 $q_i=[q_{i1} \quad q_{i2} \quad \cdots \quad q_{in}]$，所有粒子经过的最好位置为 $q_g=[q_{g1} \quad q_{g2} \quad \cdots \quad q_{gn}]$，则第

i 个粒子第 j 维的速度和位置按下式更新：

$$v_{ij}(t+1)=\omega v_{ij}(t)+c_1\text{rand}(\ )(q_{ij}(t)-u_{ij}(t))+c_2\text{rand}(\ )(q_{gj}(t)-u_{ij}(t))$$
$$u_{ij}(t+1)=u_{ij}(t)+\text{round}(v_{ij}(t+1)) \tag{2-33}$$

其中，rand( )是[0,1]之间平均分布的随机数，c_1，c_2 为加速系数，$|v_{ij}(t+1)|\leqslant v_{\max}$，$v_{\max}$为最大限速值，round( )为四舍五入函数。位置更新公式中的加法应该按式(2-28)进行调整。

2.4.3.5　保收敛算法

当一个粒子处于当前全局最好位置时，速度更新公式的后两项为0，$\omega<1$ 会导致早熟，为此文献[153]提出了保收敛粒子群算法(GCPSO)。GCPSO适用于连续函数的优化，针对形态综合这样的组合优化问题，此处借鉴该思想，采用一种与GCPSO不同的方法，用于对当前全局最好位置上的粒子进行更新，位置更新方式不变，速度按下式更新：

$$v_{ij}(t+1)=\gamma\omega v_{ij}(t)+m_j\text{rand}(\ ) \tag{2-34}$$

其中，γ 为调整因子。速度更新和式的第二项借鉴了文献[154]提出的[0,1]空间对应整数空间的编码方法。

2.4.3.6　全局最好 p 个位置的获取

CSO问题的一个特色就是需要求出 p 个最好位置，而不是一个。获得多个最好解的方法有生境技术，其中序列生境技术[155]效率偏低，小生境技术[156]适用于多峰函数的优化。本问题中的性能属性为单峰函数，因而不宜使用生境技术。获得多个最好解的另一种方法是在算法结束时，从所有粒子的个体最好位置中找出多个最好的，这种方法的缺点是有可能把次好位置过滤掉，也不宜采用。考虑到粒子群算法是一种近似算法，形态综合是一个组合优化问题，这里采用“同时记录 p 个全局最好位置并在每轮更新”的办法，这样既不会把次好位置过滤掉，效率又比较高。

2.4.3.7　算法步骤

用于构型形态综合的分段惯性权重PSO算法如下：

CSOA2 算法

STEP 1　形态学矩阵排序。

STEP 2　粒子群分两批初始化，一批设置在全局最小点附近，另一批随机设置在整个空间内。

STEP 3　用罚函数法计算初始粒子群的性能属性。

STEP 4　获取 p 个当前最好位置和每个粒子的个体最好位置。

STEP 5　按如下步骤进行更新直到达到最大步数：

STEP 5.1　按如下步骤对每一个粒子进行更新：

STEP 5.1.1　确定惯性权重。

STEP 5.1.2　对当前最好位置的粒子采用保收敛算法更新速度和位置，对其他粒子按式(2-33)更新位置和速度。

STEP 5.1.3　用罚函数法计算粒子群的性能属性。

STEP 5.1.4　更新个体最好位置。

STEP 5.2　更新 p 个当前最好位置。

STEP 6　输出 p 个最好位置。

2.4.3.8　测试例

例 2-1　下面以表 2-2 所示八维形态学矩阵为例说明上文所给的分段惯性权重 PSO 算法的使用方法，该例的组合方案数为

$$m_1 m_2 \cdots m_8 = 5 \times 4 \times 6 \times 7 \times 3 \times 5 \times 6 \times 5 = 378\,000 \tag{2-35}$$

表 2-2　例 2-1 测试例的形态学矩阵

Dr_j	备选子构型 $Z_{y_k,j}$							
Dr_1	$z_{1,l}$	$z_{1,1}$	$z_{1,2}$	$z_{1,3}$	$z_{1,4}$	$z_{1,5}$		
	$P(z_{1,l})$	0.6	2.1	4.6	3.8	0.9		
	$\mathbb{F}(z_{1,l}/Dr_1)$	[0001100001]	[0010000000]	[0000000010]	[0100100000]	[0000010000]		
Dr_2	$z_{2,l}$	$z_{2,1}$	$z_{2,2}$	$z_{2,3}$	$z_{2,4}$			
	$P(z_{2,l})$	1.3	3.4	3.9	2.8			
	$\mathbb{F}(z_{2,l}/Dr_2)$	[0000010000]	[0000000000]	[0001100000]	[0000000100]			
Dr_3	$z_{3,l}$	$z_{3,1}$	$z_{3,2}$	$z_{3,3}$	$z_{3,4}$	$z_{3,5}$	$z_{3,6}$	
	$P(z_{3,l})$	0.5	2.7	5.4	7.9	3.7	0.5	
	$\mathbb{F}(z_{3,l}/Dr_3)$	[1100001000]	[0100001001]	[0100001000]	[0000000001]	[0000000000]	[1001000000]	
Dr_4	$z_{4,l}$	$z_{4,1}$	$z_{4,2}$	$z_{4,3}$	$z_{4,4}$	$z_{4,5}$	$z_{4,6}$	$z_{4,7}$
	$P(z_{4,l})$	0.3	1.5	4.5	8.1	6.0	2.3	0.6
	$\mathbb{F}(z_{4,l}/Dr_4)$	[0000000000]	[0010000000]	[0001010000]	[0000000001]	[0000000000]	[1000001000]	[0000000000]
Dr_5	$z_{5,l}$	$z_{5,1}$	$z_{5,2}$	$z_{5,3}$				
	$P(z_{5,l})$	1.4	4.1	2.1				
	$\mathbb{F}(z_{5,l}/Dr_5)$	[00101100000]	[0000001000]	[0010000100]				
Dr_6	$z_{6,l}$	$z_{6,1}$	$z_{6,2}$	$z_{6,3}$	$z_{6,4}$	$z_{6,5}$		
	$P(z_{6,l})$	0.7	2.9	4.9	3.1	1.0		
	$\mathbb{F}(z_{6,l}/Dr_6)$	[1000100011]	[0000000111]	[1001000000]	[0010010000]	[0101100100]		

续表

Dr_j	备选子构型 $Z_{y_k,j}$						
Dr_7	$z_{7,l}$	$z_{7,1}$	$z_{7,2}$	$z_{7,3}$	$z_{7,4}$	$z_{7,5}$	$z_{7,6}$
	$P(z_{7,l})$	1.4	3.2	5.5	6.2	4.5	2.9
	$\mathbb{F}(z_{7,l}/Dr_7)$	[0000000000]	[0001001001]	[0000000011]	[0000100010]	[1000001100]	[0000001000]
Dr_8	$z_{8,l}$	$z_{8,1}$	$z_{8,2}$	$z_{8,3}$	$z_{8,4}$	$z_{8,5}$	
	$P(z_{8,l})$	0.5	1.3	4.2	2.1	0.7	
	$\mathbb{F}(z_{8,l}/Dr_8)$	[0001001001]	[0001100100]	[0010000000]	[1101000000]	[1010000100]	

排序后的形态学矩阵及各备选子构型的性能属性 $P(z_{j,l})$、增量功能属性 $\mathbb{F}(z_{j,l}/Dr_j)=\mathbb{F}(z_{j,l})-\mathbb{F}(Dr_j)$如表 2-2 所示，$\mathbb{F}(R/y_k)=[1111111111]$，待求方案数目$p=3$。

算例的全局最小点是 $u_{\min}=[11111111]$，通过穷举算法，可知该例的三个最优位置为[11111115]，[11171115]和[11113111]，性能属性分别为 6.9，7.2 和 7.4。

采用分段惯性权重 PSO 对该例进行优化求解。初始化共生成 20 个粒子，5 个 $u_{\min}$邻域内的初始粒子位置分别为[11111111]，[12121212]，[51613161]，[22222222]和[54673565]。算法参数设置为：邻域半径 $r_0=16$，罚函数值 $P_{\max}=100$，邻域内惯性权重 $\omega_1=0.3$，邻域外惯性权重 $\omega_2=1.05$，最大限速值 $v_{\max}=3$，加速系数 $c_1=1.4$，$c_2=1.2$，调整因子 $\gamma=2$，最大更新步数为 100。

一次典型的优化结果为[11111115]，[11171115]和[11111112]，性能属性分别为 6.9，7.2 和 7.5，全局最好值的性能属性收敛曲线如图 2-9 所示。图 2-10 显示了各次更新过程中当次最好值和邻域内粒子数、邻域外粒子数的变化情况，其中细实线为当次最好值的变化曲线，“-•-”线为邻域内粒子数的变化曲线，“-*-”线为邻域外粒子数的变化曲线。从曲线可以看出，分段惯性权重 PSO 是收敛的，随着更新的进行，大多数粒子都逐渐集中到 $u_{\min}$的邻域内进行局部寻优，而保收敛算法又保证邻域外具有一定数量的粒子，不致出现早熟现象。

为了比较分段惯性权重 PSO 的改进性能，同时采用标准 PSO 对算例进行再次求解。标准 PSO 采用自然数循环编码方法，不采用贪婪策略和保收敛算法，在最大步数完成后从所有粒子的个体最优位置中找出 p 个最优位置，参数设置为：粒子数=20，惯性权重 $\omega=1.05$，最大限速值 $v_{\max}=3$，加速系数 $c_1=1.4$，$c_2=1.2$，最大更新步数为 100。两种算法各进行 20 次，得到 $p=3$ 个最优性能属性(P_1，P_2，P_3)的统计数据，如表 2-3 所示。从统计数据可以看出，分段惯性权重 PSO 与标准 PSO 均可应用于形态综合的优化问题，但在平均寻优能力上，分段惯性权重 PSO 有明显优势。

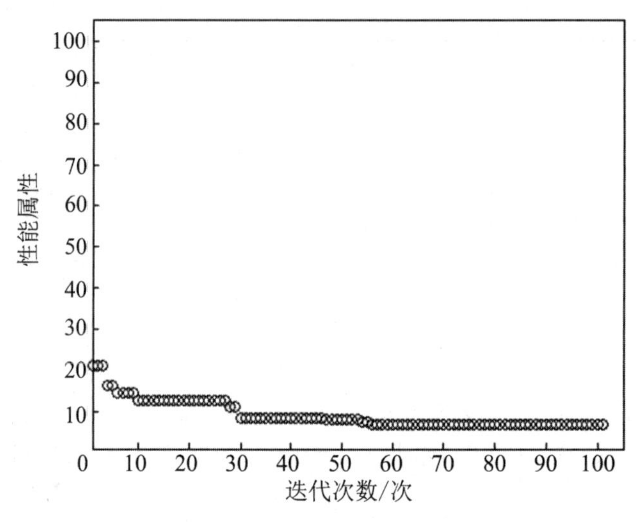

图 2-9　全局最好值收敛曲线

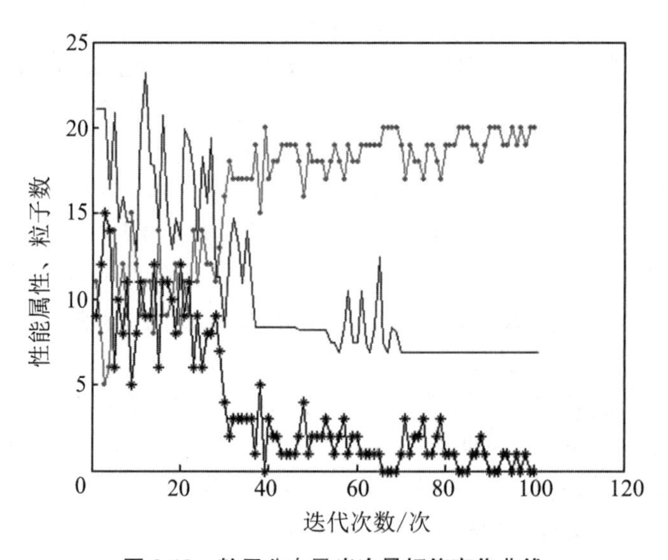

图 2-10　粒子分布及当次最好值变化曲线

表 2-3　两种 PSO 算法寻优性能比较

算法	P_1			P_2			P_3		
	平均	最优	最差	平均	最优	最差	平均	最优	最差
标准 PSO	7.81	6.9	8.8	9.24	7.4	11.6	10.07	7.7	13
分段惯性权重 PSO	7.535	6.9	9.0	7.95	7.2	9.6	8.155	7.4	9.7

2.4.4　结论

形态综合的组合优化是设计领域典型的优化问题，也是控制策略构型方案生成的核心步骤。本节为 F-C 法的形态综合提供了两种面向不同规模问题的计算方法，足以解决控制策略构型的方案生成问题。其中，面向大规模问题的分段惯性权重 PSO 是一种有针对性的多最值求解近似算法，经较大规模的算例验证，该算法是有效的。从多最值优化的角度来说，该算法比生境技术简单，从寻优能力的角度来说，该算法优于标准 PSO。

2.5　功能-构型法设计算例(例 2-2)

本节以一个设计实例演示 F-C 法的设计过程、方案生成能力和概念设计效果。实例中，被控对象为模型未知的非线性时延系统，备选构型数为 10，备选框架数为 4。实际工程中的设计要求往往比本例中的设计要求具体得多，把设计要求转化为规范化的设计需求 R 属于需求分析和功能建模方法的研究范畴，不是本书的重点，故在此做简化处理。

2.5.1　设计需求描述

2.5.1.1　受控系统

某带执行机构的受控系统，特征为：

(1) 单输入单输出，控制信号为 u，可观测的输出信号为 y。

(2) 非线性时不变。

(3) 有延迟。

(4) 有随机负载扰动。

(5) 被控对象模型未知，可辨识。

2.5.1.2　设计要求

实现跟踪控制，输入参考信号为 r。

2.5.1.3　功能元定义

设功能元集 $\mathscr{F}=\{f_1,f_2,f_3,f_4,f_5,f_6,f_7,f_8,f_9\}$，功能元的定义如表 2-4 所示。

表 2-4　功能元定义

功能元	定　　义
f_1	实现最小相角系统的稳定跟踪控制
f_2	计算控制量
f_3	支持非线性对象的控制
f_4	支持线性对象的控制
f_5	通过前置串联方式补偿对象的非线性
f_6	支持时延对象的控制
f_7	支持无时延对象的控制
f_8	表示线性对象的数学模型
f_9	表示非线性对象的数学模型

2.5.1.4　设计需求定义

根据设计要求和对象特征，定义设计需求 $R=(I^R,O^R,\mathbb{F}(R),p)$：

$$I^R=\{r,y\},\quad O^R=\{u\},\quad \mathbb{F}(R)=[101001000],\quad p=3$$

2.5.2　受控系统仿真模型

假设受控系统 Simulink 仿真模型如图 2-11 所示。

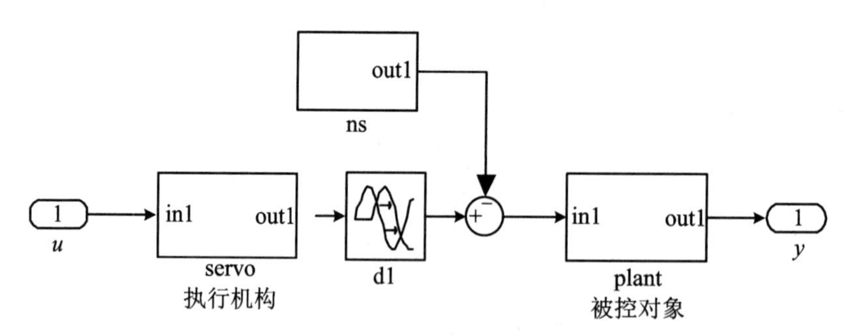

图 2-11　受控系统 Simulink 仿真模型

其中：

u 为控制量，y 为输出量。

plant 为被控对象，如图 2-12 所示，由一个积分环节 plt_1 和非线性环节 plt_2 组成。plt_2 为通用表达式模块，表达式为－100＋(6400＋u * 2)^0.5，此处的 u 为 Simulink 定义的模块输入量，plt_2 的非线性函数为

$$f(u)=\sqrt{6\,400+2u}-100 \tag{2-36}$$

servo 为执行机构，由输入限幅 sat1、限速 rlmt1 和放大 k1 三个环节组成，其中 sat1 的限幅值为[−1,1]，rlmt1 的限速值为[−0.05,0.05]，放大环节 k1 的增益为 50/9。

d1 为延迟环节，延迟时间为 60 s。

ns 为负载扰动环节，由噪声源 noise 和限幅环节 sat2 组成，噪声源的 noise power=[0.4]，sat2 的限幅值为[−1.5,1.5]。

受控系统仿真模型展开图如图 2-12 所示，封装后如图 2-13 所示。

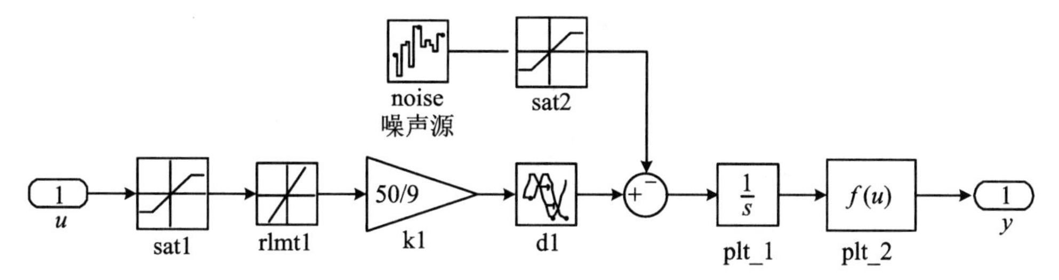

图 2-12　受控系统仿真模型展开图

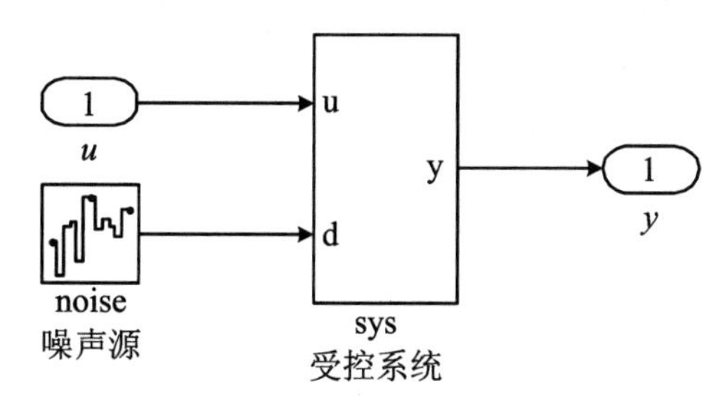

图 2-13　受控系统仿真模型封装图

2.5.3　备选框架与备选构型

先给出备选框架与备选构型的接口符号定义，如表 2-5 所示。

表 2-5　接口符号定义

符号	接 口 定 义
r	输入参考信号
y	被控对象输出信号
u	广义控制量（控制器的输出量、作用于被控对象的控制量）
e	广义误差（$r-y$、控制器的输入量）
x_1	Smith 预估控制构型中被控对象模型的输出

2.5.3.1 备选框架

备选框架集 $Y=\{y_1,y_2,y_3,y_4\}$。

2.5.3.1.1 y_1——“单位负反馈控制”框架

$$I^{y_1}=\{r,y\},\quad O^{y_1}=\{u\}$$

$$\mathbb{F}(y_1)=[100000000],\quad P(y_1)=0,\quad Dr^{y_1}=\{Dr_1^{y_1}\}$$

其中：

$$Dr_1^{y_1}=(I^{Dr_1^{y_1}},O^{Dr_1^{y_1}},\mathbb{F}(Dr_1^{y_1})),\quad I^{Dr_1^{y_1}}=\{e\}$$

$$O^{Dr_1^{y_1}}=\{u\},\quad \mathbb{F}(Dr_1^{y_1})=[010000000]$$

y_1 的功能块图及方框图分别如图 2-14(a)和图 2-14(b)所示，y_1 的改进 Freeman-Newell 功能推理模型如图 2-15 所示。

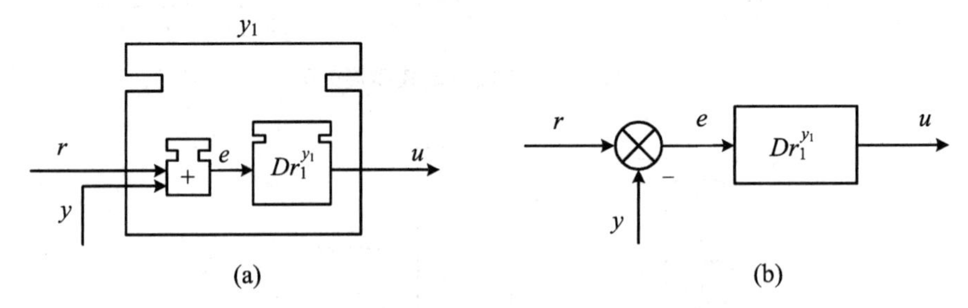

图 2-14 备选框架 y_1 的功能块图及方框图

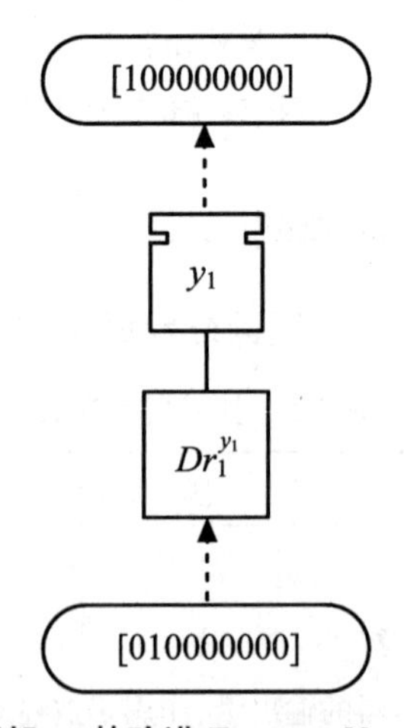

图 2-15 备选框架 y_1 的改进 Freeman-Newell 功能推理模型

2.5.3.1.2　y_2——“带非线性补偿的控制器”框架

$$I^{y_2} = \{e\},\quad O^{y_2} = \{u\},\quad \mathbb{F}(y_2) = [011000000]$$

$$P(y_2) = 0,\quad Dr^{y_2} = \{Dr_1^{y_2}, Dr_2^{y_2}\}$$

其中：

$$Dr_1^{y_2} = (I^{Dr_1^{y_2}}, O^{Dr_1^{y_2}}, \mathbb{F}(Dr_1^{y_2})),\quad I^{Dr_1^{y_2}} = \{e\}$$

$$O^{Dr_1^{y_2}} = \{u\},\quad \mathbb{F}(Dr_1^{y_2}) = [010100000]$$

$$Dr_2^{y_2} = (I^{Dr_2^{y_2}}, O^{Dr_2^{y_2}}, \mathbb{F}(Dr_2^{y_2})),\quad I^{Dr_2^{y_2}} = \{u\}$$

$$O^{Dr_2^{y_2}} = \{u\},\quad \mathbb{F}(Dr_2^{y_2}) = [000010000]$$

y_2 的功能块图及方框图分别如图 2-16(a)和图 2-16(b)所示，y_2 的改进 Freeman-Newell 功能推理模型如图 2-17 所示。

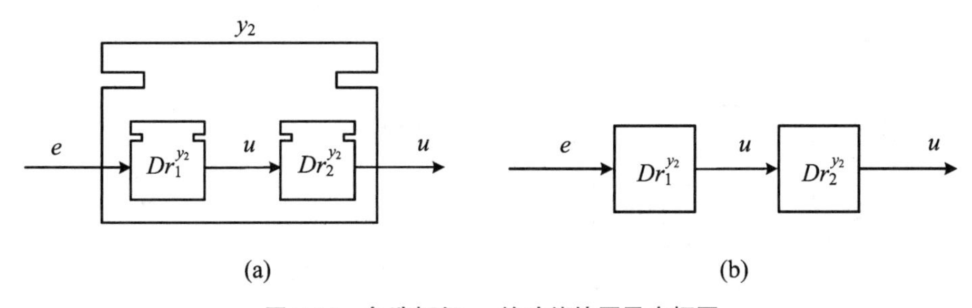

图 2-16　备选框架 y_2 的功能块图及方框图

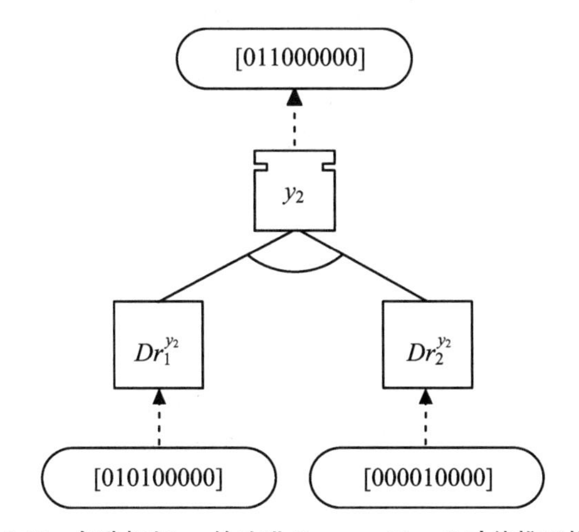

图 2-17　备选框架 y_2 的改进 Freeman-Newell 功能推理模型

2.5.3.1.3　y_3——“线性对象的 Smith 预估控制器”框架

$$I^{y_3}=\{e\},\quad O^{y_3}=\{u\},\quad \mathbb{F}(y_3)=[010101000]$$

$$P(y_3)=0.1,\quad Dr^{y_3}=\{Dr_1^{y_3},\quad Dr_2^{y_3}\}$$

其中：

$$Dr_1^{y_3}=(I^{Dr_1^{y_3}},O^{Dr_1^{y_3}},\mathbb{F}(Dr_1^{y_3})),\quad I^{Dr_1^{y_3}}=\{e\}$$

$$O^{Dr_1^{y_3}}=\{u\},\quad \mathbb{F}(Dr_1^{y_3})=[010100100]$$

$$Dr_2^{y_3}=(I^{Dr_2^{y_3}},O^{Dr_2^{y_3}},\mathbb{F}(Dr_2^{y_3})),\quad I^{Dr_2^{y_3}}=\{u\}$$

$$O^{Dr_2^{y_3}}=\{x_1\},\quad \mathbb{F}(Dr_2^{y_3})=[000100110]$$

y_3 的功能块图及方框图分别如图 2-18(a)和图 2-18(b)所示，y_3 的改进 Freeman-Newell 功能推理模型如图 2-19 所示。

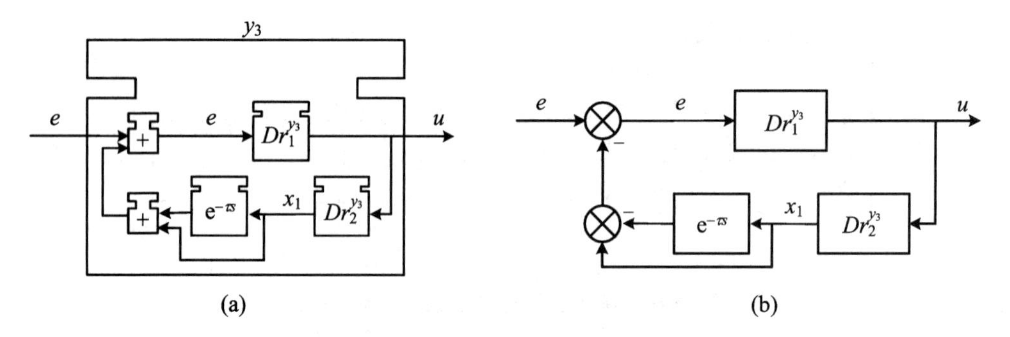

图 2-18　备选框架 y_3 的功能块图及方框图

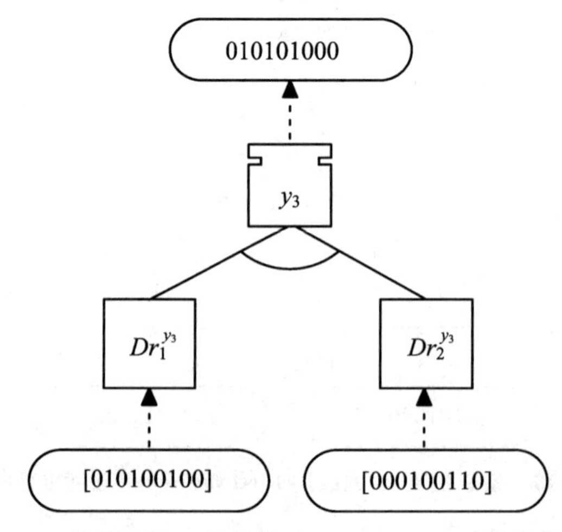

图 2-19　备选框架 y_3 的改进 Freeman-Newell 功能推理模型

2.5.3.1.4　y_4——“非线性对象的 Smith 预估控制器”框架

$$I^{y_4} = \{e\}, \quad O^{y_4} = \{u\}, \quad \mathbb{F}(y_4) = [011001000]$$
$$P(y_4) = 0.1, \quad Dr^{y_4} = \{Dr_1^{y_4}, Dr_2^{y_4}\}$$

其中：

$$Dr_1^{y_4} = (I^{Dr_1^{y_4}}, O^{Dr_1^{y_4}}, \mathbb{F}(Dr_1^{y_4})), \quad I^{Dr_1^{y_4}} = \{e\}$$
$$O^{Dr_1^{y_4}} = \{u\}, \quad \mathbb{F}(Dr_1^{y_4}) = [011000100]$$
$$Dr_2^{y_4} = (I^{Dr_2^{y_4}}, O^{Dr_2^{y_4}}, \mathbb{F}(Dr_2^{y_4})), \quad I^{Dr_2^{y_4}} = \{u\}$$
$$O^{Dr_2^{y_4}} = \{x_1\}, \quad \mathbb{F}(Dr_2^{y_4}) = [001000101]$$

y_4 的功能块图及方框图分别如图 2-20(a)和图 2-20(b)所示，y_4 的改进 Freeman-Newell 功能推理模型如图 2-21 所示。

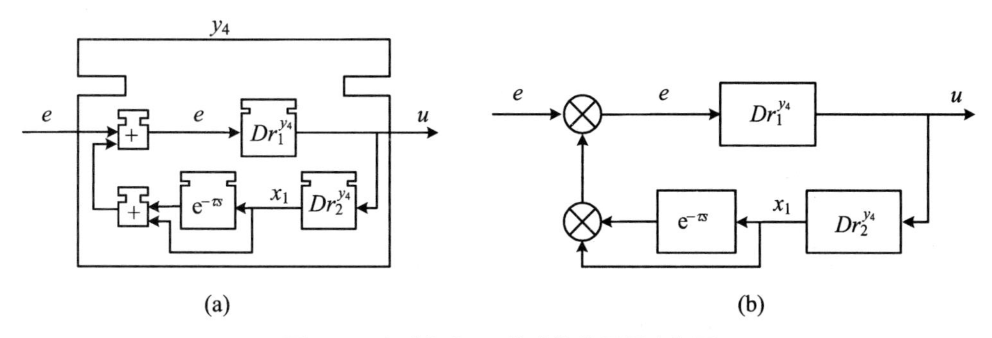

图 2-20　备选框架 y_4 的功能块图及方框图

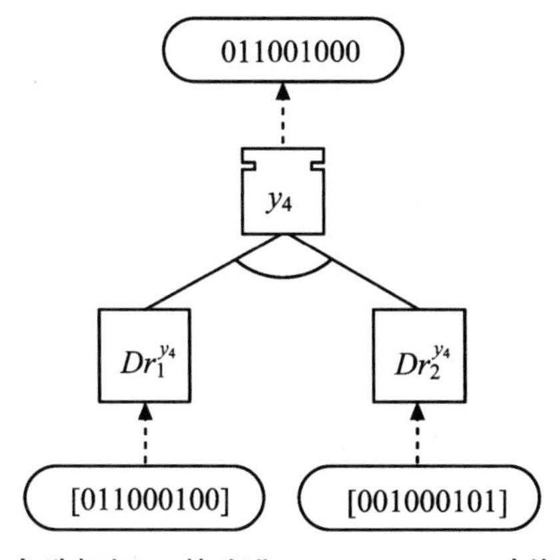

图 2-21　备选框架 y_4 的改进 Freeman-Newell 功能推理模型

2.5.3.2 备选构型

备选构型集 $Z=\{z_1,z_2,z_3,z_4,z_5,z_6,z_7,z_8,z_9,z_{10}\}$，如表 2-6 所示。

表 2-6 备选构型

z_k	名　称	I^{z_k}	O^{z_k}	$\mathbb{F}(z_k)$	$P(z_k)$
z_1	PID 控制器	$\{e\}$	$\{u\}$	[010100100]	1
z_2	线性对象不考虑时延的 NN 控制器	$\{e\}$	$\{u\}$	[010100100]	5
z_3	线性对象不考虑时延的模糊控制器	$\{e\}$	$\{u\}$	[010100100]	3
z_4	Hammerstein 无时延的线性部分模型	$\{u\}$	$\{x_1\}$	[000100110]	3
z_5	Hammerstein 模型非线性环节的逆	$\{u\}$	$\{u\}$	[000010000]	2
z_6	非线性系统的 NN 逆模型	$\{u\}$	$\{u\}$	[000010000]	5
z_7	无时延的非线性系统 NN 逼近模型	$\{u\}$	$\{x_1\}$	[001000101]	5
z_8	无时延的非线性系统 Hammerstein 逼近模型	$\{u\}$	$\{x_1\}$	[001000101]	3
z_9	不考虑时延的非线性对象 NN 控制器	$\{e\}$	$\{u\}$	[011000100]	6
z_{10}	不考虑时延的非线性对象模糊控制器	$\{e\}$	$\{u\}$	[011000100]	4

2.5.4 基于多层功能-构型法的方案生成

按照步骤 CSG2，基于备选框架集 Y 和备选构型集 Z 对设计需求 R 进行求解。

STEP 1 利用 CR. IO 条件和 CR. F 条件从 Z 中获得 R 的可行构型集 $Z_R^1=\varnothing$，由 R 和 Z_R^1 组成第 0 层形态学矩阵 csT0。

STEP 2 利用 HR. IO 条件从 Y 中获得 R 的可行框架集 $Y_R^1=\{y_1\}$。

STEP 3 按以下步骤依次展开，获得三层形态综合树(图 2-22)：

STEP 3.1 利用 CH. IO 条件与 CH. F 条件从 Z 中为 y_1 的待定子元 $Dr_1^{y_1}$ 选定可行构型集 $Z_{y_1}^1\cdot{}_1=\{z_1,z_2,z_3,z_9,z_{10}\}$，由 $Dr_1^{y_1}$ 与 $Z_{y_1}^1\cdot{}_1$ 组成以 y_1 为框架的实现 R 的形态学矩阵 csT1.1。

STEP 3.2 把 $Dr_1^{y_1}$ 的实现问题作为子设计需求 sR 进行展开和求解，利用 HR. IO 条件从 Y 中获得 $Dr_1^{y_1}$ 的可行框架集 $Y_{y_1}^2\cdot{}_1=\{y_2,y_3,y_4\}$。

STEP 3.3 对于 y_2 的待定子元 $Dr_1^{y_2}$，利用 CR. IO 条件和 CR. F 条件从 Z 中获得 $Dr_1^{y_2}$ 的可行构型集 $Z_{y_2}^2\cdot{}_1=\{z_1,z_2,z_3\}$，对 $Dr_2^{y_2}$ 利用 CR. IO 条件和 CR. F 条件从 Z 中获得可行构型集 $Z_{y_2}^2\cdot{}_2=\{z_5,z_6\}$，由 $Dr_1^{y_2}$，$Z_{y_2}^2\cdot{}_1$，$Dr_2^{y_2}$ 和 $Z_{y_2}^2\cdot{}_2$ 组成以 y_2

为框架的实现 $Dr_1^{y_1}$ 的形态学矩阵 csT2.1。

STEP 3.4　同理，分别获得以 y_3，y_4 为框架实现 $Dr_1^{y_1}$ 的形态学矩阵 csT2.2 和 csT2.3，其中 $Z_{y_3}^2 \cdot {}_1 = \{z_1, z_2, z_3\}$，$Z_{y_3}^2 \cdot {}_2 = \{z_4\}$，$Z_{y_4}^2 \cdot {}_1 = \{z_9, z_{10}\}$，$Z_{y_4}^2 \cdot {}_2 = \{z_7, z_8\}$。

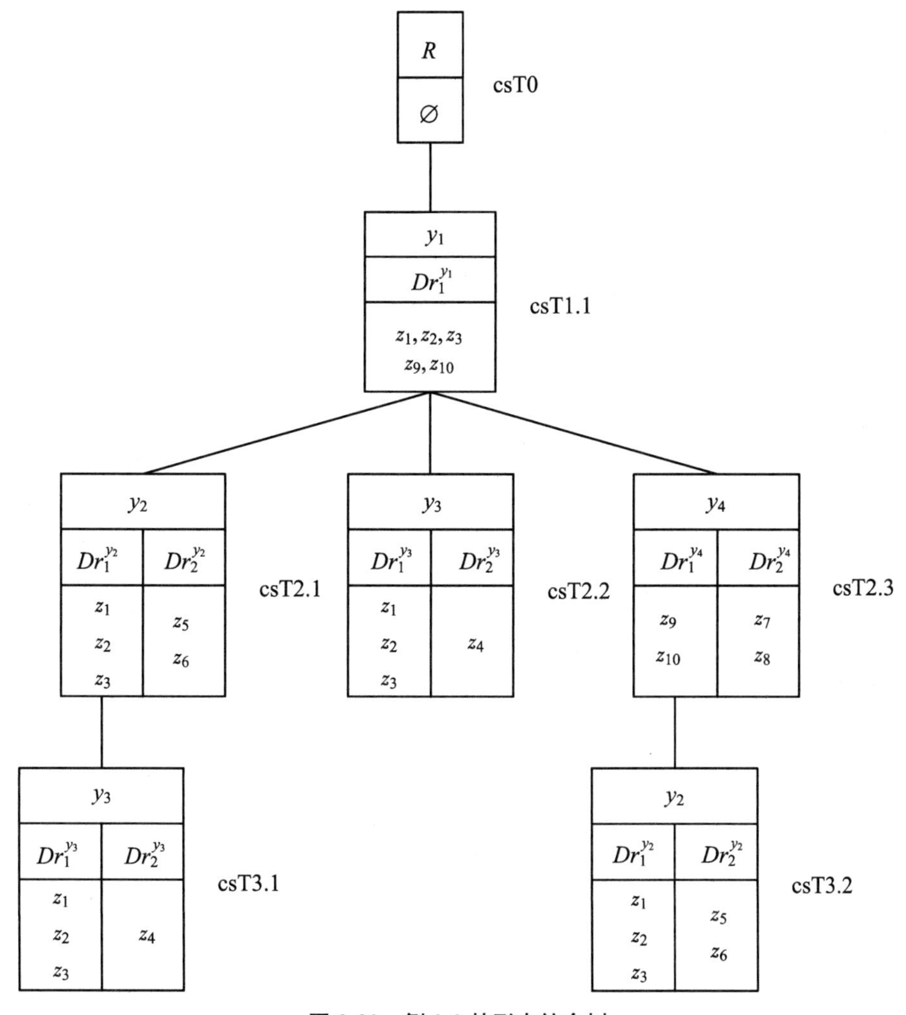

图 2-22　例 2-2 的形态综合树

STEP 3.5　把 $Dr_1^{y_2}$ 的实现问题作为更下一层的子设计需求 sR 进行展开和求解，利用 HR. IO 条件从 Y 中获得 $Dr_1^{y_2}$ 的可行框架集 $Y_{y_2}^3 \cdot {}_1 = \{y_3\}$。

STEP 3.6　对于 y_3 的待定子元 $Dr_1^{y_3}$，利用 CR. IO 条件和 CR. F 条件从 Z 中获得 $Dr_1^{y_3}$ 的可行构型集 $Z_{y_3}^3 \cdot {}_1 = \{z_1, z_2, z_3\}$，对 $Dr_2^{y_3}$ 利用 CR. IO 条件和 CR. F 条

件从 Z 中获得可行构型集 $Z_{y_3}^3 \cdot {}_2 = \{z_4\}$，由此获得以 y_3 为框架的实现 $Dr_1^{y_2}$ 的形态学矩阵 csT3.1。

STEP 3.7　同理，获得以 y_2 为框架的实现 $Dr_1^{y_4}$ 的形态学矩阵 csT3.2。

STEP 4　按以下步骤进行自底向上的形态综合：

STEP 4.1　对矩阵 csT3.1 进行形态综合，由于问题规模较小，直接进行组合可以得到三个方案：

$$z_{21} = (y_3, \{z_1, z_4\}),\quad z_{22} = (y_3, \{z_2, z_4\}),\quad z_{23} = (y_3, \{z_3, z_4\})$$

它们的功能属性分别为

$$\begin{aligned}\mathbb{F}(z_{21}) &= \mathbb{F}(y_3) \vee (\mathbb{F}(z_1) - \mathbb{F}(Dr_1^{y_3})) \vee (\mathbb{F}(z_4) - \mathbb{F}(Dr_2^{y_3}))\\ &= [010101000] \vee ([010100100] - [010100100])\\ &\quad \vee ([000100110] - [000100110])\\ &= [010101000]\\ \mathbb{F}(z_{22}) &= [010101000]\\ \mathbb{F}(z_{23}) &= [010101000]\end{aligned}$$

它们的性能属性分别为

$$P(z_{21}) = P(y_3) + P(z_1) + P(z_4) = 4.1,\quad P(z_{22}) = 8.1,\quad P(z_{23}) = 6.1$$

由于$\mathbb{F}(z_{21}) = \mathbb{F}(z_{22}) = \mathbb{F}(z_{23}) = [010101000] \geqslant \mathbb{F}(Dr_1^{y_2}) = [010100000]$，所以 z_{21}, z_{22}, z_{23}都是 $Dr_1^{y_2}$ 的可行构型，即它们对 $Dr_1^{y_2}$ 满足 CR.F 条件。本次形态综合获得可行方案数目为 $3 \leqslant p$，所以把 z_{21}, z_{22}, z_{23}添加到 $Z_{y_2}^2 \cdot {}_1$之中，得到 $Z_{y_2}^2 \cdot {}_1 = \{z_1, z_2, z_3, z_{21}, z_{22}, z_{23}\}$，把矩阵 csT3.1 从形态综合树中删去。

STEP 4.2　对矩阵 csT3.2 进行形态综合，得到以下方案：

$$z_{24} = (y_2, \{z_1, z_5\}),\quad z_{25} = (y_2, \{z_1, z_6\}),\quad z_{26} = (y_2, \{z_2, z_5\})$$

$$z_{27} = (y_2, \{z_2, z_6\}),\quad z_{28} = (y_2, \{z_3, z_5\}),\quad z_{29} = (y_2, \{z_3, z_6\})$$

对于设计需求 $Dr_1^{y_4}$，利用 CR.F 条件和 CR.P 条件获得 $Dr_1^{y_4}$ 的三个以 y_2 为框架的较佳构型 z_{24}, z_{25}, z_{28}。它们的功能属性分别为

$$\mathbb{F}(z_{24}) = \mathbb{F}(z_{25}) = \mathbb{F}(z_{28}) = [011000100]$$

它们的性能属性分别为

$$P(z_{24}) = 3,\quad P(z_{25}) = 6,\quad P(z_{28}) = 5$$

把 z_{24}, z_{25}, z_{28}添加到 $Z_{y_4}^2 \cdot {}_1$之中，得到 $Z_{y_4}^2 \cdot {}_1 = \{z_9, z_{10}, z_{24}, z_{25}, z_{28}\}$，把 csT3.2 从形态综合树中删去。

STEP 4.3　分别对矩阵 csT2.1，csT2.2 和 csT2.3 进行形态综合，利用 CR.F 条件和 CR.P 条件得到 $Dr_1^{y_1}$ 的十个较佳构型：

$$z_{29} = (y_2, \{z_{21}, z_5\}),\quad z_{30} = (y_2, \{z_{21}, z_6\}),\quad z_{31} = (y_2, \{z_{23}, z_5\})$$

$$z_{34} = (y_3, \{z_1, z_4\}),\quad z_{35} = (y_3, \{z_2, z_4\}),\quad z_{36} = (y_3, \{z_3, z_4\})$$

$z_{37}=(y_4,\{z_{24},z_7\}),\quad z_{38}=(y_4,\{z_{24},z_8\}),\quad z_{39}=(y_4,\{z_{28},z_8\})$

$z_{40}=(y_4,(z_{10},z_8))$

它们的功能属性分别为

$$\mathbb{F}(z_{29})=\mathbb{F}(z_{30})=\mathbb{F}(z_{31})=\mathbb{F}(z_{37})=\mathbb{F}(z_{38})=\mathbb{F}(z_{39})=\mathbb{F}(z_{40})$$
$$=[011001000]$$
$$\mathbb{F}(z_{34})=\mathbb{F}(z_{35})=\mathbb{F}(z_{36})=[010101000]$$

将 $z_{29},z_{30},z_{31},z_{34},z_{35},z_{36},z_{37},z_{38},z_{39},z_{40}$ 添加到 $Z^1_{y_1}\cdot{}_1$ 之中，删去矩阵 csT2. 1，csT2. 2 和 csT2. 3。

STEP 4. 4　此时 $Z^1_{y_1}\cdot{}_1=\{z_1,z_2,z_3,z_9,z_{10},z_{29},z_{30},z_{31},z_{34},z_{35},z_{36},z_{37},z_{38},z_{39},z_{40}\}$，对矩阵 csT1. 1 进行形态综合，得到 R 的十五个备选构型方案：

$z_{61}=(y_1,\{z_1\}),\quad z_{62}=(y_1,\{z_2\}),\quad z_{63}=(y_1,\{z_3\}),\quad z_{64}=(y_1,\{z_9\})$

$z_{65}=(y_1,\{z_{10}\}),\quad z_{66}=(y_1,\{z_{29}\}),\quad z_{67}=(y_1,\{z_{30}\}),\quad z_{68}=(y_1,\{z_{31}\})$

$z_{69}=(y_1,\{z_{34}\}),\quad z_{70}=(y_1,\{z_{35}\}),\quad z_{71}=(y_1,\{z_{36}\}),\quad z_{72}=(y_1,\{z_{37}\})$

$z_{73}=(y_1,\{z_{38}\}),\quad z_{74}=(y_1,\{z_{39}\}),\quad z_{75}=(y_1,\{z_{40}\})$

其功能块图形如图 2-23 所示。利用 CR. F 条件获得的 R 的可行构型集为

$$C_{\mathrm{f}}=\{z_{66},z_{67},z_{68},z_{72},z_{73},z_{74},z_{75}\}$$

它们的功能属性同为[101001000]，性能属性分别为

$$P(z_{66})=6.1,\quad P(z_{67})=9.1,\quad P(z_{68})=8.1,\quad P(z_{72})=8.1$$
$$P(z_{73})=6.1,\quad P(z_{74})=8.1,\quad P(z_{75})=7.1$$

STEP 5　利用 CR. P 条件获得 R 的较佳构型集 $C_{\mathrm{p}}=\{z_{66},z_{73},z_{75}\}$：

$$z_{66}=(y_1,\{(y_2,\{(y_3,\{z_1,z_4\}),z_5\})\})$$
$$z_{73}=(y_1,\{(y_4,\{(y_2,\{z_1,z_5\}),z_8\})\})$$
$$z_{75}=(y_1,\{(y_4,\{z_{10},z_8\})\})$$

它们的方框图如图 2-24 所示。

2.5.5　详细设计与仿真

现选择较佳设计方案 z_{66} 进行详细设计，以验证概念设计结果的可行性。

2.5.5.1　受控对象模型辨识

首先辨识出受控系统的时延 Hammerstein 非线性逼近模型。经典的简化 Hammerstein 模型如图 2-25 所示，由控制量 $u(k)$ 计算输出量 $y(k)$ 的方程为

$$x^*(k)=N(u(k))=r_0+r_1u(k)+r_2u^2(k)+\cdots+r_pu^p(k)\tag{2-37}$$

$$y(k)=\frac{B(q^{-1})}{A(q^{-1})}q^{-d}x^*(k)=\frac{1+a_1q^{-1}+\cdots+a_mq^{-m}}{b_1q^{-1}+b_2q^{-2}+\cdots+b_mq^{-m}}q^{-d}x^*(k)\tag{2-38}$$

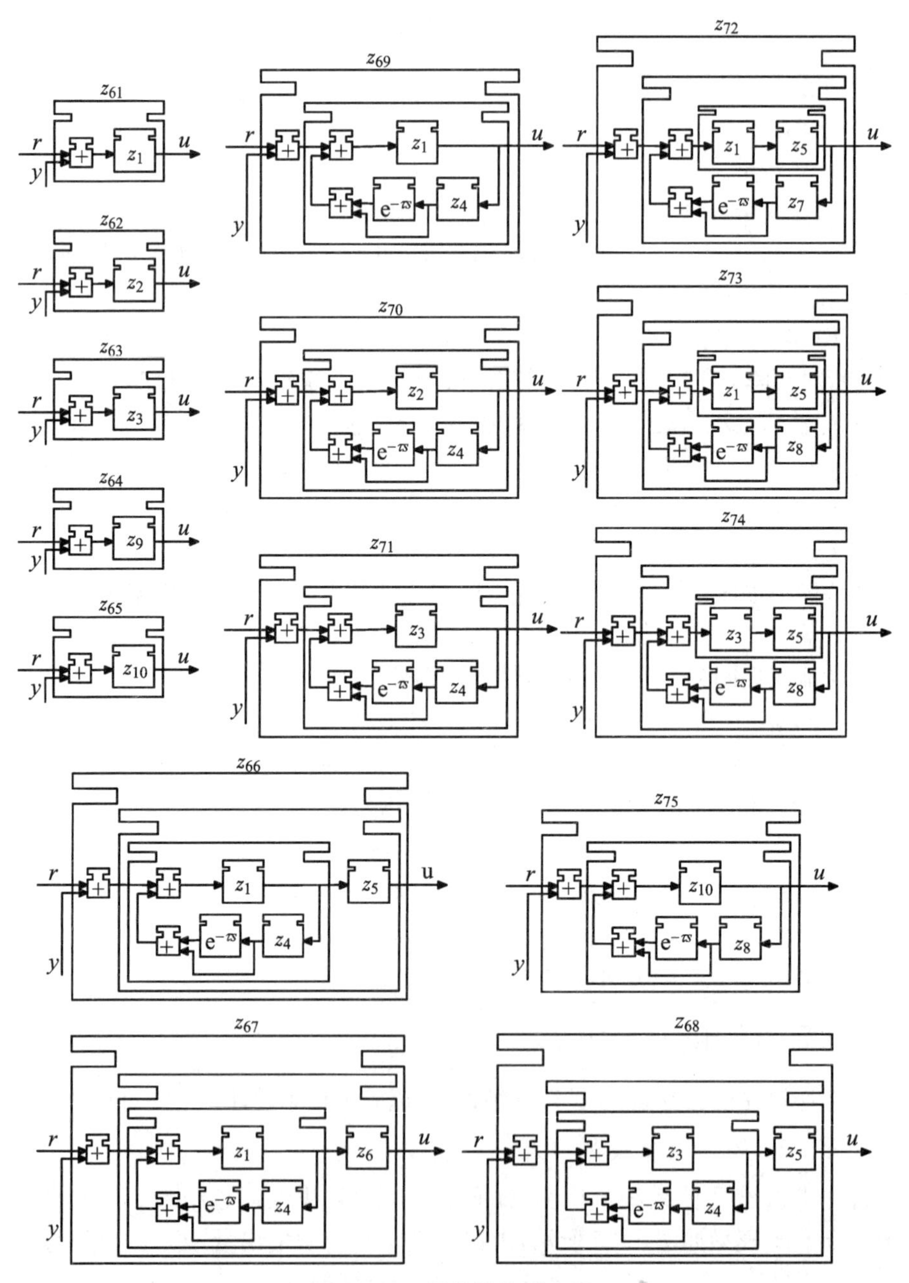

图 2-23　R 的备选构型方案

式中：

$x^*(k)$为中间变量。

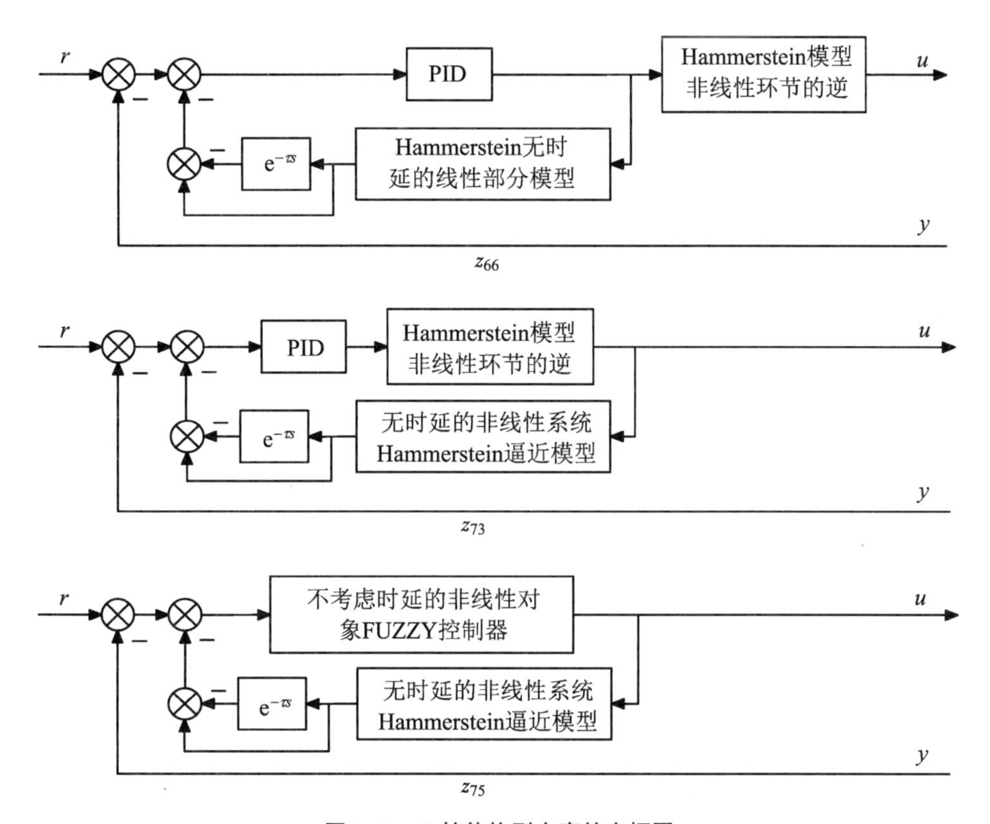

图 2-24　*R* 较佳构型方案的方框图

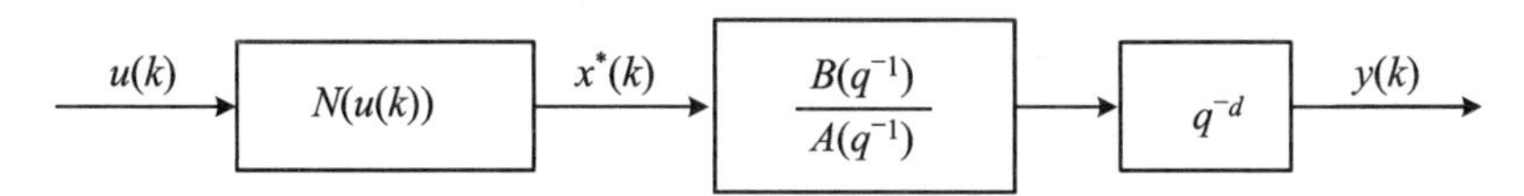

图 2-25　非线性系统经典的简化 Hammerstein 逼近模型

q^{-d}为时延环节。

$\dfrac{B(q^{-1})}{A(q^{-1})}$为线性环节。

$N(u(k))$为 Hammerstein 模型的非线性环节。式(2-37)是 Hammerstein 模型经典的非线性环节逼近形式，由于对该式求逆困难，此处采用 Matlab System Identification Toolbox 工具箱中 Hammerstein-Wiener 模型的输入非线性的默认形式——分段线性化表 pwl$(u(k))$来表示该环节：

$$N(u(k)) = \text{pwl}(u(k)) \tag{2-39}$$

生成辨识数据后，对图 2-11 所示系统进行辨识，得到

$$d = 60 \text{ s} \tag{2-40}$$

$$\frac{B(q^{-1})}{A(q^{-1})} = \frac{0.8088q^{-1} + q^{-2}}{1 - 1.26q^{-1} + 0.2603q^{-2}} \tag{2-41}$$

pw1($u(k)$)的输入-输出关系曲线如图 2-26 所示，输入-输出分段转折点向量为

pw1-in：

[−2.0614 −1 −0.6823 −0.4754 0 0.7223 1 1.7155]

pw1-out：

[−0.0433 −0.02498 −0.0195 −0.0084 0 0.0154 0.02496 0.0496]

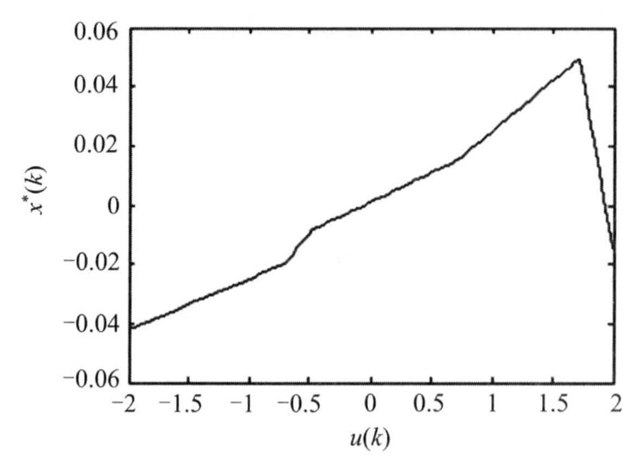

图 2-26 pw1($u(k)$)输入-输出关系曲线

将采样时间取为 1 s，辨识输入数据为 $u0(k)$时，辨识所得模型输出数据 $y1(k)$与辨识所用受控系统输出数据 $y0(k)$的比较如图 2-27 所示，该图说明辨识所得模型较好地模拟了受控系统。

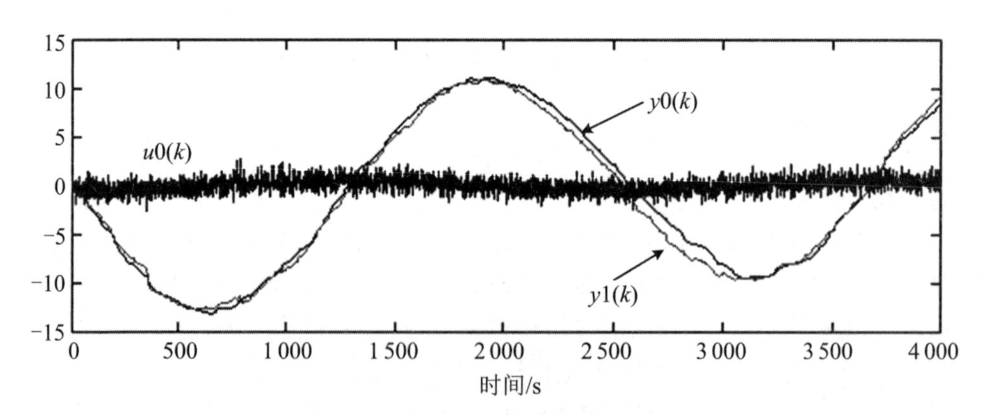

图 2-27 辨识结果与原系统输出曲线比较

2.5.5.2　方案 z_{66} 所需备选构型与备选框架参数的确定

由受控系统的辨识结果得到备选构型 z_4 所实现的算法 f^{z_4} 为

$$O^{z_4} = f^{z_4}(I^{z_4}) = \frac{0.8088q^{-1} + q^{-2}}{1 - 1.26q^{-1} + 0.2603q^{-2}} I^{z_4} \tag{2-42}$$

备选框架 y_3 的固定子元 $e^{-\tau s}$ 为

$$e^{-\tau s} = e^{-60s} \tag{2-43}$$

由于 $N(u(k))$ 取为分段线性化表，备选构型 z_5 为 $N(u(k))$ 的逆环节，所以 z_5 实现的算法 f^{z_5} 取为分段线性化表 pw2。pw2 的输出限制在[−1,1]，输入与输出分段转折点向量为 pw1 成逆关系如下：

pw2-in：

[−0.02498　−0.0195　−0.0084　0　0.0154　0.02496]

pw2-out：

[−1　−0.6823　−0.4754　0　0.7223　1]

2.5.5.3　备选构型 z_1 参数的设计

方案 z_{66} 由于采用了 Hammerstein 模型输入非线性预补偿和 Smith 预估控制两种技术，将非线性时延对象的控制器设计问题简化为线性无时延对象的设计问题。以 z_4 为被控对象搭建单位负反馈 PID 控制系统，如图 2-28 所示。

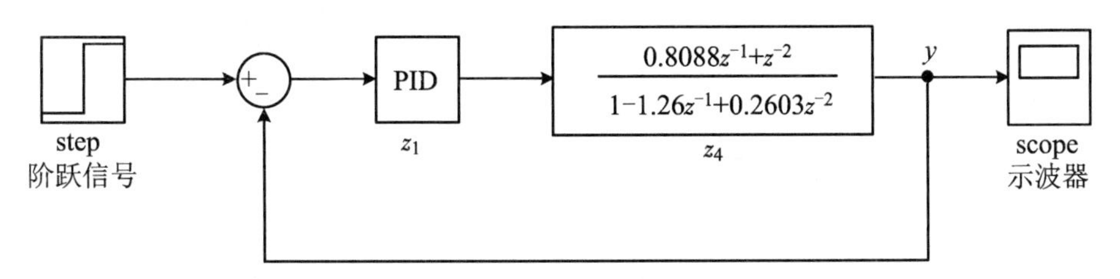

图 2-28　z_1 参数设计仿真模型

采用试凑法得到的控制器参数为 $k_p=0.008$，$k_i=0$，$k_d=0$。给定输入阶跃信号为 3 时，系统输出 $y(k)$ 阶跃响应曲线如图 2-29 所示。

2.5.5.4　设计需求满足验证

搭建由构型设计方案 z_{66} 和受控系统组成的控制系统仿真模型(图 2-30)，采样周期选为 1 s。

先把受控对象的时延设置为 0 s，给定输入阶跃信号为 3 时，系统阶跃响应曲线为 $y0(k)$，如图 2-31 所示。可以看出，$y0(k)$ 与图 2-29 阶跃响应曲线基本相似，说明框架 y_2 和构型 z_5 的采用，使得非线性系统的设计问题简化为线性系统的设计问题，有效地支持了功能元 f_3。如果设计需求 R 中有极点配置的要求，y_2 和 z_5

的采用，使得设计人员能够像设计线性系统那样为控制系统配置具有特定性能的极点。

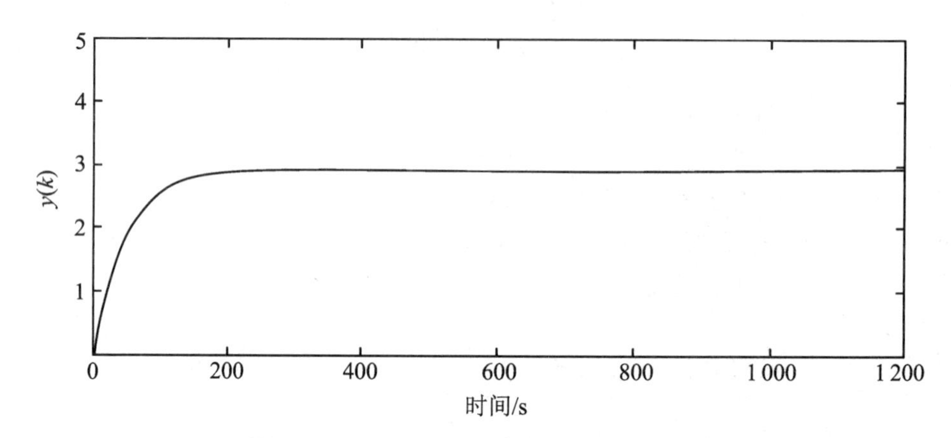

图 2-29　图 2-28 所示系统输出阶跃响应曲线

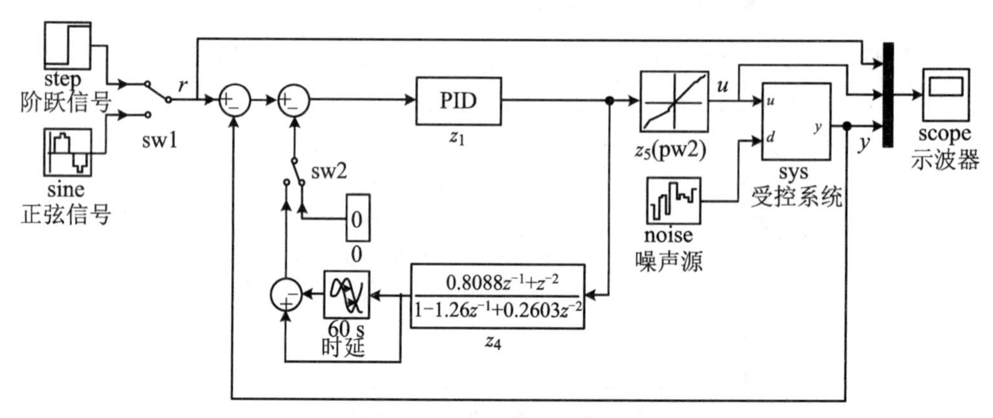

图 2-30　基于方案 z_{66} 的控制系统仿真模型

把受控对象的时延改回 60 s，给定输入阶跃信号为 3 时，系统阶跃响应曲线为 $y1(k)$，控制量曲线为 $u1(k)$。把开关 sw2 打到左边，连通 Smith 预估控制器，给定输入阶跃信号为 3 时，系统阶跃响应曲线为 $y2(k)$，控制量曲线为 $u2(k)$，如图 2-31 所示。通过比较可以看出，在系统大时延情况下，没有采用 Smith 预估控制器时，阶跃响应 $y1(k)$有很大超调，收敛缓慢，动态性能很差。而采用 Smith 预估控制器后，在控制器 z_1 参数没有发生变化的情况下，系统动态性能得到很大改善，时延的影响基本消除。阶跃响应 $y2(k)$动态过程与无时延情况下的 $y0(k)$曲线基本相似，说明框架 y_3 和构型 z_4 的采用有效地克服了系统时延带来的问题，支持了功能元 f_6。

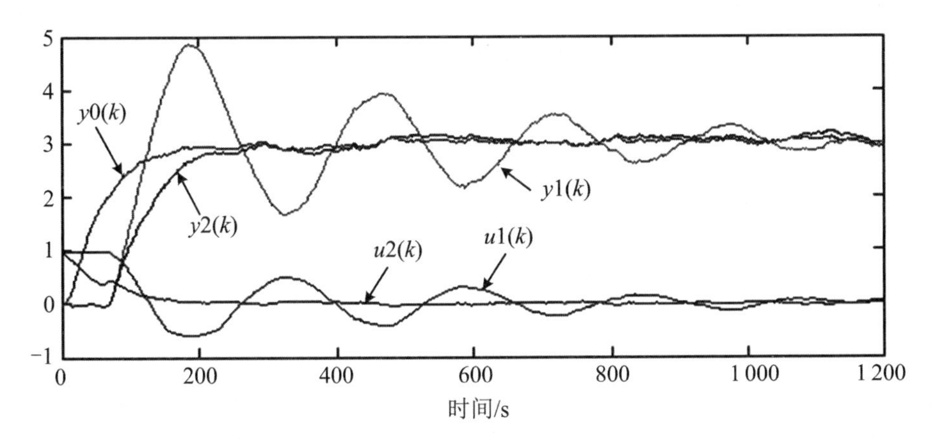

图 2-31　方案 z_{66} 详细设计结果阶跃响应仿真曲线

再把开关 sw1 打到下边，给定峰值为 5、频率为 0.0015(rad/s)、相角为 π/2(rad)的正弦输入信号 $r(k)$，得到系统输出跟踪曲线 $y(k)$和控制量曲线 $u(k)$，如图 2-32 所示。由图可见，系统对正弦信号有良好的跟踪能力，其中的滞后是由 60 s 的时延造成的。图 2-31 显示，系统在给定输入阶跃信号为 3 且存在负载扰动的情况下，输出 $y2(k)$最终稳定在 3 附近。结合上述两种现象可以得出结论，框架 y_1 的采用实现了最小相角系统的稳定跟踪控制，支持了功能元 f_1。

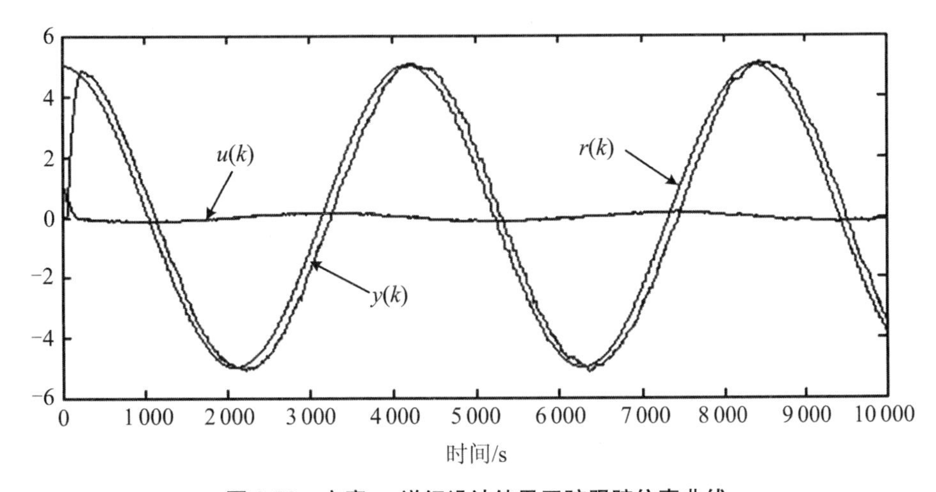

图 2-32　方案 z_{66} 详细设计结果正弦跟踪仿真曲线

2.5.6　分析与讨论

(1) 非线性时延系统的控制有一定难度，本设计实例在仅有四个备选框架、十个备选构型的情况下，就生成了七个互不相同的可行方案，而且各方案均具有一定的嵌套性，由此说明 F-C 法可以实现基于构件的递阶式批量方案的生成，具备概念设计解的创造性、层次性和多样性等特征。

(2) 通过对方案 z_{66} 的详细设计和仿真，发现 R 需求的功能元都得到了支持，说明第 1 章所提出的信息表达方式和设计过程模型是科学的。

(3) 设计步骤 STEP 4.2 得到了构型 z_{24}，其增量功能属性为

$$\mathbb{F}(z_{24}/y_2) = [011000100] - [011000000] = [000000100]$$

说明本章所提出的改进 Freeman-Newell 功能推理模型支持增量式设计，即通过可变子元的选择，可以生成超出原有框架知识的新功能。由此可知，该功能推理模型是一个支持功能创新的递阶设计推理模型，同时也是支持 CBR 的知识表示形式。

(4) 在生成的七个可行构型中，神经网络(NN)作为备选构型较少出现，原因是 NN 类的备选构型都有较大的性能属性值，该现象说明 F-C 法的方案生成过程是与性能评价指标相关的。如果性能属性赋值不同，概念设计的结果也会有所不同。本例中的性能属性值只是一个粗略的经验性赋值，目的在于说明方案生成方法，不是相关构型设计工作量的精确比较值。

(5) F-C 法以功能需求为出发点，方案设计创新的方式是构件的组合创新。由于步骤 CSG2 在每次形态综合时只选择 p 个较佳方案向上归并，所以会有一些潜在的可行方案没有包含在 C_f 中。如果扩大形态综合之后向上归并的较佳方案个数 p，在 C_f 中可以获得更多的可行方案。为了说明 F-C 法的组合创新能力，以下给出 C_f 之外的 R 的三个可行方案：

$$z_{81} = (y_1, \{(y_2, \{(y_3, \{z_2, z_4\}), z_6\})\})$$

$$z_{82} = (y_1, \{(y_4, \{(y_2, \{z_2, z_6\}), z_7\})\})$$

$$z_{83} = (y_1, \{(y_4, \{z_9, z_7\})\})$$

z_{81}，z_{82}，z_{83}的方框图如图 2-33 所示。

2.6 本章小结

本章通过对 IEC 61499 标准功能块功能属性和性能属性的扩展，建立了构型与框架模型。通过改进 Freeman-Newell 功能推理模型，建立了构型生成的基本环节——单层 F-C 法，逐后通过多级逐层扩展，建立了多层 F-C 法。在单层 F-C 法的合成过程中，提出了不同于常规形态综合法的构型形态综合法。构型形态综合法是一种结构元形态综合法，无需事先建立结构化的功能模型，使得方案创新脱离了

对设计人员知识能力的依赖，实现了功能结构层面的创新。针对问题，本章提供了两种组合优化算法，并以算例验证了改进粒子群算法的寻优能力。2.5 节的设计实例说明，本章所建立的 F-C 法具有多样化、层次化、嵌套式、创新性方案生成能力，符合概念设计的要求。F-C 法既是自成一体的方案生成方法，又是 F-C-T 法多层次方案生成的基础。

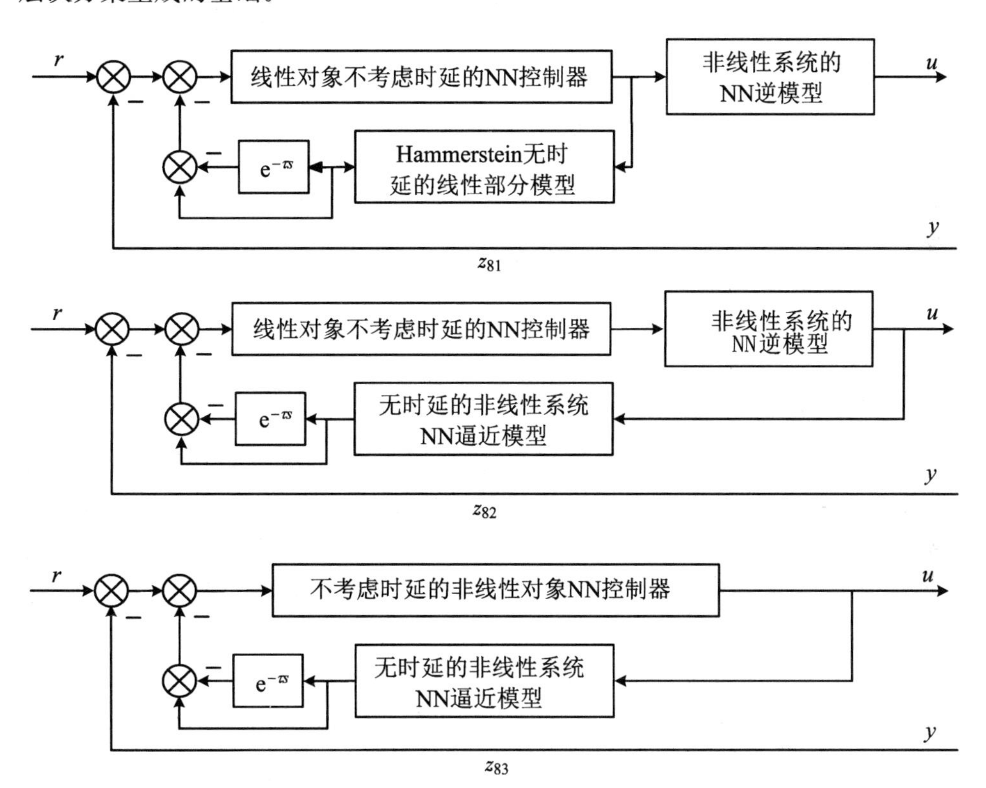

图 2-33　三个典型创新构型方案的方框图

第3章　基于功能-算艺法的控制策略概念设计方案生成技术

3.1 引　　言

3.1.1 控制策略的算艺问题

控制策略的求得计算流程与控制算法的构型一样，对系统最终性能有着决定性影响。文献[38]把控制策略的求解流程归入控制策略的构型，作为控制系统结构设计的内容予以考虑。文献[85]在CACSD技术中提出由“分析专家”来确定所需问题的特征，并选择求解问题最合适的算法。以上两篇文献表明，控制策略的算艺方案生成是控制策略概念设计必不可少的内容。

“算艺”是制造领域术语“工艺”在控制策略设计领域的类比概念。因为机械产品的加工工艺一般由切削、电镀、抛光等物理化学过程组成，而控制策略的获得由计算、优化、辨识、推理等数学过程组成，所以“工艺”这个术语不宜直接用于控制策略，为此本书选用“算艺”作为控制策略的求得计算方法及其流程的表示词汇。把控制策略的求得计算流程分立出来并定义为“算艺”，其意义在于把该流程上升到需要进行“方案生成研究”的技术层面，与该流程对系统性能的重要性相一致。再者，也便于接轨制造领域已有的工艺方案生成技术，直接或间接利用已有的工艺设计技术成果。

控制策略的算艺作为过程性设计对象，具有算艺元可组合、可替换、可连接等特点，算艺方案的生成也具有约束性、创新性、多样性、层次性和知识性等特征。文献[157]指出，影响控制器设计方法选择的一个重要因素就是被控对象的已知信息及其形式。该文时还指出，除非控制系统设计问题的提法与特定设计方法相匹配，否则再先进的设计技术也无法付诸应用。控制策略算艺方案应该与已知信息相匹配，这就是控制策略算艺设计的约束性。

算艺是构型的属性，算艺方案的生成是为构型服务的。算艺可以单独作为概念模型进行设计，是在构型已经预设的前提下讨论的。本章研究F-T法，认为在概念设计问题中构型已经指定，下文所提出的方法中不再做专门说明。

3.1.2　控制策略算艺方案生成技术的研究意义

控制策略算艺方案生成技术是控制领域的新问题，进行该问题研究具有重要意义：

(1) 为控制问题创成多种设计流程提供技术手段，使较佳设计流程的产生与获得成为可能。

(2) 为控制策略算艺生成的形式化和计算机辅助化提供理论基础。

(3) 有助于探究控制策略设计流程的内在规律，促进控制策略设计理论的技术进步。

(4) 使控制策略算艺的描述规范化，便于技术交流和教学。

(5) 能够扩展已有工艺创成技术的应用领域和理论成果。

3.1.3　已有的工艺方案生成技术

控制策略算艺方案生成问题实质上是“工艺创成”问题，创成的算艺方案应该满足特定的功能需求，并具有一定的性能优势。机械领域的工艺方案生成技术以计算机辅助工艺设计(CAPP)技术为核心。根据设计原理不同，CAPP主要分为派生式(variant)和创成式(generative)两类。派生式CAPP利用零件结构和工艺的相似性进行工艺设计。创成式CAPP根据零件的几何、物理特性以及现有的工艺手段，综合技术性与经济性等因素，依据工艺决策逻辑自动生成优化的工艺流程。在派生式CAPP和创成式CAPP两类技术之间，还有一种结合了两者优点的半创成式(semi-generative)CAPP。多年来，创成式CAPP技术一直是机械领域的研究重点[158-160]，并产生了巨大的经济效益。

控制策略的算艺方案生成包括两项基本技术：一是控制策略算艺知识的表示方法；二是方案生成方法。

控制策略的算艺反映的是计算过程，本质上是一个工作流，具有计算链(computational chains)的特征，所以控制策略算艺的表示方法可以同时参考工作流模型与计算链模型。目前有多种工作流模型，如基于有向图的工作流模型、基于对话的工作流模型、基于Petri网的工作流模型、基于活动树的工作流模型、基于事务的工作流模型和代理/服务工作流模型等[161]。文献[126]提出了工作流Petri网的概念，后来吸引了大量学者的研究兴趣[162,163]，并在应用领域取得巨大成功。计算链从变量运算关系的角度描述计算过程，更能反映控制策略算艺的数学特征。如文献[100]利用 Matlab 中的容器对控制算法的计算链进行建模。

工艺方案的生成方法以工作流表达模型上的工艺线路规划为主。工艺线路规划具有多种方法，基本的方法如基于可达图的搜索，改进的方法如启发式搜索[164,165]、分枝定界法和线性规划法[166]，智能的方法如遗传算法优化[167]与蚁群算法。

控制策略算艺方案生成是本书提出的新问题。对于具有计算链特征的工艺知识如何表示以及工艺方案如何生成，目前缺乏现成的技术手段，因此需要进行新的研究。

3.1.4 功能-算艺法的基本思路

本章首先提出一种扩展的工作流 Petri 网——I/S 工作流网系统，该网的运行特性符合计算链的特征，用该网作为控制策略算艺的知识表示方式。算艺知识的输入结点为控制系统设计问题的已知信息，输出结点为控制策略的待求信息。然后本章给网系统赋予功能属性和性能属性，使算艺元通过合成运算组成算艺，通过子网求解和功能匹配生成算艺方案，通过性能属性优选获得较佳方案。算艺元的合成运算使得控制策略的各种求得计算流程之间可以组合连接，保证了工艺方案的创新性。子网与工艺方案相对应，多个子网的存在保证了工艺解的多样性。

3.2 信息/求解扩展 Petri 网系统

控制策略的算艺作为过程性知识，具有一个条件一旦具备将永远具备的特点，即一个变量或参数一旦通过计算或者求解变为已知量，那么它将永远是已知量而不再是未知量。Petri 网由于具有定义清晰、图形表示直观、数学分析手段完备等优点，在过程性知识描述方面得到广泛应用。但是 Petri 网用于直接描述控制策略的算艺存在一定缺陷。基本 Petri 网的运行特征是变迁发生后其前集库所失去标记，该变迁发生规则不便于直接表达一个条件一旦具备将永远具备的情况。如果要表达这种情况，需要给变迁加上返回前集的输出弧，此时得到的网便不是纯网，网络规模变大，分析也变得相对复杂[127]。在描述运算流程方面，文献[168,169]用带抑止弧的 Petri 网模拟算术运算，文献[170]提出了 C_net 用于描述程序系统计算、变量与状态之间的关系，文献[171]提出了逻辑 Petri 网用于描述组合电路信号变量之间的运算关系，这些工作都有一定的借鉴意义。

为了更便捷地用 Petri 网对控制策略算艺进行描述，需要从基本运行规则入手对 Petri 网进行扩展，以提高 Petri 网对计算链的表达能力。本书基于 0-1 标识（marking）与变迁发生后其前集不失去标记（token）的思想，提出一种能够直接描述一个条件一旦具备将永远具备的扩展 Petri 网系统——I/S 系统。本节给出 I/S 系统的基本定义和部分性质，提出 I/S 系统的矩阵表示、求解发生权向量求法和状态方程，同时给出可达标识图的定义和生成算法。

3.2.1　信息/求解网系统相关定义

定义 3-1　三元组 $N=(V,S;F)$ 称为**信息/求解网（I/S 网）**，简称"网"，其中：

（1）V 是信息的有限集合，称为**信息集**。

（2）S 是求解过程的有限集合，称为**求解集**，$V\cap S=\varnothing$ 且 $V\cup S\neq\varnothing$。

（3）$F\subseteq(V\times S)\cup(S\times V)$ 是弧的集合，其中，"×"为笛卡儿积。

（4）$\mathrm{dom}(F)\cup\mathrm{cod}(F)=V\cup S$，其中，$\mathrm{dom}(F)=\{x\mid \exists y:(x,y)\in F\}$，$\mathrm{cod}(F)=\{y\mid \exists x:(x,y)\in F\}$。

定义 3-2　设 $N=(V,S;F)$ 是一个 I/S 网，映射 $M:V\to\{0,1\}$ 称为网 N 的一个**标识**。$\forall v\in V$，$M(v)=0$ 表示信息 v 处于未知状态，$M(v)=1$ 表示信息 v 处于已知状态。

定义 3-3　四元组 $(V,S;F,M)$ 称为**信息/求解标识网（I/S 标识网）**，简称"**标识网**"，其中 M 为 I/S 网 $(V,S;F)$ 的一个**标识**。

定义 3-4　I/S 标识网 $\Sigma=(V,S;F,M)$ 具有如下求解发生规则时，称为**信息/求解网系统（I/S 网系统）**，简称"**I/S 系统**"：

（1）$\forall s\in S, M[s>$ iff $\forall v\in {}^{\cdot}s: M(v)=1$ 且 $\forall v\in s^{\cdot}: M(v)=0$。

（2）若 $M[s>M'$，则 $\forall v\in V$ 有

$$M'(v)=\begin{cases}1 & v\in s^{\cdot}\\ M(v) & v\notin s^{\cdot}\end{cases}\tag{3-1}$$

I/S 系统有一个初始标识，记为 M_0，三元组 $(V,S;F)$ 和 M_0 一旦给出，就将完全确定一个 I/S 系统 $\Sigma=(V,S;F,M_0)$。以 M_0 为初始标识的**可达标识集**记为 $R(M_0)$，表示系统从 M_0 出发在运行过程中可能出现的全部标识的集合，有 $M_0\in R(M_0)$。

I/S 系统与容量函数及权函数均为 1 的库所/变迁系统（P/T 系统）比较起来，信息同库所相对应，求解同变迁相对应。两者的区别是信息在其后集的求解发生之后不失去标记，一个信息一旦已知将永远处于已知状态，永远可以为后集求解使用。

定义 3-5　设 $N=(V,S;F)$ 为 I/S 网，$|V|=n_V$ 为信息集的模，称标识 $M_E=[1,1,\cdots,1]^{\mathrm{T}}_{1\times n_V}$ 为 N 的**最大覆盖标识**，M_E 为 n_V 维全 1 列向量。

定义 3-6 设$\Sigma=(V,S;F,M_0)$为 I/S 系统，**标识 $\boldsymbol{M}\in\boldsymbol{R}(\boldsymbol{M}_0)$ 的度** $M(V)$ 定义为 M 中“1”的个数，即 $M(V)=\sum_{v_i\in V}M(v_i)$。

定义 3-7 设 I/S 系统 $\Sigma=(V,S;F,M_0)$，M 为 Σ 的一个标识，若 $\exists s_1,s_2\in S(s_1\neq s_2)$ 使 $M[s_1>\wedge M[s_2>$：

(1) 若 $M[s_1>M_1\rightarrow M_1[s_2>\wedge M[s_2>M_2\rightarrow M_2[s_1>$，则称 s_1 和 s_2 在 M **并发**，记为 $M[\{s_1,s_2\}>$。

(2) 若 $M[s_1>M_1\rightarrow\neg M_1[s_2>\wedge M[s_2>M_2\rightarrow\neg M_2[s_1>$，则称 s_1 和 s_2 在 M **冲突**，记为 $M[s_1\vee s_2>$。

定义 3-8 在 I/S 系统 $\Sigma=(V,S;F,M_0)$ 中，M 为 Σ 的一个标识，对 $\forall s\in S$，若 $\exists v\in s^{\cdot}$ 使得 $(\forall v_i\in{}^{\cdot}s:M(v_i)=1)\wedge M(v)=1$，称求解 s 在 M 下在信息 v 处有**冲撞**。

冲撞反映一个求解的已知条件已经具备但部分或全部结果已知的情况，此时如果进行该求解过程，新的求解结果将与已知的结果相矛盾。本书定义的 I/S 系统的求解发生规则禁止这种矛盾的出现。

定义 3-9 设 $N=(V,S;F)$ 为 I/S 网，$V_1\subseteq V$，若 ${}^{\cdot}V_1\subseteq V_1^{\cdot}$，则称 V_1 为 I/S 网 N 的一个死锁。

定义 3-10 设 $N=(V,S;F)$ 为 I/S 网，对 $\forall s_1,s_2\in S\ (s_1\neq s_2)$，若 $s_1^{\cdot}\cap s_2^{\cdot}\neq\varnothing\rightarrow s_1^{\cdot}=s_2^{\cdot}$，则称 N 为**自由选择 I/S 网**。

定义 3-11 设 $\Sigma=(V,S;F,M_0)$ 为 I/S 系统，信息 $v\in V$，若 $\forall M\in R(M_0)$：$M(v)=0$，则称 v 为**不可知的**，若 $\exists M\in R(M_0)$：$M(v)=1$，则称 v 为**可知的**。

定义 3-12 设 $\Sigma=(V,S;F,M_0)$ 为 I/S 系统，$s\in S$：

(1) 若 $\forall M\in R(M_0)$：$\neg M[s>$，则称求解 s 是**死的**。

(2) 若 $\exists M\in R(M_0)$：$M[s>$，则称求解 s 是**一级活的**。

I/S 系统中，一个求解要么是一级活的，要么是死的。

定义 3-13 设 $\Sigma=(V,S;F,M_0)$ 为 I/S 系统，若 $\forall s\in S$：s 是一级活的，则称 Σ 为**一级活的**。

一个 I/S 系统是一级活的，意味着该网系统没有死求解。

定义 3-14 设 $\Sigma=(V,S;F,M_0)$ 为 I/S 系统，若 $M\in R(M_0)$ 使得 $\forall s\in S$：$\neg M[s>$，则称 M 为 Σ 的一个**死标识**。如果 V 的子集 $V_1\subseteq V$，满足 ${}^{\cdot}V_1\subseteq V_1^{\cdot}$，则 V_1 为网 Σ 的一个**死锁**。

定义 3-15 设 $N=(V,S;F)$ 为 I/S 网，M_1 和 M_2 为 N 的两个标识。若 $\forall v\in V$ 都有 $M_1(v)\leqslant M_2(v)$，则称 M_2 **覆盖** M_1，记为 $M_1\leqslant M_2$；当 $M_1\leqslant M_2$ 时，若 $\exists v\in V$ 使 $M_1(v)<M_2(v)$，则称 M_2 **真覆盖** M_1，记为 $M_1<M_2$。

覆盖反映了两个标识所对应信息已知状况之间的关系，M_2 覆盖 M_1 表示在

M_1 时已知的信息在 M_2 时是全部已知的。

定义 3-16　设 $N=(V,S;F)$ 为 I/S 网，$X=V\cup S$ 称为 N 的**元素集**，$x\in X$ 称为 N 的**元素**。

定义 3-17　I/S 网元素与弧的交替序列 $\Omega=x_{i_0}f_{j_1}\cdots x_{i_{k-1}}f_{j_k}x_{i_k}f_{j_{k+1}}x_{i_{k+1}}\cdots f_{j_l}x_{i_l}$ 称为元素 x_{i_0} 到元素 x_{i_l} 的**通路**。其中，$x_{i_{k-1}}$ 与 $x_{i_{k+1}}$ 分别为 x_{i_k} 的前集与后集；$k=1,2,\cdots,l-1$；x_{i_0}，x_{i_l} 分别称为 Ω 的**始点**和**终点**；Ω 中弧 f_{j_k} 的个数 l 称为 Ω 的长度。若 $x_{i_0}=x_{i_l}$，则称通路 Ω 为**回路**。若 Ω 的所有元素各异(除 x_{i_0} 与 x_{i_l} 可能相同外)，所有弧也各异，则称 Ω 为**初级通路**或**路径**，此时又若 $x_{i_0}=x_{i_l}$，则称 Ω 为**初级回路**或**圈**。

定义 3-18　I/S 网 $N=(V,S;F)$ 中，若元素 x_i 到 x_j 存在通路，则称 x_i **可达** x_j，记为 $x_i->x_j$(规定对于 $\forall x_i\in V\cup S$ 有 $x_i->x_i$)。若 $x_i->x_j\wedge x_j->x_i$，则称 x_i 与 x_j **相互可达**，记为 $x_i<->x_j$(规定对于 $\forall x_i\in V\cup S$ 有 $x_i<->x_i$)。

定义 3-19　I/S 网 $N=(V,S;F)$ 中，若 $\forall x_i,x_j\in V\cup S$ 有 $x_i->x_j\vee x_j->x_i$，则称 I/S 网 N 是**单向连通的**。若 $\forall x_i,x_j\in V\cup S$ 均有 $x_i<->x_j$，则称 I/S 网 N 是**强连通的**。

定义 3-20　设 $\Sigma=(V,S;F,M_0)$ 为 I/S 系统，若有 $M_{i_0},M_{i_1},M_{i_2},\cdots,M_{i_{n-1}},M_{i_n}\in R(M_0)$ 和 $s_{j_1},s_{j_2},\cdots s_{j_n}\in S$ 满足 $M_{i_0}[s_{j_1}>M_{i_1}[s_{j_2}>M_{i_2}\cdots M_{i_{n-1}}[s_{j_n}>M_{i_n}$，则称 $\tau=M_{i_0}s_{j_1}M_{i_1}s_{j_2}M_{i_2}\cdots M_{i_{n-1}}s_{j_n}M_{i_n}$ 为 Σ 的一个**出现序列**，称 $\sigma=s_{j_1}s_{j_2}\cdots s_{j_n}$ 为 τ 的**求解序列**。

定义 3-21　设 $\Sigma=(V,S;F,M_0)$ 为 I/S 系统，S^* 为 Σ 的完全求解序列集，$\sigma\in S^*$ 为 Σ 的求解序列，由 σ 的元素组成的集合 $\widehat{\sigma}=\{s\mid s\in S,\#(s/\sigma)=1\}$ 称为**求解序列 σ 的元素集**。其中，$\#(s/\alpha)$ 表示求解 s 在序列 α 中出现的次数。

3.2.2　信息/求解系统的基本性质

引理 3-1　I/S 系统信息集合的所有元素是有界的、安全的。

证明　设 $\Sigma=(V,S;F,M_0)$ 为 I/S 系统，对于 $\forall v\in V$，由定义 3-2 知，v 的界 $B(v)=1$，所以 Σ 的所有信息是有界的、安全的。　□

定理 3-1　I/S 系统是有界的、安全的。

证明　设 $\Sigma=(V,S;F,M_0)$ 为 I/S 系统，由引理 3-1 知 Σ 的界 $B(\Sigma)=1$，所以 Σ 是有界的、安全的。　□

定理 3-2　I/S 系统 $\Sigma=(V,S;F,M_0)$ 的可达标识集 $R(M_0)$ 是有限集。

证明　设 $|V|=n_V$，因为 Σ 的标识定义为映射 $V\rightarrow\{0,1\}$，则 Σ 所有可能的标识不超过 2^{n_V} 个，即 $|R(M_0)|\leqslant 2^{n_V}$，所以 $R(M_0)$ 是有限集。　□

引理 3-2　设 $\Sigma=(V,S;F,M_0)$ 为 I/S 系统，$\forall s\in S$，若 $\exists M_1,M_2\in R(M_0)$，

使得 $M_1[s > M_2$，则有 $M_1 < M_2$。

定理 3-3 I/S 系统为不可回复网系统。

证明 设 $\Sigma = (V, S; F, M_0)$ 为 I/S 系统，由引理 3-2 可知，$\forall M \in R(M_0)(M \neq M_0): M_0 < M$，即 M_0 为 Σ 的不可返回标识。由 M_0 的任意性可知，I/S 系统 Σ 的任何标识都是不可返回的。所以 I/S 系统为不可回复网系统。 □

定理 3-4 I/S 系统中任一求解一旦发生后将不可能再发生。设 $\Sigma = (V, S; F, M_0)$ 为 I/S 系统，$\forall s \in S$，若 $\exists M_1, M_2 \in R(M_0)$ 使 $M_1[s > M_2$，则 $\forall M \in R(M_2)$ 有 $\neg M[s >$。

定理 3-5 设 I/S 系统 $\Sigma = (V, S; F, M_0)$，信息集的模 $|V| = n_V$，$V \neq \varnothing$，则系统 Σ 最多在 $n_V - 1$ 次求解后终止。

证明 由 $V \neq \varnothing$ 有 $n_V - 1 \geqslant 0$，分两种情况证明：

(1) 当 $\sum\limits_{v_i \in V} M_0(v_i) = 0$ 时，对于 $\forall s \in S$ 均有 $\neg M_0[s >$，即 Σ 在 $0 \leqslant n_V - 1$ 次求解后终止。

(2) 当 $\sum\limits_{v_i \in V} M_0(v_i) \geqslant 1$ 时，由引理 3-2 知，对于 $\forall s \in S$，若 $\exists M_1, M_2 \in R(M_0)$，使 $M_1[s > M_2$，则有 $M_1 < M_2$，即 $\sum\limits_{v_i \in V} M_2(v_i) - \sum\limits_{v_i \in V} M_1(v_i) \geqslant 1$，也即任意求解发生后的标识元素和比该求解发生前的标识元素和至少大 1。设 M_E 为 Σ 的最大覆盖标识，则有 $\sum\limits_{v_i \in V} M_E(v_i) = n_V$。若 $\exists \sigma \in S^*: M_0[\sigma > M_E$，则求解序列 σ 所含有的最大求解个数 $\sum\limits_{v_i \in V} M_E(v_i) - \sum\limits_{v_i \in V} M_0(v_i) = n_V - \sum\limits_{v_i \in V} M_0(v_i) \leqslant n_V - 1$。 □

定理 3-5 表明 I/S 系统不存在无穷求解序列。

定理 3-6 I/S 系统为不可重复网系统。

证明 由定理 3-5 知，I/S 系统不存在无穷求解序列，故 I/S 系统为不可重复网系统。 □

定理 3-7 I/S 系统两个求解并发的必要条件是其后集的交集为空集，即 $M[\{s_1, s_2\} > \rightarrow s_1^{\cdot} \cap s_2^{\cdot} = \varnothing$。

证明 对于 $\forall x \in s_1^{\cdot}$，$\forall y \in s_2^{\cdot}$，由 $M[\{s_1, s_2\} >$ 有 $M[s_1 > \wedge M[s_2 >$，易知 $M(x) = 0$ 且 $M(y) = 0$。又由 $M[s_1 > M_1 \rightarrow M_1[s_2 >$ 知，$M_1(x) = 1$ 且 $M_1(y) = 0$，即 $y \notin s_1^{\cdot}$。同理可知 $x \notin s_2^{\cdot}$。所以 $s_1^{\cdot} \cap s_2^{\cdot} = \varnothing$。 □

定理 3-8 I/S 系统两个求解冲突的必要条件是其后集的交集不为空集，即 $M[s_1 \vee s_2 > \rightarrow s_1^{\cdot} \cap s_2^{\cdot} \neq \varnothing$。

证明 对于 $\forall x \in s_1^{\cdot}$，$\forall y \in s_2^{\cdot}$，$\forall v \in {}^{\cdot}s_1 \cup {}^{\cdot}s_2$，由 $M[s_1 \vee s_2 >$ 有 $M[s_1 > \wedge M[s_2 >$，易知 $M(x) = 0$，$M(y) = 0$ 且 $M(v) = 1$。又由 $M[s_1 > M_1 \rightarrow \neg M_1[s_2 >$ 知，

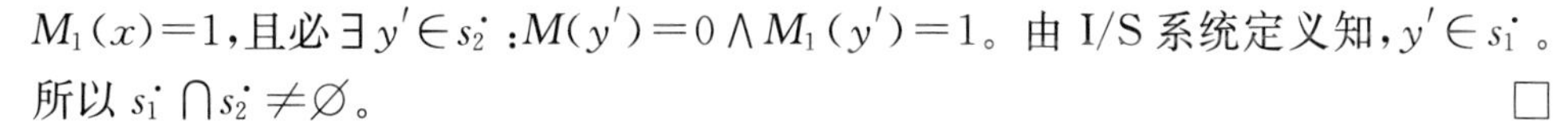

$M_1(x)=1$，且必 $\exists\, y'\in s_2^{\bullet}: M(y')=0 \wedge M_1(y')=1$。由 I/S 系统定义知，$y'\in s_1^{\bullet}$。所以 $s_1^{\bullet}\cap s_2^{\bullet}\neq\varnothing$。 □

定理 3-9　设 $N=(V,S;F)$ 为 I/S 网，$V_1\subseteq V$ 为 N 的一个死锁，对于任意的初始标识 M_0，在 I/S 系统 $\Sigma=(N,M_0)$ 中若有 $\sum\limits_{v\in V_1}M_0(v)=0$，则 $\forall M\in R(M_0)$：$\sum\limits_{v\in V_1}M(v)=0$。

定理 3-10　设 $N=(V,S;F)$ 为 I/S 网，$V_1\subseteq V$，$N_1=(V_1,S_1;F_1)$ 是网 N 关于信息子集 V_1 的外延子网，则 V_1 是网 N 的一个死锁当且仅当 N_1 中不存在 $s_1\in S_1$：${}^{\bullet}s_1=\varnothing$。

定理 3-11　设 R 是由 I/S 网 $N=(V,S;F)$ 的一切可能标识组成的集合，有 $R_1\subseteq R$ 且 $R_1\neq\varnothing$，则 R_1 上的覆盖关系 $\leqslant$ 为偏序关系，二元组 $\langle R_1,\leqslant\rangle$ 为偏序集。

证明　① 自反的：对于 $\forall M\in R_1$，显而易见有 $M\leqslant M$，所以覆盖关系 $\leqslant$ 为自反的；② 反对称的：对于 $\forall M_1,M_2\in R_1$，若 $M_1\leqslant M_2\wedge M_2\leqslant M_1$，则 $\forall v\in V$ 有 $M_1(v)\leqslant M_2(v)$ 且 $M_2(v)\leqslant M_1(v)$，即有 $M_1(v)=M_2(v)$，也即 $M_1=M_2$，所以覆盖关系 $\leqslant$ 为反对称的；③ 传递的：对于 $\forall M_1,M_2,M_3\in R_1$，若 $M_1\leqslant M_2\wedge M_2\leqslant M_3$，则 $\forall v\in V$ 有 $M_1(v)\leqslant M_2(v)$ 且 $M_2(v)\leqslant M_3(v)$，即有 $M_1(v)\leqslant M_3(v)$，也即 $M_1\leqslant M_3$，所以覆盖关系 $\leqslant$ 为传递的。故 R_1 上的覆盖关系 $\leqslant$ 为偏序关系，二元组 $\langle R_1,\leqslant\rangle$ 为偏序集。 □

定理 3-12　设 R 是由 I/S 网 $N=(V,S;F)$ 的一切可能标识组成的集合，有 $R_1\subseteq R$ 且 $R_1\neq\varnothing$，则 R_1 上的真覆盖关系 $<$ 为拟序关系，二元组 $\langle R_1,<\rangle$ 为拟序集。

证明　① 反自反的：对于 $\forall M\in R_1$，显而易见有 $\neg(M<M)$，所以真覆盖关系 $<$ 为反自反的；② 传递的：对于 $\forall M_1,M_2,M_3\in R_1$，若 $M_1<M_2\wedge M_2<M_3$，则 $\exists v\in V$，有 $M_1(v)=M_2(v)=0$ 且 $M_3(v)=1$，即有 $M_1(v)<M_3(v)$，也即 $M_1<M_3$，所以真覆盖关系 $<$ 为传递的。故 R_1 上的真覆盖关系 $<$ 为拟序关系，二元组 $\langle R_1,<\rangle$ 为拟序集。 □

定理 3-13　设 $\Sigma=(V,S;F,M_0)$ 为 I/S 系统，若有 Σ 的求解序列 $s_{i+1},s_{i+2},\cdots,s_{i+k}$ 和标识序列 $M_i,M_{i+1},M_{i+2},\cdots,M_{i+k}$ 且使得 $M_i[s_{i+1}>M_{i+1}[s_{i+2}>M_{i+2}\cdots M_{i+k-1}[s_{i+k}>M_{i+k}$，则 $M_i<M_{i+1}<M_{i+2}<\cdots<M_{i+k}$。

证明　由引理 3-2 及定理 3-12 真覆盖关系的传递性可以直接推得。 □

引理 3-2 与定理 3-13 说明，I/S 系统随着求解的不断发生，已知信息的数量会越来越多，不会减少或者维持不变。

推论 3-1　I/S 系统的出现序列中没有相同元素。

证明　由定理 3-4 知，I/S 系统中任一求解一旦发生后将不可能再发生，所以 I/S 系统的出现序列中没有相同的求解。又由定理 3-13 知，I/S 系统的出现序列

中没有相同的标识。所以 I/S 系统的出现序列中没有相同元素。 □

定理 3-14 I/S 网初级回路中的所有求解不可能同时出现在该网的一个求解序列或出现序列之中。

证明 设 I/S 系统 $\Sigma=(N,M_0)$ 的初级回路 $\Omega=v_1 f_{(v_1,s_1)} s_1 f_{(s_1,v_2)} v_2 f_{(v_2,s_2)} s_2 \cdots s_{k-1} f_{(s_{k-1},v_k)} v_k f_{(v_k,s_k)} s_k f_{(s_k,v_1)} v_1$，$\sigma$ 为包含 $s_1, s_2, \cdots, s_{k-1}$ 而不包含 s_k 的求解序列，$M_0[\sigma>M$。由 I/S 系统定义知，$M(v_1)=1, M(v_k)=1$，即$\neg M[s_k>$。故任何包含 σ 的求解序列都不可能包含 s_k，即 $s_1, s_2, \cdots, s_{k-1}, s_k$ 不可能同时出现在 Σ 的一个求解序列或出现序列之中。 □

3.2.3 信息/求解系统的矩阵表示及状态方程

定义 3-22 设 $N=(V,S;F)$ 为 I/S 网，$|V|=n$，$|S|=m$，称矩阵 $\boldsymbol{A}=[A_{s_1}, A_{s_2}, \cdots, A_{s_m}]=[a_{ji}]_{n\times m}$ 为网 N 的**关联矩阵**，其中 $a_{ji}=\begin{cases}0 & (v_j,s_i)\in F\\ 1 & (s_i,v_j)\in F\\ X & \text{其他}\end{cases}$，$\boldsymbol{A}$ 的元素取值 X 满足以下运算规律：$X\cdot 0=0, X\cdot 1=0, X\oplus 0=1, X\oplus 1=1$。其中“·”为数乘运算，“$\oplus$”为异或运算。

定义 3-23 设关联矩阵 $\boldsymbol{A}=[a_{ki}]_{n\times m}$，布尔矩阵 $\boldsymbol{B}=[b_{kj}]_{n\times w}$，则 $\boldsymbol{A}^{\mathrm{T}}$ 与 $\boldsymbol{B}$ 的逻辑乘运算 $\boldsymbol{A}^{\mathrm{T}}\circledast\boldsymbol{B}$ 定义为

$$\boldsymbol{A}^{\mathrm{T}}\circledast\boldsymbol{B}\triangleq(\bigwedge_{k=1}^{n}(a_{ki}\oplus b_{kj}))_{m\times w} \tag{3-2}$$

即逻辑乘运算$\circledast$用算子对 $\wedge$—$\oplus$进行。

定理 3-15 设 $\Sigma=(V,S;F,M_0)$ 为 I/S 系统，$\boldsymbol{A}$ 为 Σ 的关联矩阵，$|S|=m$。对于 $\forall M\in R(M_0)$，标识 M 下**求解发生权向量** $\boldsymbol{X}(M)=[x_i]_{m\times 1}$，其中 $x_i=1$ 表示求解 s_i 有发生权，$x_i=0$ 表示求解 s_i 没有发生权。则有

$$\boldsymbol{X}(M)=\boldsymbol{A}^{\mathrm{T}}\circledast M \tag{3-3}$$

证明 设 $|V|=n$，$\boldsymbol{A}=[A_{s_1}, A_{s_2}, \cdots, A_{s_m}]$。标识 M 下求解 s_i 有发生权的条件是 $\forall v\in {}^{\cdot}s_i: M(v)=1$ 且 $\forall v\in s_i^{\cdot}: M(v)=0$，用关联矩阵表示，即对于 $\forall k=1,2,\cdots,n$ 有 $A_{s_i}(k)=0\rightarrow M(v_k)=1$ 且 $A_{s_i}(k)=1\rightarrow M(v_k)=0$。又由 $X\oplus 0=1$ 和 $X\oplus 1=1$ 可得，$x_i=\bigwedge_{k=1}^{n}(A_{s_i}(k)\oplus M(v_k))=\bigwedge_{k=1}^{n}(a_{ki}\oplus M(v_k))=\boldsymbol{A}_{s_i}^{\mathrm{T}}\circledast M$，进一步可得 $\boldsymbol{X}(M)=[x_i]_{m\times 1}=\boldsymbol{A}^{\mathrm{T}}\circledast M$。 □

引理 3-3 设 $\Sigma=(V,S;F,M_0)$ 为 I/S 系统，对于 $\forall M\in R(M_0)$，$\boldsymbol{X}(M)$ 为标识 M 下的求解发生权向量。设标识 M 下的**求解选择向量** $\boldsymbol{X}_{i_M}$ 为第 i_M 个元素为 1、其余元素均为 0 的单位列向量，表示求解 s_{i_M} 被选择发生。则应有

$$\boldsymbol{X}_{i_M}\leqslant\boldsymbol{X}(M) \tag{3-4}$$

式(3-4)称为**由向量表示的求解发生条件**。

引理 3-4　设$\Sigma=(V,S;F,M_0)$为I/S系统，$\boldsymbol{A}$为Σ的关联矩阵。对于$\forall M\in R(M_0)$，$\boldsymbol{X}(M)$为标识M下的求解发生权向量，$\boldsymbol{X}_{i_M}$为求解选择向量，$\boldsymbol{X}_{i_M}\leqslant\boldsymbol{X}(M)$。若$M[s_{i_M}>M'$，则有

$$M'=M+\boldsymbol{A}\cdot\boldsymbol{X}_{i_M} \tag{3-5}$$

证明　设$|V|=n$，$\boldsymbol{A}=[A_{s_1}\quad A_{s_2}\quad\cdots\quad A_{s_m}]$。由I/S系统定义知，若$M[s_{i_M}>M'$，则有式(3-1)成立。用关联矩阵表示为：对于$\forall k=1,2,\cdots,n$，若$A_{s_{i_M}}(k)=1$，则$M'(v_k)=1$(此时$M[s_{i_M}>\rightarrow v_k\in s^{\cdot}\rightarrow M(v_k)=0$)；若$A_{s_{i_M}}(k)\neq1$，则$M'(v_k)=M(v_k)$。又由$X\cdot0=0$和$X\cdot1=0$可得，$M'=M+\boldsymbol{A}\cdot\boldsymbol{X}_{i_M}$。□

定理 3-16　设$\Sigma=(V,S;F,M_0)$为I/S系统，$|S|=m$，$\boldsymbol{A}$为Σ的关联矩阵，对于$\forall M\in R(M_0)$，存在m维0-1整数列向量$\boldsymbol{X}$使得

$$M=M_0+\boldsymbol{A}\cdot\boldsymbol{X} \tag{3-6}$$

式(3-6)称为I/S系统的状态方程。

证明　由$M\in R(M_0)\rightarrow\exists\sigma\in S^*:M_0[\sigma>M$。令$\sigma=s_{i_{M_0}}s_{i_{M_1}}\cdots s_{i_{M_{w-1}}}$，设$M_0[s_{i_{M_0}}>M_1[s_{i_{M_1}}>\cdots M_{w-1}[s_{i_{M_{w-1}}}>M_w=M$。由引理3-4知，$M_k=M_{k-1}+\boldsymbol{A}\cdot\boldsymbol{X}_{i_{M_{k-1}}}$，$X_{i_{M_{k-1}}}\leqslant X(M_{k-1})=\boldsymbol{A}^{\mathrm{T}}\circledast M_{k-1}$，其中，$k=1,2,\cdots,w$。故有$M=M_w=M_0+\sum_{k=1}^{w}\boldsymbol{A}\cdot\boldsymbol{X}_{i_{M_{k-1}}}=M_0+\boldsymbol{A}\cdot\sum_{k=1}^{w}\boldsymbol{X}_{i_{M_{k-1}}}$。

由引理3-3和引理3-4知，$\boldsymbol{X}_{i_{M_{k-1}}}$为第$i_{M_{k-1}}$个元素为1其余元素均为0的单位列向量，由定理3-4知，$\boldsymbol{X}_{i_{M_{k-1}}}$互不相等，故有$\sum_{k=1}^{w}\boldsymbol{X}_{i_{M_{k-1}}}$为$m$维0-1整数列向量，记$\sum_{k=1}^{w}\boldsymbol{X}_{i_{M_{k-1}}}=X$，则有$M=M_0+\boldsymbol{A}\cdot\boldsymbol{X}$。□

3.2.4　信息/求解系统的可达图分析[219]

定义 3-24　设$\Sigma=(V,S;F,M_0)$为I/S系统，Σ的**可达标识图**定义为三元组$RG(\Sigma)=(R(M_0),E,B)$，其中：

(1) $R(M_0)$为Σ的可达标识集，称为$RG(\Sigma)$的**顶点集**。

(2) $E=\{(M_i,M_j)\mid M_i,M_j\in R(M_0),\exists s_k\in S:M_i[s_k>M_j\}$，称为$RG(\Sigma)$的**弧集**。

(3) $B:E\rightarrow P(S)$，$P(S)$为S的幂集，$B(M_i,M_j)=\{s_k\mid s_k\in S,M_i[s_k>M_j\}$，$B(M_i,M_j)$称为弧$(M_i,M_j)$的**旁标**。

I/S系统的可达标识图构造算法如下：

GB1 算法

输入　$\Sigma=(V,S;F,M_0)$

输出　$RG(\Sigma)=(R(M_0),E,B)$

STEP 1　建立一个 OPEN 表和 CLOSED 表，把 M_0 放到 OPEN 表中。

STEP 2　对 OPEN 表中的某一个标识 M 进行如下操作：

STEP 2.1　把 M 从 OPEN 表中移出，移入到 CLOSED 表中。

STEP 2.2　对于每一个 $s_k \in S$，判断是否有 $M[s_k>$，若有则进行以下步骤：

STEP 2.2.1　计算 M'：$M[s_k>M'$。

STEP 2.2.2　若 M' 已在 OPEN 表或 CLOSED 表中，且 E 中有弧 (M,M')，则给旁标 $B(M,M')$ 中添加元素 s_k。

STEP 2.2.3　若 M' 已在 OPEN 表或 CLOSED 表中，且 E 中无弧 (M,M')，则给 E 中添加弧 (M,M')，同时给 B 中添加旁标 $B(M,M')=\{s_k\}$。

STEP 2.2.4　若 M' 不在 OPEN 表或 CLOSED 表中，则把 M' 添加到 OPEN 表中，同时给 E 中添加弧 (M,M')，给 B 中添加旁标 $B(M,M')=\{s_k\}$。

STEP 3　若 OPEN 表不为空，则跳转至 STEP 2；若 OPEN 表为空，则把 CLOSED 表中的标识作为 $R(M_0)$ 的元素，$RG(\Sigma)$ 构造完成。

定理 3-17　I/S 系统 $\Sigma=(V,S;F,M_0)$ 是一级活的之充要条件为该网系统可达标识图 $RG(\Sigma)=(R(M_0),E,B)$ 旁标的并集是网系统的求解集，即 $\bigcup_{(M_i,M_j)\in E} B(M_i,M_j)=S$。

定理 3-18　I/S 系统的可达标识图中不存在回路。

证明　由 I/S 系统可达标识集上的真覆盖关系为拟序关系可直接推得。　□

定理 3-19　设 $\Sigma=(V,S;F,M_0)$ 为 I/S 系统，以下任一条件成立时求解 $s\in S$ 是死的：

(1) 对于 $\forall M\in R(M_0)$，$\exists v\in {}^{\bullet}s$：$M(v)=0$。

(2) 对于 $\forall M\in R(M_0)$，$\exists v\in s^{\bullet}$：$M(v)=1$。

(3) $\exists v\in {}^{\bullet}s$，使 $v\in V_1$，其中 $V_1\subseteq V$ 为 Σ 的一个死锁且 $\sum_{v_i\in V_1} M_0(v_i)=0$。

(4) $\exists v_1\in {}^{\bullet}s, v_2\in s^{\bullet}$，对于 $\forall M\in R(M_0)$，$M(v_1)=1\rightarrow M(v_2)=1$ 或 $M(v_2)=0\rightarrow M(v_1)=0$。

(5) Σ 的可达标识图 $RG(\Sigma)=(R(M_0),E,B)$ 的所有旁标中没有元素 s。

3.3　信息/求解工作流网系统及其子网生成

作为控制策略算艺知识表示方法的基础理论，本节在 I/S 系统的基础上引出

信息/求解工作流网系统(I/S 工作流网)的概念。给出 I/S 工作流网的部分性质及可达标识图的构造算法，同时提出相容最小同起止 I/S 子工作流网的概念及生成算法，最后以一个例子展示算法的生成效果。

3.3.1　信息/求解工作流网基本定义[218]

定义 3-25　I/S 系统 $\Sigma=(N,M_0)=(V,S;F,M_0)$满足如下条件时称为**信息/求解工作流网系统**，简称"**I/S 工作流网**"(ISWFN)：

(1) Σ 有一个唯一的**起始信息** $v_s\in V$，满足 ${}^{\cdot}v_s=\varnothing \wedge M_0(v_s)=1$，同时有 $\forall v\in V\ (v\neq v_s)$：${}^{\cdot}v\neq\varnothing \wedge M_0(v)=0$。

(2) Σ 有一个唯一的**终止信息** $v_e\in V$，满足 $v_e^{\cdot}=\varnothing$，同时有 $\forall v\in V(v\neq v_e)$：$v^{\cdot}\neq\varnothing$。

(3) 如果在 Σ 的基网 N 中添加一个新的求解 s_a 使 ${}^{\cdot}s_a=\{v_e\}$且 $s_a^{\cdot}=\{v_s\}$，这时得到的新网 $\overline{N}=(V,\overline{S};\overline{F})$是强连通的，其中 $\overline{S}=S\cup\{s_a\}$，$\overline{F}=F\cup\{(v_e,s_a),(s_a,v_s)\}$。

定义 3-26　设 $\Sigma=(N,M_0)=(V,S;F,M_0)$为 I/S 工作流网，在 Σ 的基网 N 中添加一个新的求解 s_a 使 ${}^{\cdot}s_a=\{v_e\}$，$s_a^{\cdot}=\{v_s\}$，$\overline{S}=S\cup\{s_a\}$，$\overline{F}=F\cup\{(v_e,s_a),(s_a,v_s)\}$，则得到的新网系统 $\overline{\Sigma}=(\overline{N},M_0)=(V,\overline{S};\overline{F},M_0)$称为 Σ 的**扩展 I/S 工作流网**。

定义 3-27　I/S 工作流网 $\Sigma=(V,S;F,M_0)$的终止信息 v_e 为已知时系统终止，终止时的标识称为 I/S 工作流网的**终止标识**，记为 M_e。即对于 $\forall M\in R(M_0)$，若 $M(v_e)=1$ 且 $\forall M_i\in R(M_0)(M_i[\sigma>M)$：$M_i(v_e)=0$，其中 $\sigma\in S^*$，则 I/S 工作流网终止，此时 $M_e=M$。

定义 3-28　设 $\Sigma=(V,S;F,M_0)$为 I/S 工作流网，M_e 表示 Σ 的终止标识，满足 $M_0[\sigma>M_e$ 的求解序列 $\sigma\in S^*$ 称为 Σ 的**终止序列**，记为 σ_e。任一元素删除后不能使 M_0 可达 M_e 的终止序列称为 Σ 的**最小终止序列**，记为 σ_z。全体终止序列的集合 $\Phi(\Sigma)=\{\sigma_e\}=\{\sigma|\sigma\in S^*, M_0[\sigma>M_e\}$称为 Σ 的**终止序列集**。全体最小终止序列的集合 $\Phi_z(\Sigma)=\{\sigma_z\}=\{\sigma|\sigma\in\Phi(\Sigma), \forall\sigma_k\in\Phi(\Sigma):\widehat{\sigma_k}\not\subset\widehat{\sigma}\}$称为 Σ 的**最小终止序列集**。全体最小终止序列的元素集组成的单重集合 $S_z(\Sigma)=\{S_i|S_i=\widehat{\sigma_z}, \forall\sigma_k\in\Phi(\Sigma):\widehat{\sigma_k}\not\subset S_i\}$称为 Σ 的**最小终止序列元素集之集**。

定义 3-29　设 $\Sigma=(N,M_0)=(V,S;F,M_0)$为终止信息 v_e 可知的 I/S 工作流网，若 N 的任一求解删除后 v_e 变为不可知，则称 Σ 为**最小 I/S 工作流网**，反之称 Σ 为**非最小 I/S 工作流网**。

定义 3-30　设 $\Sigma=(N,M_0)=(V,S;F,M_0)$为 I/S 工作流网，若终止信息 $v_e\in V$ 可知，且 Σ 无死求解，则称 I/S 工作流网 Σ 是**正确的**。

3.3.2 信息/求解工作流网部分性质及可达标识图构造算法

定理 3-20　设 Σ 是 I/S 工作流网，$\overline{\Sigma}$ 是 Σ 的扩展 I/S 工作流网，Σ 是一级活的之充要条件为 $\overline{\Sigma}$ 是一级活的。

证明　设 $\Sigma=(N,M_0)=(V,S;F,M_0)$，$\overline{\Sigma}=(\overline{N},M_0)=(V,\overline{S};\overline{F},M_0)$，$s_a$ 为 $\overline{\Sigma}$ 从终止信息到起始信息的求解。

(1) 必要性。因为 Σ 是一级活的，$\forall s\in S$ 在 (N,M_0) 中是一级活的，即有 $\forall s\in S\subset\overline{S}$ 在 $(\overline{N},M_0)$ 中是一级活的。又因为 Σ 是一级活的，即 Σ 的终止信息是可知的，所以 $\overline{\Sigma}$ 中必 $\exists M_e\in R(M_0)$ 使终止信息已知，即有 $M_e[s_a>$。所以 $\overline{\Sigma}$ 是一级活的。

(2) 充分性。因为 $\overline{\Sigma}$ 是一级活的，$\forall s\in S\subset\overline{S}$ 在 $(\overline{N},M_0)$ 中都是一级活的，即有 $\forall s\in S\subset\overline{S}$ 在 (N,M_0) 也是一级活的。所以 Σ 是一级活的。□

定理 3-21　I/S 工作流网是正确的之充要条件为该网是一级活的。

证明　设 $\Sigma=(V,S;F,M_0)$ 为 I/S 工作流网，v_e 为 Σ 的终止信息，s_1 是后集为 v_e 的求解。

(1) 必要性。已知 Σ 是正确的，由 I/S 系统正确性的定义知，Σ 没有死求解，即 Σ 的所有求解都是一级活的，也即 Σ 是一级活的。□

(2) 充分性。已知 Σ 为一级活的，由 I/S 系统一级活的定义知，$\forall s\in S$ 是一级活的，即 Σ 没有死求解。因此 s_1 是一级活的，即 $\exists M\in R(M_0)$：$M[s_1>M_e$，也即 v_e 是可知的。所以 Σ 是正确的。

引理 3-5　若 I/S 工作流网无死求解，则终止信息可知。

定理 3-22　若 I/S 工作流网可达标识图旁标的并集是该网的求解集，则该 I/S 工作流网是正确的。

定理 3-22 为 I/S 工作流网的正确性提供了判定手段。

定理 3-23　最小 I/S 工作流网终止时，所有的信息都已知。

证明　反证法。假设 $\Sigma=(V,S;F,M_0)$ 为最小 I/S 工作流网，Σ 终止时有信息 $v_1\in V(v_1\neq v_s)$ 未知。

由 I/S 工作流网定义知，必 $\exists s_1\in {}^{\cdot}v_1$ 从 Σ 起始运行到终止都没有发生，也就是说 s_1 从 Σ 中删除后终止信息 v_e 仍然是可知的，即 Σ 不是最小 I/S 工作流网，与假设矛盾。所以 Σ 终止时所有的信息都已知。□

推论 3-2　最小 I/S 工作流网是正确的。

证明　设 Σ 为最小 I/S 工作流网，由定义知，Σ 的终止信息 v_e 是可知的。若 Σ 有死求解，则该求解不影响终止信息 v_e 的可知性，该死求解删除后 v_e 仍是可知的。也就是说，若 Σ 有死求解，Σ 就不是最小 I/S 工作流网，因此 Σ 必无死求解。所以 Σ 是正确的。□

推论 3-3　最小 I/S 工作流网的终止序列是最小终止序列。

证明　反证法。假设最小 I/S 工作流网 Σ 的终止序列不是最小终止序列，则必有求解删除后终止信息仍然可知，即 Σ 不是最小 I/S 工作流网，与题设矛盾。故最小 I/S 工作流网的终止序列是最小终止序列。□

定理 3-24　设 Σ 为 I/S 工作流网，$\Phi(\Sigma)$ 为 Σ 的终止序列集，$\Phi_z(\Sigma)$ 为 Σ 的最小终止序列集，$S_z(\Sigma)$ 为 Σ 的最小终止序列元素集之集，v_e 为 Σ 的终止信息，则有 $S_z(\Sigma)=\varnothing \Leftrightarrow \Phi_z(\Sigma)=\varnothing \Leftrightarrow \Phi(\Sigma)=\varnothing \Leftrightarrow v_e$ 不可知。

证明　仅证 $\Phi_z(\Sigma)=\varnothing \Leftrightarrow \Phi(\Sigma)=\varnothing$。

(1) 必要性。因为 $\Phi_z(\Sigma)\subseteq\Phi(\Sigma)$，所以 $\Phi(\Sigma)=\varnothing \rightarrow \Phi_z(\Sigma)=\varnothing$。

(2) 充分性。反证法。假设 $\Phi_z(\Sigma)=\varnothing$，$\Phi(\Sigma)$ 中有终止序列 σ_e，$\Phi(\Sigma)\neq\varnothing$。因为 $\Phi_z(\Sigma)=\varnothing$，所以 σ_e 不是最小终止序列。由定义 3-28 知，必 $\exists s_i\in\widehat{\sigma_e}$ 使得将 s_i 从 σ_e 中删除后得到的序列仍为终止序列。设从 σ_e 中删除所有这样的求解得到序列 σ_e'，由定义 3-28 知，σ_e' 为 Σ 的最小终止序列，即有 $\sigma_e'\in\Phi_z(\Sigma)\subseteq\Phi(\Sigma)$，也即 $\Phi_z(\Sigma)\neq\varnothing$，与题设矛盾。故有 $\Phi_z(\Sigma)=\varnothing \rightarrow \Phi(\Sigma)=\varnothing$。□

推论 3-4　最小 I/S 工作流网终止序列的序列元素集唯一，即其求解集。

证明　若最小 I/S 工作流网终止序列的序列元素集不是其求解集，说明该网系统中有求解在系统终止时没有发生，即该网不是最小 I/S 工作流网，与题设矛盾。又由求解集唯一知，原命题成立。□

基于上述 I/S 工作流网性质，给出 I/S 工作流网可达标识图的构造算法如下：

GB2 算法

输入　I/S 工作流网 $\Sigma=(V,S;F,M_0)$，终止信息为 v_e

输出　可达标识图 $RG(\Sigma)=(R(M_0),E,B)$

STEP 1　建立一个 OPEN 表和 CLOSED 表，把 M_0 放到 OPEN 表中。

STEP 2　对 OPEN 表中的某一个标识 M 进行如下操作：

STEP 2.1　把 M 从 OPEN 表中移出，移入到 CLOSED 表中。

STEP 2.2　对于每一个 $s_k\in S$，判断是否有 $M[s_k>$，若有则进行以下步骤：

STEP 2.2.1　计算 M'：$M[s_k>M'$。

STEP 2.2.2　若 M' 已在 OPEN 表或 CLOSED 表中，且 E 中有弧 (M,M')，则给旁标 $B(M,M')$ 中添加元素 s_k。

STEP 2.2.3　若 M' 已在 OPEN 表或 CLOSED 表中，且 E 中无弧 (M,M')，则给 E 中添加弧 (M,M')，同时给 B 中添加旁标 $B(M,M')=\{s_k\}$。

STEP 2.2.4　若 M' 不在 OPEN 表或 CLOSED 表中，则当 $M'(v_e)=0$ 时，把 M' 添加到 OPEN 表中；当 $M'(v_e)=1$ 时，把 M' 添加到 CLOSED 表中。同时给 E 中添加弧 (M,M')，给 B 中添加旁标 $B(M,M')=\{s_k\}$。

STEP 3 若 OPEN 表不为空，则跳转至 STEP 2；若 OPEN 表为空，则把 CLOSED 表中的标识作为 $R(M_0)$ 的元素，$RG(\Sigma)$构造完成。

3.3.3 相容最小同起止信息/求解子工作流网

定义 3-31 设 $\Sigma=(N,M_0)=(V,S;F,M_0)$为 I/S 工作流网，$N_1=(V_1,S_1;F_1)$是 N 的子网，若${}^{\cdot}S_1\subseteq V_1$，同时 N_1 具有起始信息 $v_s'\in V_1$ 和终止信息 $v_e'\in V_1$ 使得 $\Sigma_1=(N_1,M_0')=(V_1,S_1;F_1,M_0')$也是 I/S 工作流网，其中 M_0'为 Σ_1 的初始标识，仅有 $M_0'(v_s')=1$，则称 Σ_1 为 Σ 的**信息/求解子工作流网系统(I/S 子工作流网系统)**，简称"**I/S 子工作流网**"(ISsWFN)。

定义 3-31 规定，I/S 子工作流网的求解的全部前集应该在该子网中，即${}^{\cdot}S_1\subseteq V_1$。之所以这样规定，是因为对于 I/S 系统来说，全部前集信息已知是求解得以进行的条件，如果在 I/S 子工作流网中某个求解的前集信息不完整，该求解就无法进行，从而使得子工作流网失去现实意义。相应地，对于求解的后集信息，定义 3-31 没有这样规定。因为一个 I/S 子工作流网只要能获得与任务直接相关的信息即可，求解获得的无关信息是否在子工作流网之中并不影响该子网的运行，所以 I/S 子工作流网的定义中没有要求一个求解的全部后集必须出现在 I/S 子工作流网中。

定义 3-32 设 $\Sigma=(V,S;F,M_0)$为 I/S 工作流网，$\Sigma_1=(V_1,S_1;F_1,M_0')$为 Σ 的 I/S 子工作流网，Σ 的起始信息和终止信息分别为 v_s 和 v_e，Σ_1 的起始信息和终止信息分别为 v_s'和 v_e'，若有 $v_s'=v_s\wedge v_e'=v_e$，则称 Σ_1 为 Σ 的**同起止 I/S 子工作流网**。

与终止相对应有另一种情况，即 I/S 工作流网运行到死标识时系统停止。I/S 工作流网的终止标识可能是死标识，也可能不是死标识。最小 I/S 工作流网的终止标识就是死标识，同时也是最大覆盖标识。

定义 3-33 设 Σ 是 I/S 工作流网，Σ_1 是 Σ 的最小同起止 I/S 子工作流网，σ_e 是 Σ_1 的终止序列，若 σ_e 同时也是 Σ 的终止序列，则称 Σ_1 对 Σ 是**相容的**，否则称 Σ_1 对 Σ 是**不相容的**。

相容性反映了子网与总网运行特性的一致性。

例 3-1 I/S 工作流网 Σ 及其子网 Σ_1 如图 3-1 所示，起始信息 $v_s=v_1$，终止信息 $v_e=v_5$。

按照定义，Σ_1 是 Σ 的最小同起止 I/S 子工作流网，Σ_1 有终止序列 $\sigma=s_1s_2s_3$ 使终止信息 $v_e=v_5$ 可知。但是 $\sigma=s_1s_2s_3$ 是 Σ 的不可能序列，因为 s_2 在 v_4 处与 s_1 出现了冲撞。在 Σ 中，终止信息 $v_e=v_5$ 是不可知的，这样就出现了子网与总网在运行特性上的矛盾。这种不相容情况的出现是由于 I/S 子工作流网的定义中没有要求求解的后集必须全部包含在子网中，一旦出现冲撞的信息没有包含在子网中，子网的运行特性就与总网不同。本例中，Σ 是一个非自由选择网。

在现实中，如果两个求解同时求得了一个信息，使这一信息的取值出现了冲撞，而这个信息在后续的求解中不再使用，那么这种冲撞就不会对后续的求解产生影响，这样的子网在现实中是允许存在的。也就是说，与总网不相容的 I/S 子工作流网有其合理性，本书仅对相容的情况进行研究。

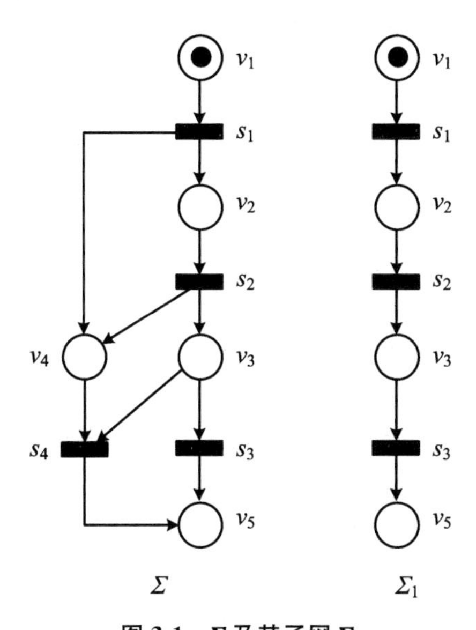

图 3-1　Σ 及其子网 Σ_1

3.3.4　相容最小同起止信息/求解子工作流网生成算法

本小节首先分别给出 I/S 工作流网终止序列集和最小终止序列元素集之集的生成算法，然后在这两个算法的基础上给出全部相容最小同起止 I/S 子工作流网的生成算法。

I/S 工作流网 Σ 终止序列集 $\Phi(\Sigma)$ 的生成算法如下：

SB1 算法

输入　Σ 的可达标识图 $RG(\Sigma)=(R(M_0),E,B)$，终止信息为 v_e

输出　$\Phi(\Sigma)=\{\sigma_e\}=\{\sigma|\sigma\in S^*,M_0[\sigma>M_e\}$

前提　Σ 具有终止标识 $M_e\in R(M_0)$

STEP 1　建立用于存放出现序列的 OPEN 表和 CLOSED 表，把 M_0 放到 OPEN 表中。

STEP 2　对 OPEN 表中末尾标识的度同为最小的所有出现序列 τ_k（设 τ_k 的末尾标识为 M）同时进行以下操作：

STEP 2.1　把 τ_k 从 OPEN 表移到 CLOSED 表。

STEP 2.2　若 M 是终止标识，则把 τ_k 的求解序列作为 $\Phi(\Sigma)$ 的元素加入 $\Phi(\Sigma)$ 中，同时跳转至 STEP 2.5。

STEP 2.3　若 M 是非终止标识的死标识，则跳转至 STEP 2.5。

STEP 2.4　对于 E 中的每一个弧 (M,M_i) 的旁标 $B(M,M_i)$ 中的每一个求解 s_j，把出现序列 $\tau_k s_j M_i$ 添加到 OPEN 表中。

STEP 2.5　把 τ_k 从 CLOSED 表中删除。

STEP 3　若 OPEN 表不为空，则跳转至 STEP 2；若 OPEN 表为空，则 $\Phi(\Sigma)$ 构造完成。

基于终止序列集 $\Phi(\Sigma)$ 的 I/S 工作流网 Σ 的最小终止序列元素集之集 $S_z(\Sigma)$ 生成算法如下：

SB2 算法

输入　Σ 的终止序列集 $\Phi(\Sigma)$，终止信息为 v_e

输出　Σ 的最小终止序列元素集之集 $S_z(\Sigma)$

前提　$\Phi(\Sigma)\neq\varnothing$

STEP 1　把 $\Phi(\Sigma)$ 中的求解序列按所含元素个数从少到多排序得到新的终止序列集 $\Phi(\Sigma)=\{\sigma_1,\sigma_2,\cdots,\sigma_{N_\Phi}\}$，其中 $N_\Phi=|\Phi(\Sigma)|$。

STEP 2　把 $\widehat{\sigma_1}$ 作为序列元素集 S_1 写入 $S_z(\Sigma)$。

STEP 3　依次把每一个 $\widehat{\sigma_i}(i=2,3,\cdots,N_\Phi)$ 与 $S_z(\Sigma)$ 中的所有序列元素集 $S_k(k=1,2,\cdots,N_{S_z}=|S_z(\Sigma)|)$ 进行比较：

STEP 3.1　如果 $\exists S_k\in S_z(\Sigma):S_k\subseteq\widehat{\sigma_i}$，则本 $\widehat{\sigma_i}$ 的比较结束。

STEP 3.2　如果 $\forall S_k\in S_z(\Sigma):S_k\not\subset\widehat{\sigma_i}\wedge\widehat{\sigma_i}\not\subset S_k\wedge S_k\neq\widehat{\sigma_i}$，则把 $\widehat{\sigma_i}$ 写入 $S_z(\Sigma)$。

STEP 4　$S_z(\Sigma)=\{S_k\}$ 构造完成。

基于可达标识图的全部相容最小同起止 I/S 子工作流网的生成算法如下：

NG1 算法

输入　I/S 工作流网 $\Sigma=(V,S;F,M_0)$，终止信息为 v_e

输出　Σ 的所有相容最小同起止 I/S 子工作流网 $\{\Sigma_i\}$

STEP 1　利用 GB2 算法构造 Σ 的可达标识图 $RG(\Sigma)$。

STEP 2　若 $RG(\Sigma)$ 中没有终止标识，则 Σ 无同起止 I/S 子工作流网，跳转至 STEP 8。

STEP 3　基于 $RG(\Sigma)$ 利用 SB1 算法生成 Σ 的终止序列集 $\Phi(\Sigma)$。

STEP 4　基于 $\Phi(\Sigma)$ 利用 SB2 算法生成 Σ 的最小终止序列元素集之集 $S_z(\Sigma)$。

STEP 5　生成 $S_z(\Sigma)$ 的每一个元素 S_i 的外延子网 $N_i'=(V_i',S_i;F_i')$，其中 $V_i'=\{v_j\mid v_j\in V,\exists s\in S_i:v_j\in{}^\cdot s\vee v_j\in s^\cdot\}$，$F_i'=F\cap((S_i\times V)\cup(V\times S_i))$。

STEP 6 删去每一个 N_i' 中除了 v_e 以外的所有在 N_i' 中无后集的信息，得到新的子网 $N_i=(V_i,S_i;F_i)$，其中 $V_i=\{v_e\}\cup\{v_j \mid v_j\in V_i', S_i\cap v_j^{\cdot}\neq\varnothing\}$，$F_i=F\cap((S_i\times V_i)\cup(V_i\times S_i))$。

STEP 7 给每一个 N_i 赋予初始标识 M_{0i}，得到 Σ 的 I/S 子工作流网 $\Sigma_i=(N_i, M_{0i})=(V_i,S_i;F_i,M_{0i})$，其中 M_{0i} 为 V_i 中仅有起始信息 v_s 满足 $M_{0i}(v_s)=1$ 的标识。

STEP 8 Σ 的全部相容最小同起止 I/S 子工作流网 $\{\Sigma_i\}$ 生成完毕。

3.3.5 相容最小同起止信息/求解子工作流网生成算法举例

下面给出一个典型的 I/S 工作流网，并用 NG1 算法生成它们全部的相容最小同起止 I/S 子工作流网。

例 3-2 正确的 I/S 工作流网 Σ 如图 3-2 所示，起始信息 $v_s=v_1$，终止信息 $v_e=v_s$，该网是一个非自由选择I/S网。

利用 GB2 算法生成 Σ 的可达标识图（图 3-3），利用 SB1 算法生成 Σ 的终止序列集：

$\Phi(\Sigma)=\{s_3, s_1s_3, s_2s_4s_3, s_2s_4s_5, s_2s_4s_6, s_1s_7s_3, s_1s_7s_5, s_1s_7s_6, s_2s_3, s_2s_7s_3, s_2s_7s_6\}$

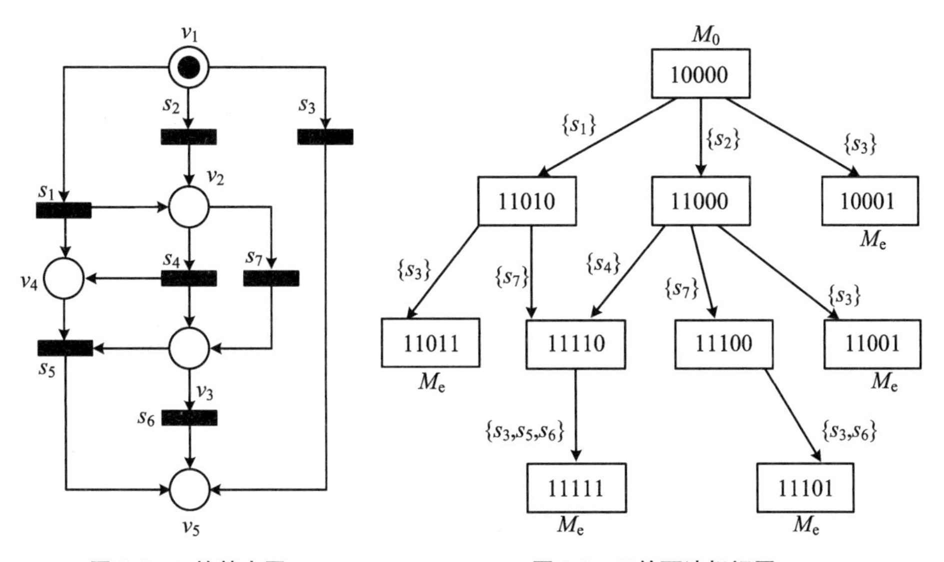

图 3-2 **Σ 的基本网**　　　图 3-3 **Σ 的可达标识图**

利用 SB2 算法生成 Σ 的最小终止序列元素集之集：

$S_z(\Sigma)=\{\{s_3\},\{s_2,s_4,s_5\},\{s_2,s_4,s_6\},\{s_1,s_7,s_5\},\{s_1,s_7,s_6\},\{s_2,s_7,s_6\}\}$

利用 NG1 算法得到 Σ 的全部相容最小同起止 I/S 子工作流网 $\Sigma_1\sim\Sigma_6$

（图 3-4）。

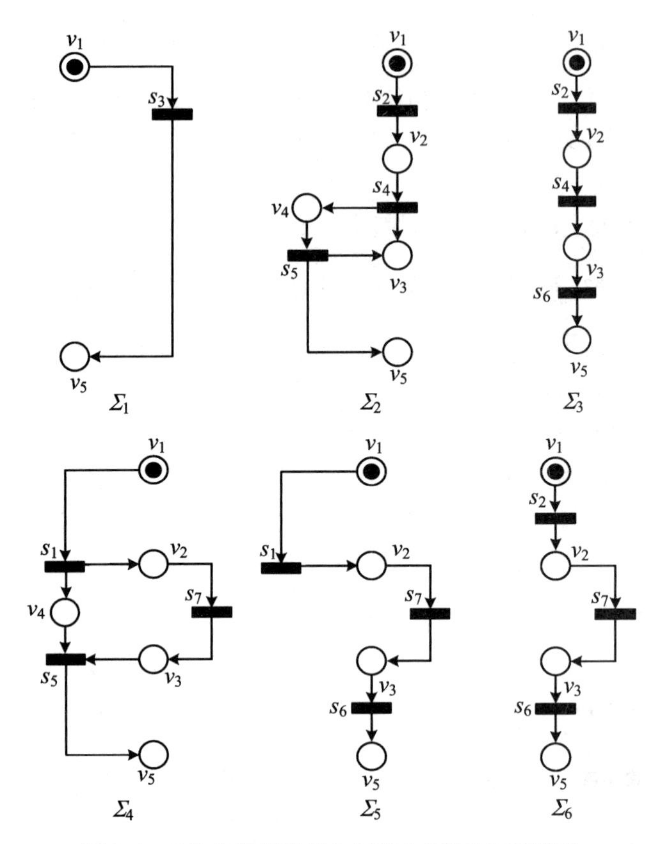

图 3-4　Σ 的全部相容最小同起止 I/S 子工作流网

3.4　基于功能-算艺法的控制策略概念设计方案生成方法

本节在 I/S 工作流网的基础上给出控制策略算艺的表达方式，提出算艺的功能合成模型，给出基于功能匹配的控制策略算艺方案生成方法——F-T 法。

3.4.1　属性信息/求解系统

定义 3-34　属性信息/求解网系统（简称"**属性 I/S 系统**"，AISWFN）$\Sigma=(V,S;F,\mathscr{F},\mathbb{F}(S),P(S),M_0)$是一个七元组，其中：

(1) $(V,S;F,M_0)$是一个 I/S 系统，$|V|=n_V$，$|S|=n_S$。

(2) $\mathscr{F}=\{f_1,f_2,\cdots,f_{n_0}\}$为功能元集。

(3) $\mathbb{F}(S)=[\mathbb{F}(s_1)^T,\mathbb{F}(s_2)^T,\cdots,\mathbb{F}(s_{n_S})^T]^T$ 为求解的功能属性矩阵，行向量 $\mathbb{F}(s_i)$为求解 s_i 的功能属性。属性值$\mathbb{F}(s_i)_l=0$ 表示求解 s_i 不支持功能元 f_l，$\mathbb{F}(s_i)_l=1$ 表示求解 s_i 支持功能元 $f_l(l=1,2,\cdots,n_0)$。

(4) $P(S)=[P(s_1)\quad P(s_2)\quad\cdots\quad P(s_{n_S})]$为求解的性能属性向量，$P(s_i)$为求解 s_i 的性能属性。

属性 I/S 系统为求解赋予了功能属性和性能属性，是一种扩展 I/S 系统。

3.4.2　基于属性信息/求解工作流网的控制策略算艺数学模型

控制策略的算艺反映的是从已知信息求得计算待设计信息的过程和方法，由属性 I/S 工作流网表示。信息反映设计工作中的变量，标识反映变量的已知与未知情况，求解对应计算方法，弧反映计算方法的前提条件及结果，求解序列反映设计步骤。属性 I/S 工作流网只有一个起始信息和一个终止信息，为了在属性 I/S 工作流网中反映出应知信息和应求信息，并保证工作流网的正确性，需要为工作流网系统添加辅助求解。

以下先给出控制策略算艺知识的定义：

定义 3-35　控制策略**算艺知识**的定义为三元组 $\Gamma=(\mathscr{X}_1,\mathscr{X}_0,\Sigma)$，其中：

(1) $\mathscr{X}_1=\{x_1^1,x_2^1,\cdots,x_{n_{\mathscr{X}_1}}^1\}$是 Γ 的**应知信息集**，有 $\mathscr{X}_1\subset V$，$n_{\mathscr{X}_1}=|\mathscr{X}_1|$。

(2) $\mathscr{X}_0=\{x_1^0,x_2^0,\cdots,x_{n_{\mathscr{X}_0}}^0\}$是 Γ 的**应求信息集**，有 $\mathscr{X}_0\subset V$，$n_{\mathscr{X}_0}=|\mathscr{X}_0|$。

(3) $\Sigma=(V,S;F,\mathscr{F},\mathbb{F}(S),P(S),M_0)$是 Γ 的网系统，是一个属性 I/S 工作流网，Σ 应当是正确的。

(4) v_s 和 v_e 分别为 Σ 的起始信息和终止信息。存在唯一的 $s_s\in S$，使${}^{\cdot}s_s=\{v_s\}\wedge s_s^{\cdot}=\mathscr{X}_1$，同时还存在唯一的 $s_e\in S$，使 $s_e^{\cdot}=\{v_e\}\wedge {}^{\cdot}s_e=\mathscr{X}_0$。$s_s$ 称为 Σ 的**起始求解**，s_e 称为 Σ 的**终止求解**。

然后给出控制策略算艺模型的定义：

定义 3-36　控制策略**算艺模型**的定义为五元组 $T=(\mathscr{X}_1,\mathscr{X}_0,\Sigma,\mathbb{F}(T),P(T))$，其中：

(1) $\mathscr{X}_1=\{x_1^1,x_2^1,\cdots,x_{n_{\mathscr{X}_1}}^1\}$是 T 的**应知信息集**，有 $\mathscr{X}_1\subset V$。

(2) $\mathscr{X}_0=\{x_1^0,x_2^0,\cdots,x_{n_{\mathscr{X}_0}}^0\}$是 T 的**应求信息集**，有 $\mathscr{X}_0\subset V$。

(3) $\Sigma=(V,S;F,\mathscr{F},\mathbb{F}(S),P(S),M_0)$是 T 的网系统，是一个最小属性 I/S 工作流网。

(4) v_s 和 v_e 分别为 Σ 的起始信息和终止信息。存在唯一的 $s_s\in S$，使${}^{\cdot}s_s=\{v_s\}\wedge s_s^{\cdot}=\mathscr{X}_1$，同时还存在唯一的 $s_e\in S$，使 $s_e^{\cdot}=\{v_e\}\wedge {}^{\cdot}s_e=\mathscr{X}_0$。$s_s$ 为 Σ 的**起始求**

解，s_e 为 Σ 的**终止求解**。

(5) $\mathbb{F}(T)$为 T 的功能属性。

(6) $P(T)$为 T 的性能属性，有

$$P(T)=\sum_{s_i\in S}P(s_i) \tag{3-7}$$

从网系统特性上来说，算艺模型可以看作是算艺知识的一类特例，它定义了算艺模型的两个属性，并对网系统做了进一步的限定，要求工作流网是最小的。所以，凡是对算艺知识适用的性质、定理与方法，对算艺模型也同样适用。控制策略算艺的网系统 Σ 的结构如图 3-5 所示，起始求解 s_s 和终止求解 s_e 均为辅助求解。

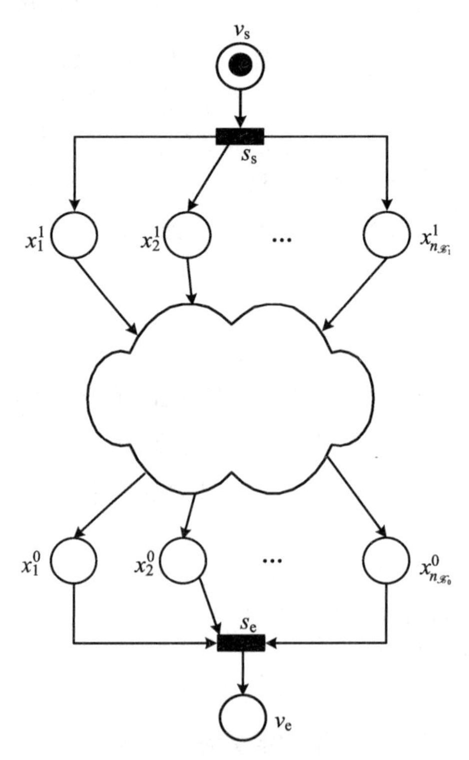

图 3-5　算艺的网系统结构

添加起始求解 s_s 后，网系统 Σ 运行完第一步，应知信息集 $\mathscr{X}_1$ 的元素全部变为已知，可以为后续过程所使用。添加终止求解 s_e 后，只有应求信息集 $\mathscr{X}_0$ 的元素全部变为已知时，终止信息才能获得标记使网系统 Σ 终止。辅助求解的功能属性默认为全 0 向量，性能属性默认为 0。

作为控制策略设计过程的知识表示形式，Γ 的网系统 Σ 应当是正确的，否则会存在没有意义的死求解，或者存在不可知的应求信息而使网系统不能终止。作为

控制策略的算艺模型，T 的网系统 Σ 应当是最小的。这里之所以要求它是最小的，是因为如果它是非最小的，必然存在冗余的求解，使得设计过程具有不确定性。由推论 3-2 知，算艺模型 T 的网系统 Σ 也是正确的，所以定义 3-36 没有像定义 3-35 那样专门指明这一点。

3.4.3　算艺功能合成模型

算艺方案生成的目的是获得具有特定功能的、满足特定控制策略需要的设计方法，功能需求是对算艺方案的总体需求。一般来说，一个求解支持某功能元时整个算艺就会支持该功能元。基于这样的认识，以下给出算艺功能合成模型，作为 F-T映射的基础。

算艺功能合成模型规定算艺模型 T 的功能属性 $\mathbb{F}(T)$ 是其网系统 Σ 所有求解功能属性的析取：

$$\mathbb{F}(T) = \bigvee_{s_i \in S} \mathbb{F}(s_i) \tag{3-8}$$

3.4.4　功能-算艺法问题形式化

设**概念设计需求** R 为

$$R = (\mathscr{Y}_1, \mathscr{Y}_0, \mathbb{F}(R), p) \tag{3-9}$$

其中：

$\mathscr{Y}_1 = \{y_1^1, y_2^1, \cdots, y_{n_{\mathscr{Y}_1}}^1\}$ 为**已知信息集**，$n_{\mathscr{Y}_1} = |\mathscr{Y}_1|$。

$\mathscr{Y}_0 = \{y_1^0, y_2^0, \cdots, y_{n_{\mathscr{Y}_0}}^0\}$ 为**待设计信息集**，$n_{\mathscr{Y}_0} = |\mathscr{Y}_0|$。

$\mathbb{F}(R)$ 为待生成算艺**应具备的功能属性**。

p 为应求较佳概念模型个数。

设有算艺知识 $\Gamma = (\mathscr{X}_1, \mathscr{X}_0, \Sigma)$，则 Γ 作为需求 R 的可用的设计知识应满足信息完备条件——ΓR. XY 条件：

$$\mathscr{X}_1 \subseteq \mathscr{Y}_1 \wedge \mathscr{Y}_0 = \mathscr{X}_0 \tag{3-10}$$

设基于算艺知识 Γ 求得 R 的较佳算艺方案 $T = (\mathscr{X}_1^T, \mathscr{X}_0^T, \Sigma^T, \mathbb{F}(T), P(T))$，则 T 应满足算艺合理性条件——TΓ. XX 条件：

Σ^T 是 Σ 的相容最小同起止 I/S 工作流网

功能支持条件——TR. F 条件：

$$\mathbb{F}(T) \geqslant \mathbb{F}(R) \tag{3-11}$$

性能优选条件——TR. P 条件：

$$P(T) \in \min_{T_i \in T_f}{}^{p} (P(T_i)) \tag{3-12}$$

其中，T_f 为满足 TΓ. XX 条件和 TR. F 条件的 R 的可行算艺方案集。

TΓ. XX 条件是**备选算艺方案**集 T_c 的判定条件，TΓ. XX 条件和 TR. F 条件是**可行算艺方案**集 T_f 的判定条件，TR. P 条件是**较佳算艺方案**集 T_p 的判定条件。

3.4.5 功能-算艺法方案生成方法

以属性 I/S 系统为知识表示模型，基于算艺知识 Γ 为设计需求 R 生成较佳方案集 T_p 的 F-T 法步骤如下：

步骤 TSG1

STEP 1 判断 Γ 是否满足 ΓR. XY 条件，如果不满足，通过补充和调整，使 Γ 满足 ΓR. XY 条件。

STEP 2 利用 NG1 算法生成 Γ 网系统的全部相容最小同起止 I/S 子工作流网 $\{\Sigma^{T_i}\}$，利用式(3-8)求 $\mathbb{F}(T_i)$，利用式(3-7)求 $P(T_i)$，构造备选算艺方案集 $T_c=\{T_i \mid T_i=(\mathscr{X}_1^{T_i},\mathscr{X}_0^{T_i},\Sigma^{T_i},\mathbb{F}(T_i),P(T_i))\}$。

STEP 3 利用 TR. F 条件从 T_c 中判别出 R 的可行算艺方案集 T_f。

STEP 4 利用 TR. P 条件从 T_f 中判别出 R 的较佳算艺方案集 T_p。

F-T 法的过程模型如图 3-6 所示。

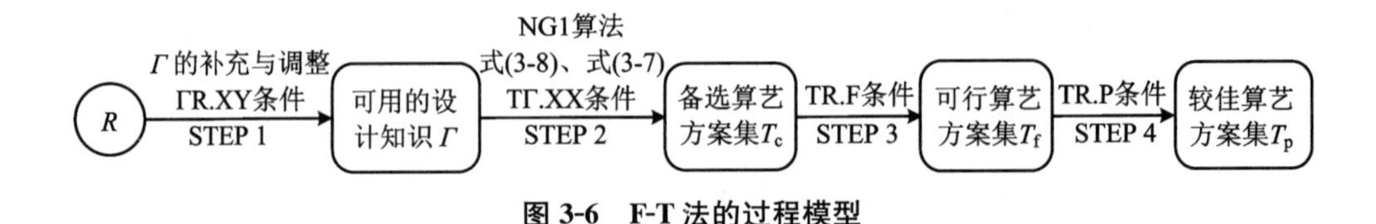

图 3-6 F-T 法的过程模型

3.5 功能-算艺法设计算例(例 3-3)

本节以一个被控对象为线性时变系统、算艺知识求解数为 17 的例子展示 F-T 法的方案生成能力和概念设计效果。然后对所获较佳方案进行详细设计，以验证方案生成方法的预见性。

3.5.1 设计需求描述

3.5.1.1 被控对象

被控对象传递函数 $G_p(s)=\dfrac{b}{s^2+as}$，$a=25+5\sin(6\pi t)$，$b=133+50\sin(2\pi t)$[172]，方框图如图 3-7 所示，状态方程形式为

$$\dot{x}=\begin{bmatrix}\dot{x}_1\\ \dot{x}_2\end{bmatrix}=Ax+Bu=\begin{bmatrix}0 & 1\\ 0 & -a\end{bmatrix}\begin{bmatrix}x_1\\ x_2\end{bmatrix}+\begin{bmatrix}0\\ 1\end{bmatrix}u \tag{3-13}$$

$$y=Cx=\begin{bmatrix}b & 0\end{bmatrix}\begin{bmatrix}x_1\\ x_2\end{bmatrix} \tag{3-14}$$

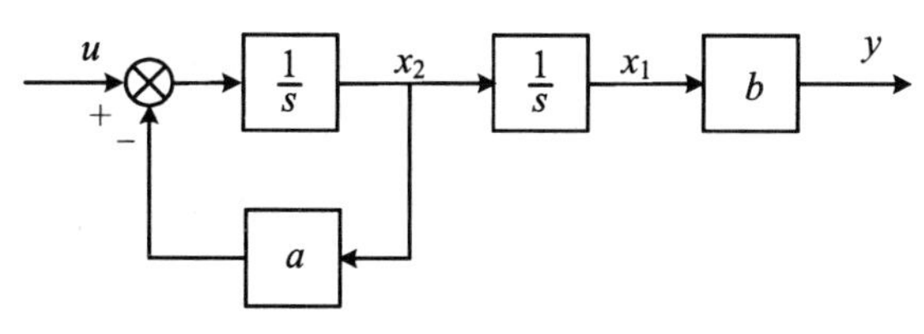

图 3-7　被控对象 $G_p(s)$ 方框图

3.5.1.2　控制目标

实现滑模变结构跟踪控制，希望系统输出平衡，抖振小，动态响应快速性好，在 $Q=\begin{bmatrix}10\,000 & 0\\ 0 & 1\end{bmatrix}$时，二次型性能指标 J 达到最优值，其中

$$J=\int_0^{\infty}(e^{\mathrm{T}}Qe)\,\mathrm{d}t \tag{3-15}$$

3.5.1.3　功能元定义

由控制目标可以确定三个功能元：

f_1 ="设计出的控制系统正常段运动能于有限时间到达切换面"

f_2 ="设计出的控制策略能够削弱抖振"

f_3 ="设计出的控制系统滑动模态二次型性能指标能够达到最优值"

即功能元集 $\mathscr{F}=\{f_1,f_2,f_3\}$。

3.5.1.4　设计需求定义

由已知条件可以确定设计需求 $R=(\mathscr{Y}_1,\mathscr{Y}_0,\mathbb{F}(R),p)$：

$$\mathscr{Y}_1=\{y_1^1,y_2^1,y_3^1\},\quad \mathscr{Y}_0=\{y_1^0,y_2^0\},\quad \mathbb{F}(R)=[111],\quad p=1$$

$\mathscr{Y}_1,\mathscr{Y}_0$ 中：

y_1^1 ="被控对象状态方程的 A,B,C 阵"

y_2^1 ="控制形式为跟踪控制"

y_3^1 ="最优性能指标 J"

y_1^0 ="切换函数 S 的参数值"

y_2^0 ="控制量 u 滑动控制值"

3.5.2　已知算艺知识

通过搜集滑模变结构控制策略的设计方法[127,173]，得到一个较小规模的算艺

知识 $\Gamma=(\mathscr{X}_I,\mathscr{X}_O,\Sigma)$，其中 Γ 的网系统 $\Sigma=(V,S;F,\mathscr{F},\mathbb{F}(S),P(S),M_0)$，$\mathscr{F}=\{f_1,f_2,f_3\}$。$\Sigma$ 的 I/S 工作流网如图 3-8 所示，其信息集 V 的定义如表 3-1 所示，求解集 S 的定义及属性如表 3-2 所示。Γ 的应知信息集 $\mathscr{X}_I=\{v_2,v_3,v_4\}$，$\Gamma$ 的应求信息集 $\mathscr{X}_O=\{v_{12},v_{13}\}$。

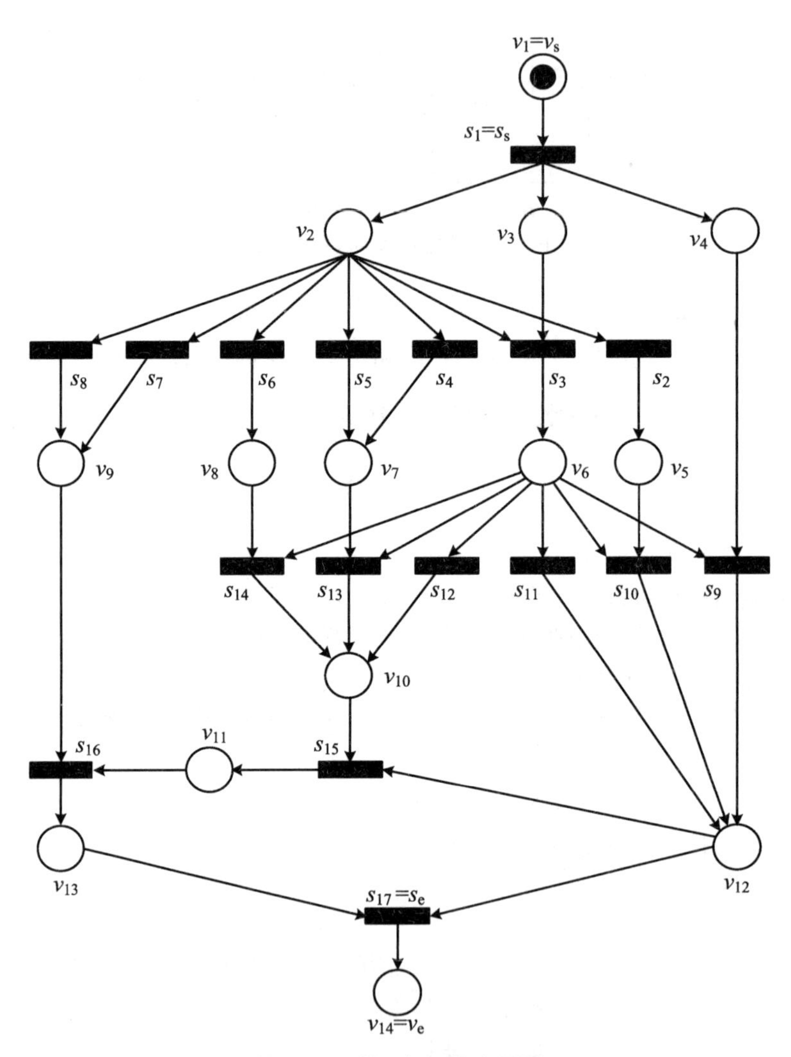

图 3-8　Σ 的 I/S 工作流网网

表 3-1　Σ 的信息集 V 的定义

信息	定　　义
v_1	起始信息 v_s
v_2	被控对象状态方程的 A,B,C 阵
v_3	控制形式为跟踪控制
v_4	最优性能指标 J
v_5	最终滑动模态给定极点集 Λ
v_6	切换函数 S 形式
v_7	趋近律 $\dot{S}$
v_8	控制量 u 的结构
v_9	滑动切换模式
v_{10}	控制量 u 应满足的条件
v_{11}	控制量 u 的参数值
v_{12}	切换函数 S 的参数值
v_{13}	控制量 u 的滑动控制值
v_{14}	终止信息 v_e

表 3-2　Σ 的求解集 S 的定义及属性

求解	定　　义	功能属性	性能属性
s_1	起始求解 s_s	[000]	0
s_2	确定最终滑动模态给定极点集 Λ	[000]	1
s_3	选线性切换函数	[000]	0.01
s_4	选幂次趋近律	[110]	0.1
s_5	选指数趋近律	[010]	0.1
s_6	控制量 u 的结构选为比例切换控制	[000]	0.01
s_7	滑动切换模式选为符号函数 sgn(S)	[000]	0.01
s_8	滑动切换模式选为饱和函数 sat(S)	[010]	0.1
s_9	按最优控制设计法确定切换函数 S 的参数值	[001]	3
s_{10}	按极点配置法确定切换函数 S 的参数值	[000]	2.5
s_{11}	按经验赋值确定切换函数 S 的参数值	[000]	0.8

续表

求解	定　义	功能属性	性能属性
s_{12}	无控制量 u 结构要求、无趋近律要求的到达条件设计法	[000]	0.4
s_{13}	无控制量 u 结构要求、有趋近律要求的到达条件设计法	[000]	0.5
s_{14}	有控制量 u 结构要求、无趋近律要求的到达条件设计法	[000]	0.6
s_{15}	代入切换函数 S 的参数值求控制量 u 的参数值	[000]	0.4
s_{16}	代入滑动切换模式确定控制量 u 的滑动控制值	[000]	0.2
s_{17}	终止求解 s_e	[000]	0

3.5.3　基于功能-算艺法的方案生成

按照步骤 TSG1，基于算艺知识 Γ 对设计需求 R 进行求解：

STEP 1　经判断，有 $\mathscr{X}_1=\mathscr{Y}_1 \wedge \mathscr{X}_0=\mathscr{Y}_0$，$\Gamma$ 对 R 满足 ΓR. XY 条件。

STEP 2　用 NG1 算法生成 Σ 的 24 个相容最小同起止 I/S 子工作流网 $\{\Sigma^{T_i} \mid i=1,2,\cdots,24\}$，给出 Σ^{T_1}，Σ^{T_6}，$\Sigma^{T_{12}}$，$\Sigma^{T_{16}}$，$\Sigma^{T_{17}}$，$\Sigma^{T_{23}}$ 的网络结构图(图 3-9)。

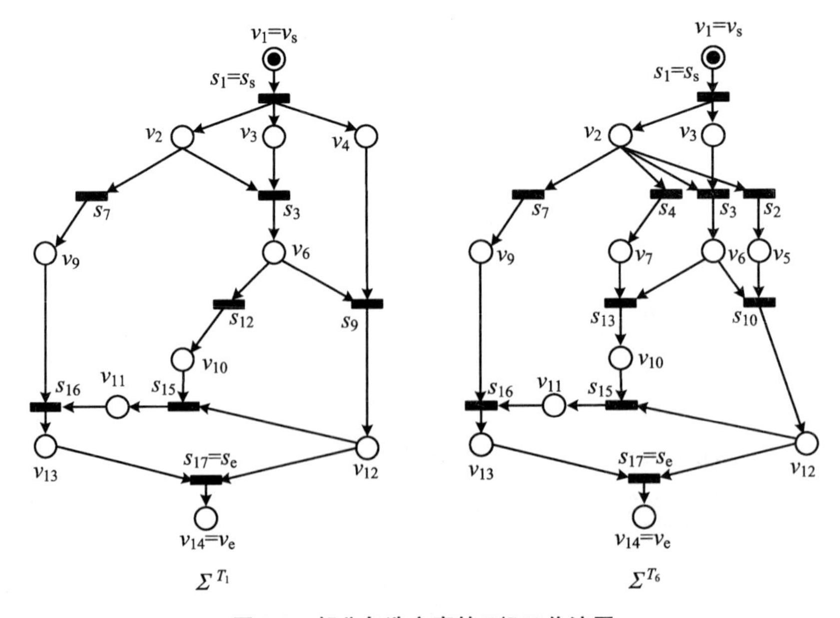

图 3-9　部分备选方案的 I/S 工作流网

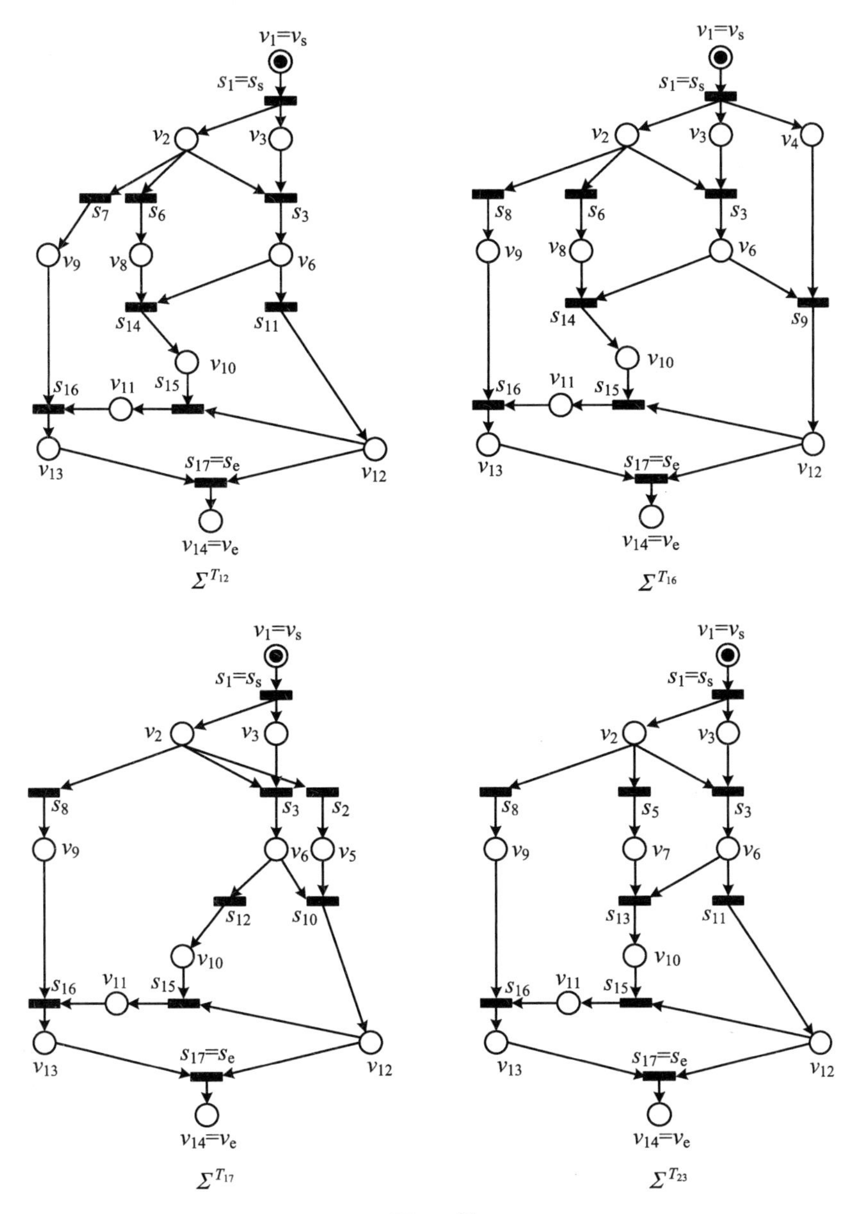

图 3-9 续

24 个相容最小同起止 I/S 子工作流网的求解集如下：

$S^{T_1}=\{s_1,s_3,s_7,s_9,s_{12},s_{15},s_{16},s_{17}\}$，　$S^{T_2}=\{s_1,s_3,s_4,s_7,s_9,s_{13},s_{15},s_{16},s_{17}\}$

$S^{T_3}=\{s_1,s_3,s_5,s_7,s_9,s_{13},s_{15},s_{16},s_{17}\}$，　$S^{T_4}=\{s_1,s_3,s_6,s_7,s_9,s_{14},s_{15},s_{16},s_{17}\}$

$S^{T_5}=\{s_1,s_3,s_7,s_{10},s_{12},s_{15},s_{16},s_{17}\}$，　$S^{T_6}=\{s_1,s_3,s_4,s_7,s_{10},s_{13},s_{15},s_{16},s_{17}\}$

$S^{T_7}=\{s_1,s_3,s_5,s_7,s_{10},s_{13},s_{15},s_{16},s_{17}\}$，$S^{T_8}=\{s_1,s_3,s_6,s_7,s_{10},s_{14},s_{15},s_{16},s_{17}\}$

$S^{T_9}=\{s_1,s_3,s_7,s_{11},s_{12},s_{15},s_{16},s_{17}\}$，$S^{T_{10}}=\{s_1,s_3,s_4,s_7,s_{11},s_{13},s_{15},s_{16},s_{17}\}$

$S^{T_{11}}=\{s_1,s_3,s_5,s_7,s_{11},s_{13},s_{15},s_{16},s_{17}\}$，$S^{T_{12}}=\{s_1,s_3,s_6,s_7,s_{11},s_{14},s_{15},s_{16},s_{17}\}$

$S^{T_{13}}=\{s_1,s_3,s_8,s_9,s_{12},s_{15},s_{16},s_{17}\}$，$S^{T_{14}}=\{s_1,s_3,s_4,s_8,s_9,s_{13},s_{15},s_{16},s_{17}\}$

$S^{T_{15}}=\{s_1,s_3,s_5,s_8,s_9,s_{13},s_{15},s_{16},s_{17}\}$，$S^{T_{16}}=\{s_1,s_3,s_6,s_8,s_9,s_{14},s_{15},s_{16},s_{17}\}$

$S^{T_{17}}=\{s_1,s_3,s_8,s_{10},s_{12},s_{15},s_{16},s_{17}\}$，$S^{T_{18}}=\{s_1,s_3,s_4,s_8,s_{10},s_{13},s_{15},s_{16},s_{17}\}$

$S^{T_{19}}=\{s_1,s_3,s_5,s_8,s_{10},s_{13},s_{15},s_{16},s_{17}\}$，$S^{T_{20}}=\{s_1,s_3,s_6,s_8,s_{10},s_{14},s_{15},s_{16},s_{17}\}$

$S^{T_{21}}=\{s_1,s_3,s_8,s_{11},s_{12},s_{15},s_{16},s_{17}\}$，$S^{T_{22}}=\{s_1,s_3,s_4,s_8,s_{11},s_{13},s_{15},s_{16},s_{17}\}$

$S^{T_{23}}=\{s_1,s_3,s_5,s_8,s_{11},s_{13},s_{15},s_{16},s_{17}\}$，$S^{T_{24}}=\{s_1,s_3,s_6,s_8,s_{11},s_{14},s_{15},s_{16},s_{17}\}$

STEP 3 利用式(3-8)求$\mathbb{F}(T_i)$，式(3-7)求$P(T_i)$，构造备选方案集T_c(表3-3)。

表 3-3 备选方案 $T_i(T_i \in T_c)$

T_i	$\mathscr{X}_1^{T_i}$	$\mathscr{X}_0^{T_i}$	$\mathbb{F}(T_i)$	$P(T_i)$
T_1	$\{v_2,v_3,v_4\}$	$\{v_{12},v_{13}\}$	[001]	4.02
T_2	$\{v_2,v_3,v_4\}$	$\{v_{12},v_{13}\}$	[111]	4.22
T_3	$\{v_2,v_3,v_4\}$	$\{v_{12},v_{13}\}$	[011]	4.22
T_4	$\{v_2,v_3,v_4\}$	$\{v_{12},v_{13}\}$	[001]	4.23
T_5	$\{v_2,v_3\}$	$\{v_{12},v_{13}\}$	[000]	3.52
T_6	$\{v_2,v_3\}$	$\{v_{12},v_{13}\}$	[110]	3.72
T_7	$\{v_2,v_3\}$	$\{v_{12},v_{13}\}$	[010]	3.72
T_8	$\{v_2,v_3\}$	$\{v_{12},v_{13}\}$	[000]	3.73
T_9	$\{v_2,v_3\}$	$\{v_{12},v_{13}\}$	[000]	1.82
T_{10}	$\{v_2,v_3\}$	$\{v_{12},v_{13}\}$	[110]	2.02
T_{11}	$\{v_2,v_3\}$	$\{v_{12},v_{13}\}$	[010]	2.02
T_{12}	$\{v_2,v_3\}$	$\{v_{12},v_{13}\}$	[000]	2.03
T_{13}	$\{v_2,v_3,v_4\}$	$\{v_{12},v_{13}\}$	[011]	4.11
T_{14}	$\{v_2,v_3,v_4\}$	$\{v_{12},v_{13}\}$	[111]	4.31
T_{15}	$\{v_2,v_3,v_4\}$	$\{v_{12},v_{13}\}$	[011]	4.31
T_{16}	$\{v_2,v_3,v_4\}$	$\{v_{12},v_{13}\}$	[011]	4.32
T_{17}	$\{v_2,v_3\}$	$\{v_{12},v_{13}\}$	[010]	3.61
T_{18}	$\{v_2,v_3\}$	$\{v_{12},v_{13}\}$	[110]	3.81
T_{19}	$\{v_2,v_3\}$	$\{v_{12},v_{13}\}$	[010]	3.81

续表

T_i	$\mathscr{X}_1^{T_i}$	$\mathscr{X}_0^{T_i}$	$\mathbb{F}(T_i)$	$P(T_i)$
T_{20}	$\{v_2, v_3\}$	$\{v_{12}, v_{13}\}$	[010]	3.82
T_{21}	$\{v_2, v_3\}$	$\{v_{12}, v_{13}\}$	[010]	1.91
T_{22}	$\{v_2, v_3\}$	$\{v_{12}, v_{13}\}$	[110]	2.11
T_{23}	$\{v_2, v_3\}$	$\{v_{12}, v_{13}\}$	[010]	2.11
T_{24}	$\{v_2, v_3\}$	$\{v_{12}, v_{13}\}$	[010]	2.12

STEP 4　利用 TR. F 条件从 T_c 中判别出 R 的可行方案集 $T_f=\{T_2, T_{14}\}$，T_2 与 T_{14} 的 I/S 工作流网 Σ^{T_2} 和 $\Sigma^{T_{14}}$（图 3-10）。

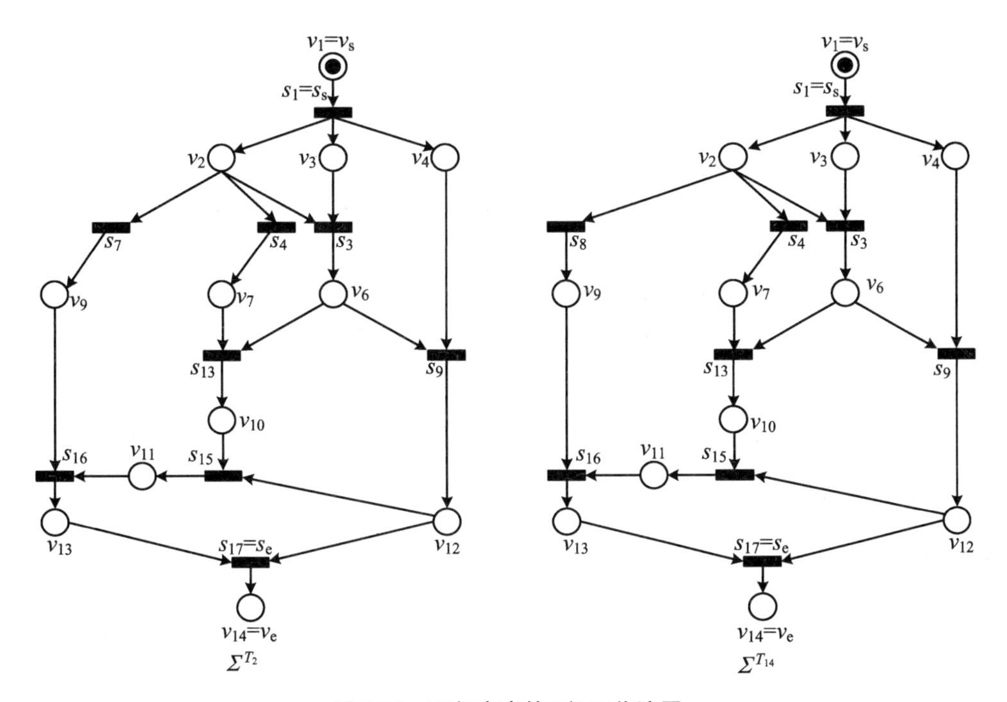

图 3-10　可行方案的 I/S 工作流网

STEP 5　利用 TR. P 条件从 T_f 中判别出 R 的较佳方案集 $T_p=\{T_2\}$，T_2 即设计需求 R 的解。

3.5.4　详细设计

对应 Σ^{T_2} 的终止序列 $\sigma=s_1 s_3 s_4 s_7 s_9 s_{13} s_{15} s_{16} s_{17}$，进行控制策略详细设计如下：

(1) 求解 s_1——起始求解 s_s。s_s 为辅助求解，无具体设计工作。

(2) 求解 s_3——选线性切换函数。由于系统控制形式为跟踪控制(v_3),系统状态变量数为 2(v_2),选定线性切换函数:

$$S = Ke = [k_1 \quad k_2]\begin{bmatrix} e_1 \\ e_2 \end{bmatrix} \tag{3-16}$$

(3) 求解 s_4——选幂次趋近律。

$$\dot{S} = -k\sqrt{|S|}\,\mathrm{swith}(S) \tag{3-17}$$

其中,swith(S)为滑动切换模式函数,$|S|$表示 S 的绝对值。

(4) 求解 s_7——滑动切换模式选为符号函数 sgn(S)。

$$\mathrm{swith}(S) = \mathrm{sgn}(S) \tag{3-18}$$

(5) 求解 s_9——按最优控制设计法确定切换函数 S 的参数值。设跟踪控制参考输入信号为 r,令

$$e = \begin{bmatrix} e_1 \\ e_2 \end{bmatrix} = \begin{bmatrix} e_1 \\ \dot{e}_1 \end{bmatrix} = \begin{bmatrix} r \\ \dot{r} \end{bmatrix} - b\begin{bmatrix} x_1 \\ x_2 \end{bmatrix} = R - bx \tag{3-19}$$

得

$$\dot{e} = \dot{R} - b\dot{x} = \dot{R} - bAx - bBu = Ae + \dot{R} - AR - bBu \tag{3-20}$$

$$\begin{bmatrix} \dot{e}_1 \\ \dot{e}_2 \end{bmatrix} = \begin{bmatrix} 0 & 1 \\ 0 & -a \end{bmatrix}\begin{bmatrix} e_1 \\ e_2 \end{bmatrix} + \begin{bmatrix} r - \dot{r} \\ (1+a)\dot{r} - b^2 u \end{bmatrix} \tag{3-21}$$

由于在控制量输出端添加了限幅环节,故忽略参考输入信号 r 的影响,认为 $\dot{e}_1 = e_2$ 是滑动模态部分,仅设计其切换函数系数,以使二次型性能指标达到最优。

$$A_{11}^* = A_{11} - A_{12}Q_{22}^{-1}Q_{21} = 0 - 1 \cdot 1 \cdot 0 = 0 \tag{3-22}$$

$$Q_{11}^* = Q_{11} - Q_{12}Q_{22}^{-1}Q_{21} = 10\,000 - 0 \cdot 1 \cdot 0 = 10\,000 \tag{3-23}$$

求黎卡提方程

$$PA_{11}^* + A_{11}^{*\mathrm{T}}P - PA_{12}Q_{22}^{-1}A_{12}^{\mathrm{T}}P + Q_{11}^* = 0 \tag{3-24}$$

解为

$$P = 100 \tag{3-25}$$

得到

$$K = [A_{12}^{\mathrm{T}}P + Q_{21} \quad Q_{22}] = [100 \quad 1] \tag{3-26}$$

即

$$S = Ke = 100e_1 + e_2 \tag{3-27}$$

(6) 求解 s_{13}——无控制量 u 结构要求、有趋近律要求的到达条件设计法。由

$$\dot{S} = K\dot{e} = K\dot{R} - bKAx - bKBu = -k\sqrt{|S|}\,\mathrm{swith}(S) \tag{3-28}$$

得

$$u = \frac{1}{bKB}\left(K\dot{R} - bKAx + k\sqrt{|S|}\,\mathrm{swith}(S)\right) \tag{3-29}$$

(7) 求解 s_{15}——代入切换函数 S 的参数值求控制量 u 的参数值。把式(3-27)代入式(3-29),得

$$u=\frac{1}{b^2}(100\dot{r}+\ddot{r}+b(a-100)x_2+k\sqrt{|100e_1+e_2|}\,\mathrm{swith}(100e_1+e_2)) \tag{3-30}$$

(8) 求解 s_{16}——代入滑动切换模式确定控制量 u 的滑动控制值。把式(3-18)代入式(3-30),得

$$u=\frac{1}{b^2}(100\dot{r}+\ddot{r}+b(a-100)x_2+k\sqrt{|100e_1+e_2|}\,\mathrm{sgn}(100e_1+e_2)) \tag{3-31}$$

(9) 求解 s_{17}——终止求解 s_e。切换函数 S 的参数值(v_{12})由式(3-27)得到,控制量 u 的滑动控制值(v_{13})由式(3-31)获得,设计需求 R 的两个待设计信息都为已知,终止求解(s_e)发生,终止信息 v_{14} 获得标记,设计工作结束。

3.5.5 仿真

参数 k 的选择属于详细设计的工作,在仿真时进行选定。

3.5.5.1 搭建系统仿真模型

按详细设计结果搭建系统仿真模型(图 3-11)。其中,模块 sig 为给定输入信号 r 的发生器,模块 noise 为干扰信号 d 的发生器,子系统 blk_a,blk_b 的内部结构封装图分别如图 3-12 和图 3-13 所示。

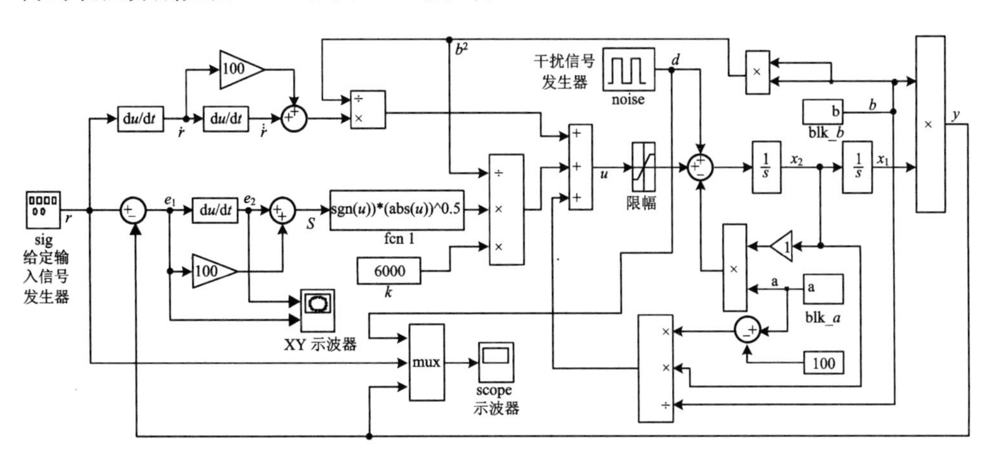

图 3-11　方案 T_2 的跟踪控制仿真模型

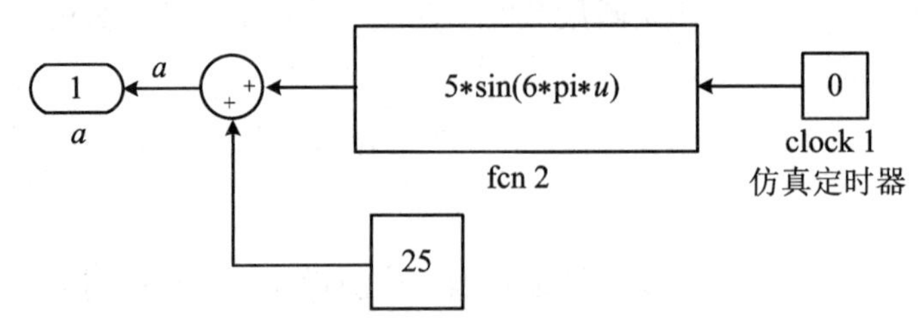

图 3-12　子系统 blk_*a* 的内部结构封装图

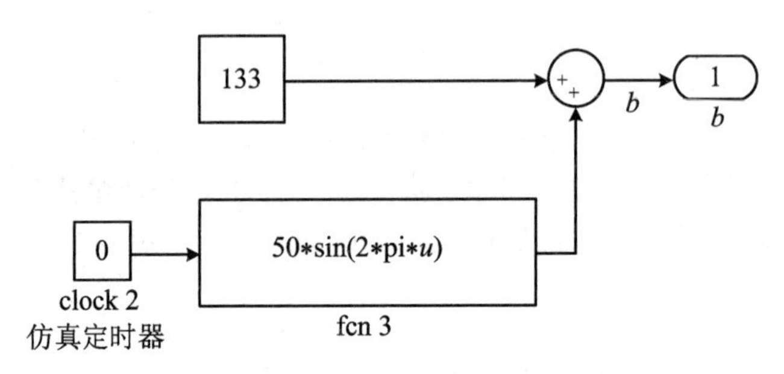

图 3-13　子系统 blk_*b* 的内部结构封装图

3.5.5.2　正弦信号输入跟踪仿真

设系统初始状态$[x_1 \quad x_2]^T=[0 \quad 0]^T$，选择参数 $k=6\,000$，控制量 u 的限幅值为[−100,100]。当给定输入 r 信号为幅度=1、频率=0.01 Hz 的正弦信号，干扰为幅度=0.5、宽度=0.5 s 的正脉冲时，得到系统输入信号 r、输出信号 y 和干扰信号 d 的曲线如图 3-14 所示，误差 e 的相轨迹曲线如图 3-15 所示。

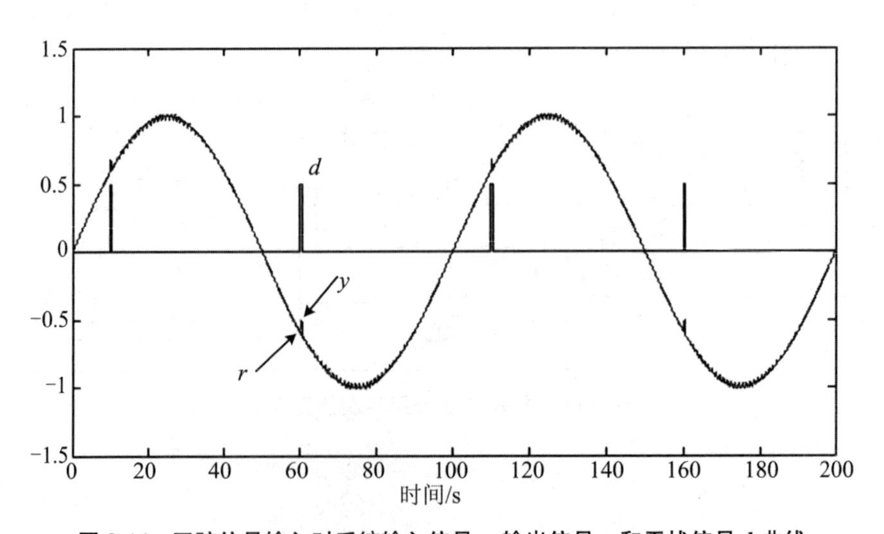

图 3-14　正弦信号输入时系统输入信号 r、输出信号 y 和干扰信号 d 曲线

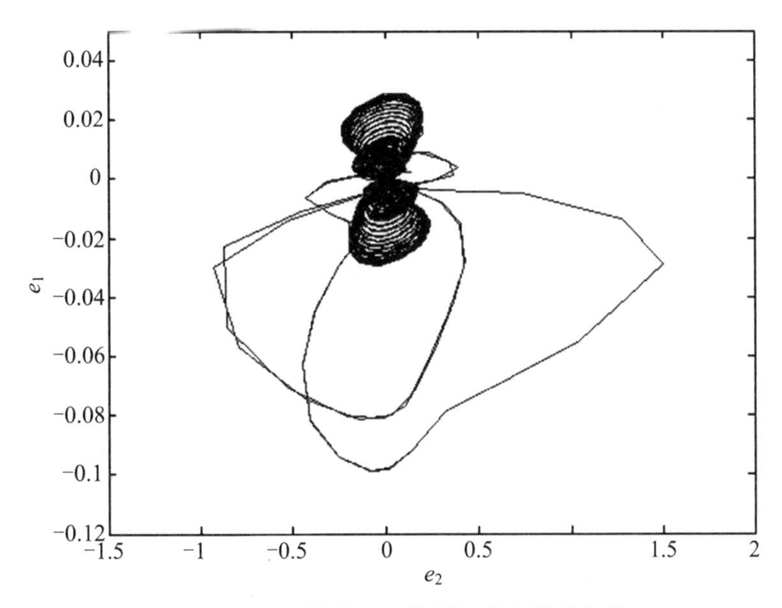

图 3-15　正弦信号输入时误差 e 的相轨迹曲线

3.5.5.3　方波输入跟踪仿真

其他条件同 3.5.5.2 小节，当给定输入信号 r 为幅度＝1、频率＝0.01 Hz 的方波时，得到系统输入信号 r、输出信号 y 和干扰信号 d 的曲线如图 3-16 所示，误差 e 的相轨迹曲线如图 3-17 所示。

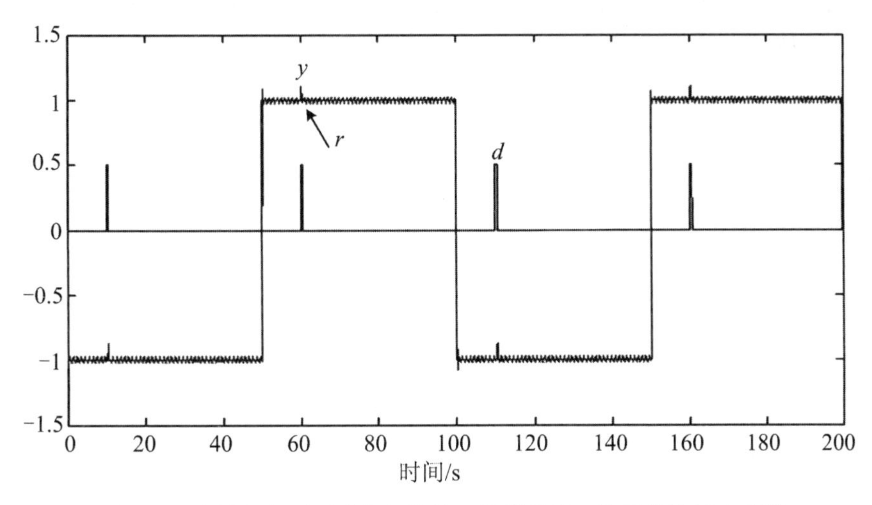

图 3-16　方波输入时系统输入信号 r、输出信号 y 和干扰信号 d 曲线

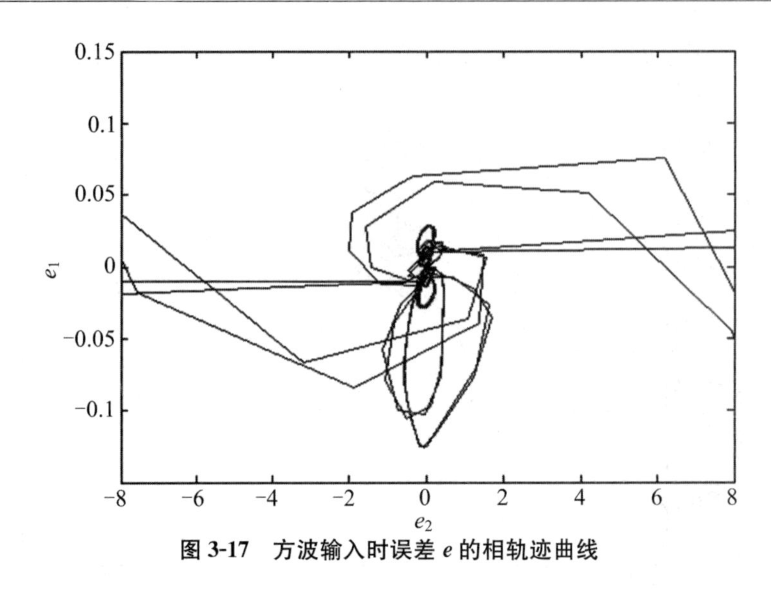

图 3-17　方波输入时误差 e 的相轨迹曲线

3.5.6　分析与讨论

本节利用 F-T 法为一个时变系统设计了滑模变结构控制策略的算艺，基于仅有 15 个设计环节的算艺知识 Γ，得出了多达 24 种不同的滑模控制策略算艺，其中某些算艺是目前未知或未见报道的，说明本章所提出的 F-T 法具有创新性方案产生能力。本例通过功能匹配获得了两个可行方案 T_2 和 T_{14}，说明 F-T 法所生成的解具有多样性。按 T_2 进行滑模控制策略的详细设计，经过仿真验证可知，所设计出的控制策略成功实现了被控对象的跟踪控制，并有较好的稳定性和瞬态性能，说明 F-T 法具备预见性。

3.6　本 章 小 结

本章把机械领域的工艺创成技术引入控制领域，首先在工艺知识的表示形式上，提出了 Petri 网新的运行规则，建立了便于描述计算链的 I/S 系统。然后以 I/S 系统为基础提出了控制策略算艺的知识表示方法，通过功能映射和相容最小同起止 I/S 子工作流网的生成，建立了控制策略算艺方案生成的 F-T 法。F-T 法与 F-C 法一样，既自成一体，又是 F-C-T 法从构型知识与框架知识中提取概念模型元与框架概念模型的方法基础。3.5 节的设计实例说明，本章所建立的 F-T 法具有很强的算艺方案创成能力，符合概念设计的要求。

第4章　基于功能-构型-算艺法的控制策略概念设计方案生成技术

4.1　引　　言

控制策略概念设计的最终目标是同时生成构型与算艺方案。第2和第3章分别解决了构型和算艺的方案生成问题，可以说，这两章所给出的形式化问题是不全面的。因为控制策略设计问题的已知条件往往同时包括了被控对象特征，系统输入/输出信号和性能指标等要求，要进行控制策略的概念设计，就应当全面考虑这些信息。

在现实的控制策略设计问题中，被控对象特征、功能需求、性能要求、控制策略构型知识和算艺知识等要素是一个有机整体。通过这个整体内部有机地联系与推理，控制策略的概念模型方案得以生成。要同时生成构型与算艺方案，需要解决以上要素的有机联系问题，包括：① 构型与算艺的联系问题；② 构型和算艺对功能的协同实现问题；③ 对象特征及性能要求等已知信息对设计方案的约束问题；④ 同时生成构型与算艺的过程模型问题；⑤ 多层次递阶式设计的实现问题。

为此，本书给出F-C-T法的求解模型用以描述设计系统中诸要素之间的有机联系，如图4-1所示。该模型能够支持同时包含了构型与算艺的概念模型方案的生成。在该求解模型中，待设计控制策略的输入、输出信号用于匹配构型方案的接口变量；对象特征、性能指标等设计需求已知信息用于限定算艺方案使其具有可行性；构型算法的待设计信息用于映射算艺知识；功能需求由构型及其算艺方案协同实现；较佳方案个数用于优选设计方案并限定最终生成的方案数量。该模型与控制工程领域的现实情况相符，恰当地规划了设计系统各要素之间的联系，是F-C-T法的核心理论基础，也是图1-3所示问题的一种具体实现方式。

F-C-T法方案生成的基本思路是，采用概念模型元与框架概念模型两类元素进行概念模型的方案生成。概念模型元是具有算艺方案的构型元，框架概念模型是具有算艺方案的框架,两者的功能属性是各自构型/框架功能属性与算艺功能属性的析取。概念模型元从构型知识中生成,框架概念模型从框架知识中生成,这两类元素的生成过程主要解决的是它们的算艺方案生成问题。概念模型元与框架概念模型进行多层形态综合,解决的是构型方案的生成与优选问题。

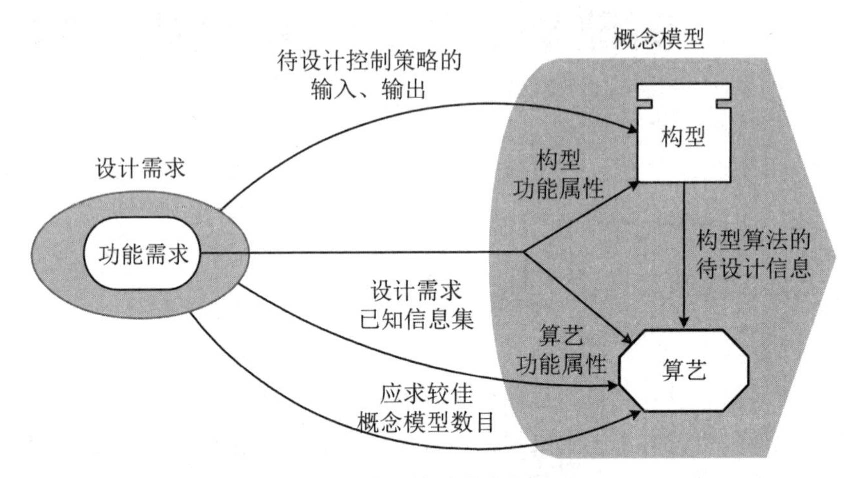

图 4-1　F-C-T 法的求解模型

第 2 章已经解决了构型合成、构型功能推理模型、形态综合、多层次方案生成以及构型优选等问题,第 3 章已经解决了算艺方案创成和算艺方案优选等问题。本章运用F-C-T法进行方案生成,首先需要解决构型与算艺的映射问题,然后解决概念模型元与框架概念模型的生成与合成问题。有了以上理论的铺垫之后,本章再给出单层 F-C-T 法与多层 F-C-T 法。4.4 节以一个具有正弦波扰动的线性被控对象控制策略概念设计与详细设计为例,对 F-C-T 法的设计过程与设计效果进行演示。

4.2　构型-算艺映射模型及信息/求解工作流网的合成

本节建立构型与算艺之间的映射关系,把概念模型的内涵扩展到同时包含构型与算艺两个方面。先给出构型知识与框架知识的数学模型,再给出概念模型与框架概念模型的表达方式。在介绍算艺模型的应知共享合成方法之后,给出基于框架的概念模型合成方法。

4.2.1　构型-算艺映射模型

C-T 映射是实现 F-C-T 法必不可少的环节。构型与算艺是控制策略概念模型的两个方面,两者的统一性在于:算艺是构型设计过程的描述。第 3 章专门建立了表示算艺知识的 I/S 系统,所以构型中的待设计信息恰是两者进行联系的纽带。也就是说,构型的算艺就是构型中待设计信息的求解过程的描述。通过待设计信息,可以为特定的构型映射出特定的算艺。

在为构型确定特定的算艺之后,第 2 章以构型的设计工作量定义的性能属性就显得过于粗糙。因为同样的构型,其算艺不同,表示设计工作量的性能属性就可能不同,性能属性 $P(C)$应当是算艺相关的。在建立起 C-T 映射模型之后,本章取消构型本身的性能属性 $P(C)$,直接用算艺模型的性能属性 $P(T)$反映概念模型的性能属性 $P(\mathscr{M})$。

定义 4-1　**设构型** $C=(I,O,f,\mathbb{F}(C))$,构型 C 所实现的算法 f 为

$$O=f(\mathscr{Y}_0,I) \tag{4-1}$$

其中,$\mathscr{Y}_0$ 定义为算法 f 中的变量、参数或计算单元等的集合,其元素符合第 3 章I/S 系统中“信息”的定义。$\mathscr{Y}_0$ 是 f 中未知的、应当按一定的设计步骤进行求得计算的部分,称为构型 C 的**待设计信息**。

设构型 C 的算艺知识为 Γ,C-T 映射模型如图 4-2 所示。

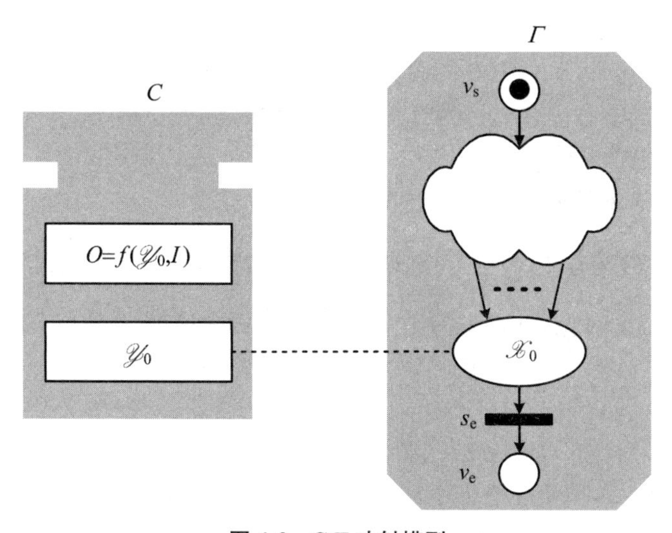

图 4-2　C-T 映射模型

4.2.2　扩展了算艺的构型知识与框架知识数学模型

设功能元集为 $\mathscr{F}=\{f_1,f_2,\cdots,f_{n_0}\}$。

定义 4-2　扩展了算艺的**构型知识**用五元组表示：

$$Q=(I,O,f,\mathbb{F}(Q),\Gamma(Q)) \tag{4-2}$$

其中：

$I=\{I_1,I_2,\cdots,I_{n_I}\}$为构型知识 Q 的输入集，其中 $n_I=|I|$。

$O=\{O_1,O_2,\cdots,O_{n_O}\}$为 Q 的输出集，其中 $n_O=|O|$。

f 为 Q 所实现的算法。

$\mathbb{F}(Q)$为 Q 的**功能属性**，是 n_0 维 0-1 行向量，$n_0=|\mathscr{F}|$。

$\Gamma(Q)=(\mathscr{X}_1,\mathscr{X}_0,\Sigma)$为 Q 的算艺知识，定义同定义 3-35，其中应求信息 $\mathscr{X}_0$ 为算法 f 的待设计信息，有 $O=f(\mathscr{X}_0,I)$。

定义 4-3　扩展了算艺的**框架知识**用八元组表示：

$$\Pi=(I,O,\mathbb{F}(\Pi),\Gamma(\Pi),B,Dr,V,\mathbf{L}) \tag{4-3}$$

其中：

I,O 分别为框架知识 Π 的输入集和输出集，$n_I=|I|$，$n_O=|O|$。

$\mathbb{F}(\Pi)$为 Π 的**功能属性**。

$\Gamma(\Pi)=(\mathscr{X}_1,\mathscr{X}_0,\Sigma)$为 Π 的算艺知识，定义同定义 3-35，其中应求信息 $\mathscr{X}_0$ 为固定子元集 B 所实现的算法集合$\{f^{B_i}\}$的待设计信息。

$B=\{B_1,B_2,\cdots,B_{n_B}\}$为 Π 的**固定子元集**，$n_B=|B|$。

$Dr=\{Dr_1,Dr_2,\cdots,Dr_{n_D}\}$为 Π 的**待定子元集**，$n_D=|Dr|$。

V 为 Π 的**中间变量集**。

$\mathbf{L}$ 为 Π 的**关联矩阵**。

4.2.3　由构型与算艺同时表示的概念模型与框架概念模型

定义 4-4　同时包含构型与算艺的**控制策略概念模型** $\mathscr{M}$ 是一个四元组：

$$\mathscr{M}=(C,T,\mathbb{F}(\mathscr{M}),P(\mathscr{M})) \tag{4-4}$$

其中：

$C=(I,O,f,\mathbb{F}(C))$为 $\mathscr{M}$ 的构型，参见定义 2-1。

$T=(\mathscr{X}_1,\mathscr{X}_0,\Sigma,\mathbb{F}(T),P(T))$为 $\mathscr{M}$ 的算艺模型，参见定义 3-36，其中应求信息 $\mathscr{X}_0$ 为 C 所实现的算法 f 的待设计信息，有 $O=f(\mathscr{X}_0,I)$。

$\mathbb{F}(\mathscr{M})$为 $\mathscr{M}$ 的功能属性，$P(\mathscr{M})$为 $\mathscr{M}$ 的性能属性，且有

$$\mathbb{F}(\mathscr{M})=\mathbb{F}(C)\vee\mathbb{F}(T) \tag{4-5}$$

$$P(\mathscr{M})=P(T) \tag{4-6}$$

概念模型 $\mathscr{M}$ 也可以直接表示为八元组：

$$\mathscr{M}=(I,O,f,\mathscr{X}_1,\mathscr{X}_0,\Sigma,\mathbb{F}(\mathscr{M}),P(\mathscr{M})) \tag{4-7}$$

定义 4-5　同时包含构型与算艺的控制策略**框架概念模型** Ψ 定义为四元组：

$$\Psi=(H,T,\mathbb{F}(\Psi),P(\Psi)) \tag{4-8}$$

其中：

$H=(I,O,\mathbb{F}(H),B,Dr,V,\boldsymbol{L})$ 为 Ψ 的框架，参见定义 2-2。

$T=(\mathscr{X}_1,\mathscr{X}_0,\Sigma,\mathbb{F}(T),P(T))$ 为 Ψ 的算艺模型，参见定义 3-36，其中应求信息 $\mathscr{X}_0$ 为 H 的固定子元集 B 所实现的算法集合 $\{f^{B_i}\}$ 的待设计信息。

$\mathbb{F}(\Psi)$ 为 Ψ 的功能属性，$P(\Psi)$ 为 Ψ 的性能属性，且有

$$\mathbb{F}(\Psi)=\mathbb{F}(H)\vee\mathbb{F}(T) \tag{4-9}$$

$$P(\Psi)=P(T) \tag{4-10}$$

框架概念模型 Ψ 也可以直接表示为十一元组：

$$\Psi=(I,O,B,Dr,V,\boldsymbol{L},\mathscr{X}_1,\mathscr{X}_0,\Sigma,\mathbb{F}(\Psi),P(\Psi)) \tag{4-11}$$

兼顾了算艺的概念模型与框架概念模型更符合控制领域的真实情况。改进 Freeman-Newell 功能推理模型依旧可以刻画本节所定义框架概念模型的层间转换作用。

4.2.4　算艺模型应知共享合成

定义 4-6　设有算艺模型 $T^a=(\mathscr{X}_1^a,\mathscr{X}_0^a,\Sigma^a,\mathbb{F}(T^a),P(T^a))$ 和 $T^b=(\mathscr{X}_1^b,\mathscr{X}_0^b,\Sigma^b,\mathbb{F}(T^b),P(T^b))$，其中 $\Sigma^a=(V^a,S^a;F^a,\mathscr{F},\mathbb{F}(S^a),P(S^a),M_0^a)$，$\Sigma^b=(V^b,S^b;F^b,\mathscr{F},\mathbb{F}(S^b),P(S^b),M_0^b)$。$v_s,v_e,s_s$ 和 s_e 依次同为 Σ^a 与 Σ^b 的起始信息、终止信息、起始求解和终止求解。称 $\Sigma=(V,S;F,\mathscr{F},\mathbb{F}(S),P(S),M_0)$ 为 Σ^a 和 Σ^b 的**应知共享合成网**，记为 $\Sigma=\Sigma^a\ominus\Sigma^b$，其中，$\ominus$ 为应知共享合成运算符，

$$V=v_s+v_e+(V^a-v_s-v_e-\mathscr{X}_1^a)+(V^b-v_s-v_e-\mathscr{X}_1^b)+\mathscr{X}_1^a\cup\mathscr{X}_1^b \tag{4-12}$$

$$S=s_s+s_e+(S^a-s_s-s_e)+(S^b-s_s-s_e) \tag{4-13}$$

$$F=F^a+F^b-(v_s,s_s)-(s_e,v_e)-(s_s\times(\mathscr{X}_1^a\cap\mathscr{X}_1^b)) \tag{4-14}$$

$$M_0=[1\ \underbrace{0\cdots0}_{|V|-1\text{个}}] \tag{4-15}$$

称 $T=(\mathscr{X}_1,\mathscr{X}_0,\Sigma,\mathbb{F}(T),P(T))$ 为 T^a 和 T^b 的**应知共享合成算艺模型**，记为 $T=T^a\ominus T^b$，其中：

$$\mathscr{X}_1=\mathscr{X}_1^a\cup\mathscr{X}_1^b \tag{4-16}$$

$$\mathscr{X}_0=\mathscr{X}_0^a+\mathscr{X}_0^b \tag{4-17}$$

$$\Sigma=\Sigma^a\ominus\Sigma^b \tag{4-18}$$

$$\mathbb{F}(T)=\mathbb{F}(T^a)\vee\mathbb{F}(T^b) \tag{4-19}$$

$$P(T) = P(T^a) + P(T^b) \tag{4-20}$$

Σ 的网络结构如图 4-3 所示，图中左阴影区为原 Σ^a 中 $\mathscr{X}_1^a$ 与 s_e 之间的子网部分，右阴影区为原 Σ^b 中 $\mathscr{X}_1^b$ 与 s_e 之间的子网部分。由定义 4-6 和图 4-3 可以看出，Σ 仅仅是 Σ^a 和 Σ^b 在 v_s, v_e, s_s, s_e 上的共享与应知信息上的共享合成，Σ^a 和 Σ^b 各自内部的网络连接关系未变。

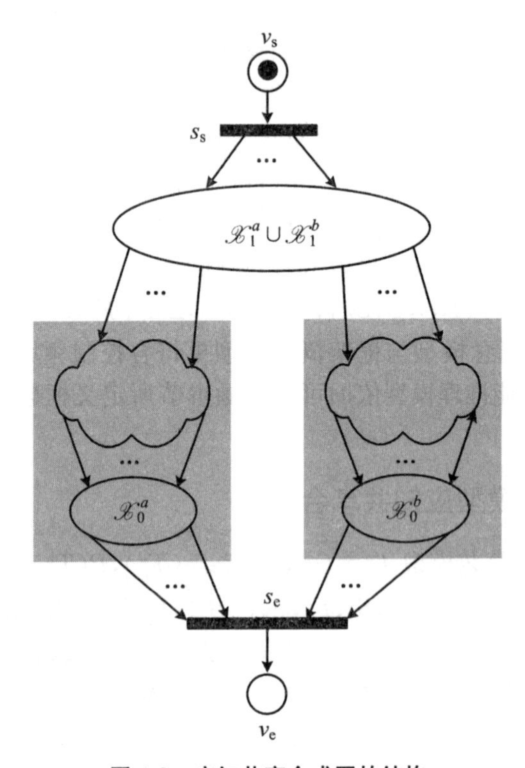

图 4-3　应知共享合成网的结构

定理 4-1　若 Σ^a 和 Σ^b 是最小 I/S 工作流网，则 $\Sigma = \Sigma^a \ominus \Sigma^b$ 也为最小 I/S 工作流网。

证明　因为 Σ^a 和 Σ^b 同为最小 I/S 工作流网，所以在 Σ^a 中 $\mathscr{X}_1^a$ 和 $\mathscr{X}_0^a$ 是可知的，在 Σ^b 中 $\mathscr{X}_1^b$ 和 $\mathscr{X}_0^b$ 也是可知的。由定义 4-6 知，$\mathscr{X}_1^a \cup \mathscr{X}_1^b$ 在 Σ 中是可知的，且有

$$F^a \subseteq F \wedge F^b \subseteq F \tag{4-21}$$

$$\begin{aligned}
&((V^a - v_s - v_e - \mathscr{X}_1^a) \times (S^b - s_s - s_e)) = \varnothing \\
&((S^b - s_s - s_e) \times (V^a - v_s - v_e - \mathscr{X}_1^a)) = \varnothing \\
&((V^b - v_s - v_e - \mathscr{X}_1^b) \times (S^a - s_s - s_e)) = \varnothing \\
&((S^a - s_s - s_e) \times (V^b - v_s - v_e - \mathscr{X}_1^b)) = \varnothing
\end{aligned} \tag{4-22}$$

所以在 Σ 中 $\mathscr{X}_0^a$ 和 $\mathscr{X}_0^b$ 是可知的，从而在 Σ 中 v_e 是可知的。

因为 Σ^a 和 Σ^b 是最小的，由定义 4-6 和式(4-21)、式(4-22)可知，将 S 中任意元素删除后 v_e 将不可知，所以 Σ 是最小的。

故 Σ 是最小 I/S 工作流网。　□

由定理 4-1 可知，由应知共享合成得到的算艺模型是符合定义 3-36 的，所以应知共享合成是算艺模型的一种合成方式。因为算艺模型是算艺知识的一类特例，所以应知共享合成也可以用于算艺知识的合成。从算艺的物理意义来看，应知共享合成仅在应知信息上实现了共享，是算艺的一种初级合成方式。

4.2.5　基于框架的概念模型合成

为框架概念模型的待定子元匹配概念模型之后，可以合成新的概念模型。概念模型 $\mathscr{M}_i=(I^{\mathscr{M}_i},O^{\mathscr{M}_i},f^{\mathscr{M}_i},\mathscr{X}_1^{\mathscr{M}_i},\mathscr{X}_0^{\mathscr{M}_i},\Sigma^{\mathscr{M}_i},\mathbb{F}(\mathscr{M}_i),P(\mathscr{M}_i))$ 匹配待定子元 $Dr_j=(I^{Dr_j},O^{Dr_j},\mathbb{F}(Dr_j))$ 应满足两个条件：

接口匹配条件——MΨ. IO 条件：

$$I^{Dr_j}\supseteq I^{\mathscr{M}_i}\wedge O^{\mathscr{M}_i}\supseteq O^{Dr_j}\tag{4-23}$$

功能支持条件——MΨ. F 条件：

$$\mathbb{F}(\mathscr{M}_i)\geqslant\mathbb{F}(Dr_j)\tag{4-24}$$

与 CH. F 条件不同的是，MΨ. F 条件把构型和算艺的功能属性作为一个整体对 $\mathbb{F}(Dr_j)$ 进行匹配，而 CH. F 条件仅仅是用构型的功能属性对 $\mathbb{F}(Dr_j)$ 进行匹配。出现该差别是因为在 F-C-T 法中，多层次的功能求解是以概念模型为单元展开的。

基于框架的概念模型的合成包括两个方面，一是构型的合成，二是算艺的合成。构型的合成按照 2.2.4 小节的方法进行，算艺的合成按照 4.2.4 小节的方法进行应知共享合成。

设框架概念模型 $\Psi=(I^{\Psi},O^{\Psi},B,Dr,V,\boldsymbol{L},\mathscr{X}_1^{\Psi},\mathscr{X}_0^{\Psi},\Sigma^{\Psi},\mathbb{F}(\Psi),P(\Psi))$ 的待定子元 Dr_j 选为概念模型 $D_j=(I^{D_j},O^{D_j},f^{D_j},\mathscr{X}_1^{D_j},\mathscr{X}_0^{D_j},\Sigma^{D_j},\mathbb{F}(D_j),P(D_j))$，其中 $j=1,2,\cdots,n_D$ 且 $n_D=|D|$。Ψ 与概念模型集 $D=(D_1,D_2,\cdots,D_{n_D})$ 构成概念模型 $\mathscr{M}=(I,O,f,\mathscr{X}_1,\mathscr{X}_0,\Sigma,\mathbb{F}(\mathscr{M}),P(\mathscr{M}))=(\Psi,D)$，$D_j$ 称为 $\mathscr{M}$ 的**可变子元**，D 称为 $\mathscr{M}$ 的**可变子元集**。

合成之后，概念模型 $\mathscr{M}$ 的各个元素由以下各式得到：

$$I=I^{\Psi},\quad O=O^{\Psi}\tag{4-25}$$

$$\mathscr{X}_1=\mathscr{X}_1^{\Psi}\cup\Big(\bigcup_{D_j\in D}\mathscr{X}_1^{D_j}\Big)\tag{4-26}$$

$$\mathscr{X}_0=\mathscr{X}_0^{\Psi}\cup\Big(\bigcup_{D_j\in D}\mathscr{X}_0^{D_j}\Big)\tag{4-27}$$

$$\Sigma=\Sigma^{\Psi}\ominus\Sigma^{D_1}\ominus\cdots\ominus\Sigma^{D_{n_D}}\tag{4-28}$$

$$\mathbb{F}(\mathcal{M}) = \mathbb{F}(\Psi) \vee \left(\bigvee_{j=1}^{n_D} (\mathbb{F}(D_j) - \mathbb{F}(Dr_j)) \right) \tag{4-29}$$

$$P(\mathcal{M}) = P(\Psi) + \sum_{j=1}^{n_D} P(D_j) \tag{4-30}$$

当 Ψ 以四元组 $\Psi=(H,T^{\Psi},\mathbb{F}(\Psi),P(\Psi))$ 表示，D_j 以四元组 $D_j=(C^{D_j},T^{D_j},\mathbb{F}(D_j),P(D_j))$ 表示时，合成之后概念模型 $\mathcal{M}=(C,T,\mathbb{F}(\mathcal{M}),P(\mathcal{M}))$ 的构型 C 和算艺模型 T 由下式得到：

$$C = (H,(C^{D_1},\cdots,C^{D_{n_D}})) \tag{4-31}$$

$$T = T^{\Psi} \ominus T^{D_1} \ominus \cdots \ominus T^{D_{n_D}} \tag{4-32}$$

式(4-29)中，可变子元超出待定子元必备功能属性的功能属性直接反映在概念模型 $\mathcal{M}$ 的功能属性里。该部分功能属性称为**概念模型 $\mathcal{M}$ 的增量功能属性**$\mathbb{F}(\mathcal{M}/\Psi)$：

$$\mathbb{F}(\mathcal{M}/\Psi) = \bigvee_{j=1}^{n_D} (\mathbb{F}(D_j) - \mathbb{F}(Dr_j)) \tag{4-33}$$

增量功能属性是超出原有框架概念模型知识的、使概念模型具有新功能的部分属性。通过增量功能属性，可以实现概念模型的增量式设计(即概念模型的功能创新式设计)。

4.3 基于功能-构型-算艺法的控制策略概念设计方案生成方法

本节首先给出 F-C-T 法概念模型方案生成问题的标准形式，并提出单层 F-C-T 法的功能推理模型与概念模型的形态综合方法。接着在给出概念模型元与框架概念模型的生成方法之后，给出单层 F-C-T 法的方案生成过程与步骤。最后以单层 F-C-T 法为基本环节，给出多层 F-C-T 法及其方案生成过程与步骤。

4.3.1 功能-构型-算艺法问题形式化

设概念设计需求 R 为

$$R = (\mathcal{Y}_1, I^R, O^R, \mathbb{F}(R), p) \tag{4-34}$$

其中：

$\mathcal{Y}_1=\{y_1^1,y_2^1,\cdots,y_{n_{\mathcal{Y}_1}}^1\}$ 为**已知信息集**，其中 $n_{\mathcal{Y}_1}=|\mathcal{Y}_1|$。

I^R 为待设计构型的输入集，$n_{RI}=|I^R|$。

O^R 为待设计构型的输出集，$n_{RO}=|O^R|$。

$\mathbb{F}(R)$为待设计概念模型**应具备的功能属性**。

p 为应求较佳概念模型的个数。

假设设计知识库由构型知识集 Z 和框架知识集 Y 组成，$Z=\{z_1,z_2,\cdots,z_{n_Z}\}$，$Y=\{y_1,y_2,\cdots,y_{n_Y}\}$，其中：

$$
\begin{aligned}
z_k &= (I^{z_k},O^{z_k},f^{z_k},\mathbb{F}(z_k),\Gamma(z_k)) \\
\Gamma(z_k) &= (\mathscr{X}_1^{z_k},\mathscr{X}_0^{z_k},\Sigma^{z_k}) \\
\Sigma^{z_k} &= (V^{z_k},S^{z_k};F^{z_k},\mathscr{F},\mathbb{F}(S^{z_k}),P(S^{z_k}),M_0^{z_k}) \\
k &= 1,2,\cdots,n_Z(n_Z=|Z|) \\
y_k &= (I^{y_k},O^{y_k},\mathbb{F}(y_k),\Gamma(y_k),B^{y_k},Dr^{y_k},V^{y_k},\boldsymbol{L}^{y_k}) \\
\Gamma(y_k) &= (\mathscr{X}_1^{y_k},\mathscr{X}_0^{y_k},\Sigma^{y_k}) \\
\Sigma^{y_k} &= (V^{y_k},S^{y_k};F^{y_k},\mathscr{F},\mathbb{F}(S^{y_k}),P(S^{y_k}),M_0^{y_k}) \\
k &= 1,2,\cdots,n_Y(n_Y=|Y|)
\end{aligned}
$$

需求 R 可用的构型知识 z_k 和框架知识 y_k 应满足信息完备条件——ΓR. XY条件：

$$\mathscr{X}_1^{z_k}\subseteq\mathscr{Y}_1,\quad \mathscr{X}_1^{y_k}\subseteq\mathscr{Y}_1 \tag{4-35}$$

假定 Z 与 Y 中的元素都满足 ΓR. XY 条件。

方案生成过程首先要生成概念模型集 $E=\{e_1,e_2,\cdots,e_{n_E}\}(n_E=|E|)$和框架概念模型集$G=\{g_1,g_2,\cdots,g_{n_G}\}(n_G=|G|)$，然后在 E 与 G 上进行组合优化。设概念模型子集$\{e_{k,i}|i=1,2,\cdots,n_{e_k}\}\subseteq E$ 由构型知识 z_k 通过确定算艺方案得到，$e_{k,i}=(C^{e_{k,i}},T^{e_{k,i}},\mathbb{F}(e_{k,i}),P(e_{k,i}))$，$T^{e_{k,i}}=(\mathscr{X}_1^{e_{k,i}},\mathscr{X}_0^{e_{k,i}},\Sigma^{e_{k,i}},\mathbb{F}(T^{e_{k,i}}),P(T^{e_{k,i}}))$。设框架概念模型子集$\{g_{k,i}|i=1,2,\cdots,n_{g_k}\}\subseteq G$ 由框架知识 y_k 通过确定算艺方案得到，$g_{k,i}=(H^{g_{k,i}},T^{g_{k,i}},\mathbb{F}(g_{k,i}),P(g_{k,i}))$，$T^{g_{k,i}}=(\mathscr{X}_1^{g_{k,i}},\mathscr{X}_0^{g_{k,i}},\Sigma^{g_{k,i}},\mathbb{F}(T^{g_{k,i}}),P(T^{g_{k,i}}))$。则 $T^{e_{k,i}}$ 与 $T^{g_{k,i}}$ 应满足算艺合理性条件——TΓ. XX 条件：

$$\begin{cases}\Sigma^{e_{k,i}}\text{是}\Sigma^{z_k}\text{的相容最小同起止 I/S 子工作流网}\\ \Sigma^{g_{k,i}}\text{是}\Sigma^{y_k}\text{的相容最小同起止 I/S 子工作流网}\end{cases}$$

设 $\mathscr{M}_c$，$\mathscr{M}_f$ 与 $\mathscr{M}_p$ 分别是设计需求 R 的**备选方案集**、**可行方案集**和**较佳方案集**，则 $\mathscr{M}_p$ 的元素 $e_k=(I^{e_k},O^{e_k},f^{e_k},\mathscr{X}_1^{e_k},\mathscr{X}_0^{e_k},\Sigma^{e_k},\mathbb{F}(e_k),P(e_k))$应满足：

接口匹配条件——MR. IO 条件：

$$I^{e_k}\subseteq I^R\wedge O^{e_k}\supseteq O^R \tag{4-36}$$

功能支持条件——MR. F 条件：

$$\mathbb{F}(e_k)\geqslant\mathbb{F}(R) \tag{4-37}$$

性能优选条件——MR. P 条件：

$$P(e_k)\in\min_{e_i\in\mathscr{M}_f}{}^p(P(e_i)) \tag{4-38}$$

MR. IO 条件是备选方案的判别条件，MR. IO 条件和 MR. F 条件是可行方案的判别条件，有 $\mathscr{M}_p \subseteq \mathscr{M}_f \subseteq \mathscr{M}_c$，$\mathscr{M}_p$ 即是 R 应求的解。

4.3.2 单层功能-构型-算艺法方案生成方法

F-C 法中的改进 Freeman-Newell 功能推理模型在 F-C-T 法中仍然有效。所不同的是，在 F-C-T 法中，该模型是框架概念模型的功能推理模型，而不单纯是框架的功能推理模型，功能需求的承担载体是概念模型而不再是构型。在 F-C-T 法中，改进 Freeman-Newell 功能推理模型用于实现两个层次上概念模型的设计推理，此处把基于该模型的只进行一个层次形态综合的 F-C-T 法称为单层 F-C-T 法。单层 F-C-T 法的功能推理模型如图 4-4 所示。

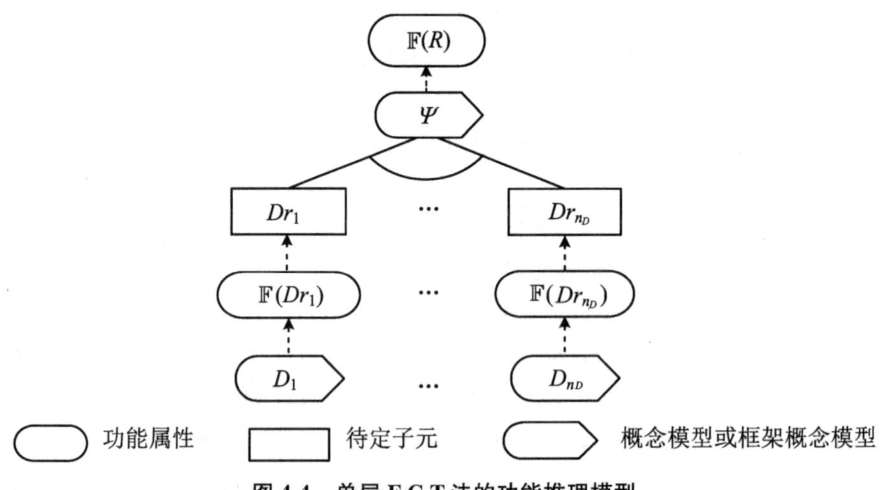

图 4-4 单层 F-C-T 法的功能推理模型

4.3.2.1 概念模型集和框架概念模型集的获得

基于构型知识集 Z 和框架知识集 Y 进行设计需求 R 的方案生成，应先从 Z 和 Y 中获得概念模型集 E 和框架概念模型集 G。首先假定 Z 与 Y 中的元素都满足 ΓR. XY 条件（如果不满足，可以通过删除和调整的方法使该条件得到满足）。

对于 $z_k \in Z$，利用 NG1 算法生成 Σ^{z_k} 的全部相容最小同起止 I/S 子工作流网 $\{\Sigma^{e_{k,i}}\}$。从 $\Sigma^{e_{k,i}}$ 中整理出应知信息集 $\mathscr{X}_1^{e_{k,i}}$ 和应求信息集 $\mathscr{X}_0^{e_{k,i}}$，构建算艺模型 $T^{e_{k,i}}=(\mathscr{X}_1^{e_{k,i}},\mathscr{X}_0^{e_{k,i}},\Sigma^{e_{k,i}},\mathbb{F}(T^{e_{k,i}}),P(T^{e_{k,i}}))$，易知 $T^{e_{k,i}}$ 对 $\Gamma(z_k)$ 满足 ΓT. XX 条件。用 $T^{e_{k,i}}$ 与 $I^{z_k},O^{z_k},f^{z_k},\mathbb{F}(z_k)$ 组成概念模型 $e_{k,i}=(C^{e_{k,i}},T^{e_{k,i}},\mathbb{F}(e_{k,i}),P(e_{k,i}))$，从而获得由 z_k 生成的概念模型集 $\{e_{k,i}\}$，并将其添加到 E 中。对 Z 中所有的元素按上述步骤生成相应的概念模型集，得到由整个 Z 生成的概念模型集 E。

对于 $y_k \in Y$，利用 NG1 算法生成 Σ^{y_k} 的全部相容最小同起止 I/S 子工作流网 $\{\Sigma^{g_{k,i}}\}$。从 $\Sigma^{g_{k,i}}$ 中整理出应知信息集 $\mathscr{X}_1^{g_{k,i}}$ 和应求信息集 $\mathscr{X}_0^{g_{k,i}}$，构建算艺模型 $T^{g_{k,i}}$

$=(\mathscr{X}_1^{g_{k,i}},\mathscr{X}_0^{g_{k,i}},\Sigma^{g_{k,i}},\mathbb{F}(T^{g_{k,i}}),P(T^{g_{k,i}}))$，易知 $T^{g_{k,i}}$ 对 $\Gamma(y_k)$ 满足 ΓT. XX 条件。用 $T^{g_{k,i}}$ 与 I^{y_k}，O^{y_k}，$\mathbb{F}(y_k)$，B^{y_k}，Dr^{y_k}，V^{y_k}，$\boldsymbol{L}^{y_k}$ 组成框架概念模型 $g_{k,i}=(H^{g_{k,i}},T^{g_{k,i}},\mathbb{F}(g_{k,i}),P(g_{k,i}))$，从而获得由 y_k 生成的框架概念模型集 $\{y_{k,i}\}$，并将其添加到 G 中。对 Y 中所有的元素按上述步骤生成相应的框架概念模型集，得到由整个 Y 生成的框架概念模型集 G。

由相容最小同起止 I/S 子工作流网的性质可知，E 与 G 中的元素对 R 均满足 ΓR. XY 条件。

4.3.2.2　概念模型的形态综合

获得 E 与 G 之后便可通过组合方法为 R 生成所求方案。单层 F-C-T 法分为两种情况：一是在 E 上直接利用 MR. IO 条件获得备选方案，再利用 MR. F 条件获得可行方案；二是在 E 与 G 上进行一个层次的形态综合获得可行方案。第一种情况可以看作是第二种情况的特例，以下详细说明第二种情况。

设 $g_k=(I^{g_k},O^{g_k},B^{g_k},Dr^{g_k},V^{g_k},L^{g_k},\mathscr{X}_1^{g_k},\mathscr{X}_0^{g_k},\Sigma^{g_k},\mathbb{F}(g_k),P(g_k))$ 为 R 的**可行框架概念模型**，则 g_k 应满足接口匹配条件——ΨR. IO 条件：

$$I^{g_k}\subseteq I^R \wedge O^{g_k}\supseteq O^R \tag{4-39}$$

设 Ψ_f 为 R 的**可行框架概念模型集**，对于 $\forall g_k\in\Psi_f$，若 $\mathbb{F}(g_k)\geqslant\mathbb{F}(R)$，则基于 g_k 的设计是一个常规设计；若 $\mathbb{F}(g_k)<\mathbb{F}(R)$，则基于 g_k 的设计是一个**增量式设计**。称 $\mathbb{F}(R/g_k)$ 为**增量功能需求**，增量功能需求应通过待定子元的选择实现，$\mathbb{F}(R/g_k)$ 的定义式为

$$\mathbb{F}(R/g_k)=\mathbb{F}(R)-\mathbb{F}(g_k) \tag{4-40}$$

确定出 Ψ_f 之后，就可以进行概念模型的形态综合，从而获得以 Ψ_f 中元素为框架、以 E 中元素为可变子元的 R 的备选概念模型。

对于可行框架概念模型 g_k，利用 MΨ. IO 条件和 MΨ. F 条件，可以从 E 中匹配出待定子元的可行概念模型集。为每一个待定子元选定一个概念模型，这些概念模型与 g_k 可以组合出多个概念模型方案。概念模型的形态综合与构型的形态综合类似，形态学矩阵如表 4-1 所示。

表 4-1　概念模型形态综合的形态学矩阵

g_k 的待定子元	满足 MΨ. IO 条件和 MΨ. F 条件的可行概念模型集 $E_{g_k\cdot j}$
Dr_1	$e_{1,1}$ $e_{1,2}\cdots$ e_{1,m_1}
Dr_2	$e_{2,1}$ $e_{2,2}\cdots$ e_{2,m_2}
⋮	⋮　⋮
Dr_n	$e_{n,1}$ $e_{n,2}\cdots$ e_{n,m_n}

概念模型的形态综合问题(MSO 问题)描述为式(4-41)所示的组合优化问题：

$$(\text{MSO}):\begin{cases}\min^{p} & \sum_{j=1}^{n} P(e_{j,u_j}) \\ \text{s. t.} & \bigvee_{j=1}^{n} (\mathbb{F}(e_{j,u_j}) - \mathbb{F}(Dr_j)) \geqslant \mathbb{F}(R/g_k) \\ & u_j = 1,2,\cdots,m_j \quad (j = 1,2,\cdots,n)\end{cases} \tag{4-41}$$

MSO 问题的数学性质与 CSO 问题相同，可以根据问题规模采用与 CSOA1 或者 CSOA2 类似的算法求解。

求解 MSO 问题获得 g_k 的可变子元集之后，便可按式(4-25)至式(4-32)合成以 g_k 为框架的概念模型。因为 g_k 满足 ΨR. IO 条件，故以 g_k 为框架通过形态综合获得的概念模型对 R 必然满足 MR. IO 条件。

4.3.2.3　可行方案集和较佳方案集的获得

通过 E 上 MR. IO 条件的直接匹配，以及 Ψ_f 与 E 中元素的形态综合，可以获得 R 的备选方案集 $\mathscr{M}_c$。对 $\mathscr{M}_c$ 的元素利用 MR. F 条件判别出可行方案集 $\mathscr{M}_f$，最后再利用 MR. P 条件获得较佳方案集 $\mathscr{M}_p$。

4.3.2.4　单层功能-构型-算艺法的设计步骤和过程模型

单层 F-C-T 法的设计步骤见步骤 MSG1，过程模型如图 4-5 所示。

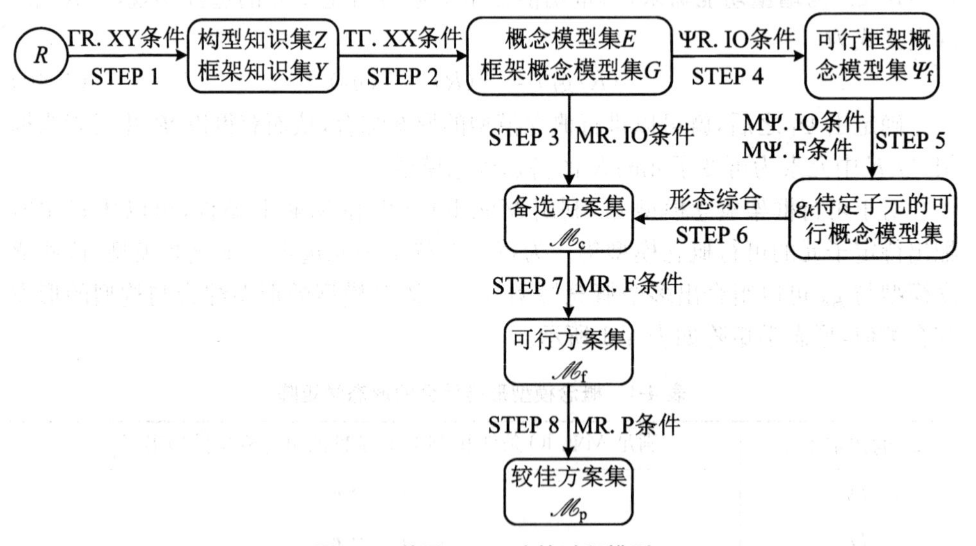

图 4-5　单层 F-C-T 法的过程模型

步骤 MSG1

STEP 1　通过调整使 Z 与 Y 中的元素都满足 ΓR. XY 条件。

STEP 2　利用 NG1 算法生成概念模型集 E 和框架概念模型集 G。

STEP 3　利用 MR. IO 条件从 E 中获得 R 的备选方案集 $\mathscr{M}_c$。

STEP 4　利用 ΨR. IO 条件获得可行框架概念模型集 Ψ_f。

STEP 5　利用 MΨ. IO 条件和 MΨ. F 条件为 Ψ_f 元素的待定子元匹配出可行概念模型集。

STEP 6　通过形态综合获得以 Ψ_f 中元素为框架的概念模型并加入 $\mathscr{M}_c$。

STEP 7　利用 MR. F 条件判别出可行方案集 $\mathscr{M}_f$。

STEP 8　利用 MR. P 条件获得较佳方案集 $\mathscr{M}_p$。

4.3.3　多层功能-构型-算艺法方案生成方法

多层 F-C-T 法与多层 F-C 法的设计流程基本类似，都是通过多个层次的形态综合实现问题求解，只是多层 F-C-T 法的形态综合是概念模型的形态综合，而不单纯是构型的形态综合。多层 F-C-T 法由多级改进 Freeman-Newell 功能推理模型组成，其功能推理模型如图 4-6 所示。

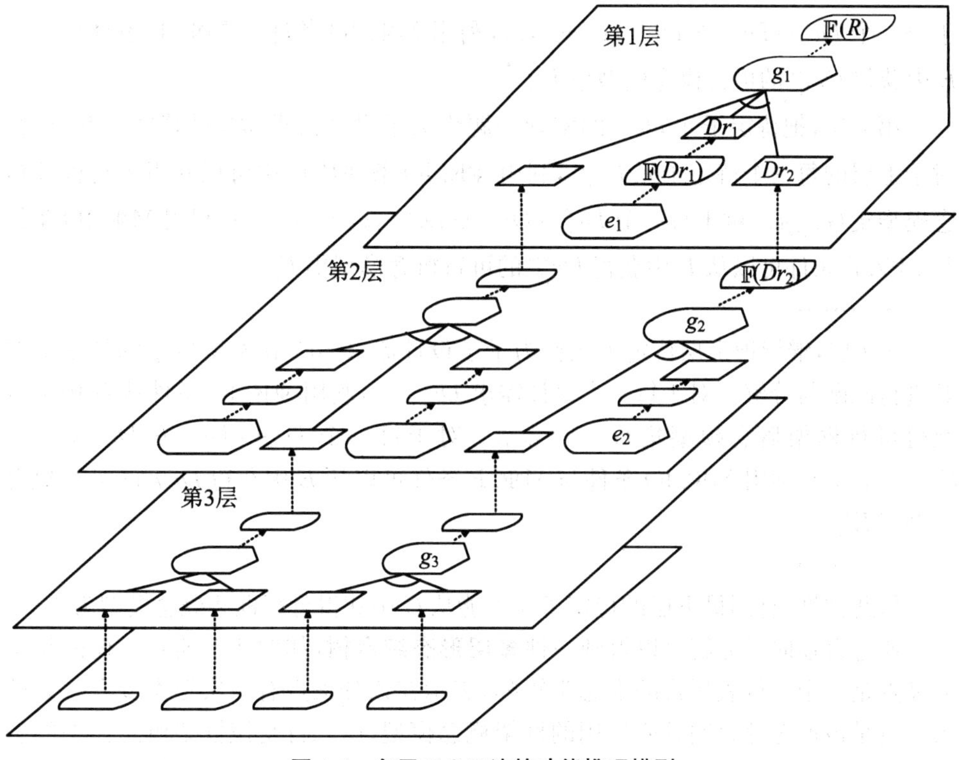

图 4-6　多层 F-C-T 法的功能推理模型

多层 F-C-T 法通过框架概念模型，把在一个层次上不能实现的设计需求 R 分解为下一个层次上的子设计需求 sR 和更下层次上的子子设计需求 ssR，在更小的粒度上进行设计实现。多层 F-C-T 法提供了一种多层递阶式的方案生成方法，其需求分解和设计实现可以有多种不同的过程。本节参照多层 F-C 法，提出一种自顶向下分解、自底向上合成的设计过程。分解过程基于改进 Freeman-Newell 功能推理模型进行，合成过程按照式(4-25)至式(4-32)进行。

4.3.3.1　概念模型集和框架概念模型集的获得

多层 F-C-T 法与单层 F-C-T 法相似，要先从构型知识集 Z 和框架知识集 Y 生成概念模型集 E 和框架概念模型集 G，然后在 E 与 G 上进行多层次的组合优化。在多层 F-C-T 法中，概念模型集 E 和框架概念模型集 G 的生成方法与单层 F-C-T 法中的生成方法相同，得到的 E 与 G 的元素对 R 均满足 ΓR. XY 条件。

4.3.3.2　自顶向下的分解

第 1 层，对于设计需求 R，利用 MR. IO 条件和 MR. F 条件从 E 中可以获得可行概念模型集 E_R^1，利用 ΨR. IO 条件从 G 中可以获得可行框架概念模型集 G_R^1。对于每一个 $Dr_{j1}^{g_{k1}}$ ($Dr_{j1}^{g_{k1}} \in Dr^{g_{k1}}, g_{k1} \in G_R^1$)，利用 MΨ. IO 条件与 MΨ. F 条件可以从 E 中获得 $Dr_{j1}^{g_{k1}}$ 的可行概念模型集 $E_{g_{k1}.j1}^1$。

第 2 层，把待定子元 $Dr_{j1}^{g_{k1}}$ 的实现问题作为子设计需求 sR，对其展开并求解。对于上层的每一个待定子元 $Dr_{j1}^{g_{k1}}$，利用 ΨR. IO 条件从 G 中可以获得可行框架概念模型集 $G_{g_{k1}.j1}^2$。对于每一个 $Dr_{j2}^{g_{k2}}$ ($Dr_{j2}^{g_{k2}} \in Dr^{g_{k2}}, g_{k2} \in G_{g_{k1}.j1}^2$)，利用 MΨ. IO 条件与 MΨ. F 条件可以从 E 中获得 $Dr_{j2}^{g_{k2}}$ 的可行概念模型集 $E_{g_{k2}.j2}^2$。

…………

第 l 层，继续把上层待定子元作为子子设计需求 ssR，在本层更小的粒度上对其进行匹配与分解。对于每一个设计需求 $Dr_{j(l-1)}^{g_{k(l-1)}}$，利用 ΨR. IO 条件从 G 中可以获得可行框架概念模型集 $G_{g_{k(l-1)}.j(l-1)}^l$。对于每一个 $Dr_{jl}^{g_{kl}}$ ($Dr_{jl}^{g_{kl}} \in Dr^{g_{kl}}, g_{kl} \in G_{g_{k(l-1)}.j(l-1)}^l$)，利用 MΨ. IO 条件与 MΨ. F 条件可以从 E 中获得 $Dr_{jl}^{g_{kl}}$ 的可行概念模型集 $E_{g_{kl}.jl}^l$。

…………

依此类推，直到最下层的待定子元不能从 G 中获得可行框架概念模型为止。

通过自顶向下分解可以得到一棵**多层形态综合树**，如图 4-7 所示。树的每个分叉点是一个三行表形式的形态学矩阵，表示在该分叉点有一次形态综合。表的第一行是该形态综合问题所选用的框架概念模型，第二行是该框架概念模型的各个待定子元，第三行是各待定子元的可行概念模型集。从待定子元所在列的底部引出的若干并列的表，是对该待定子元进行深一层次匹配与求解的形态学矩阵。

深一层次匹配与求解所选用的框架概念模型，对该待定子元满足 ΨR. IO 条件。树的根为最上层 R 的直接匹配问题，树的叶子为不再有下层可行框架概念模型的形态学矩阵。

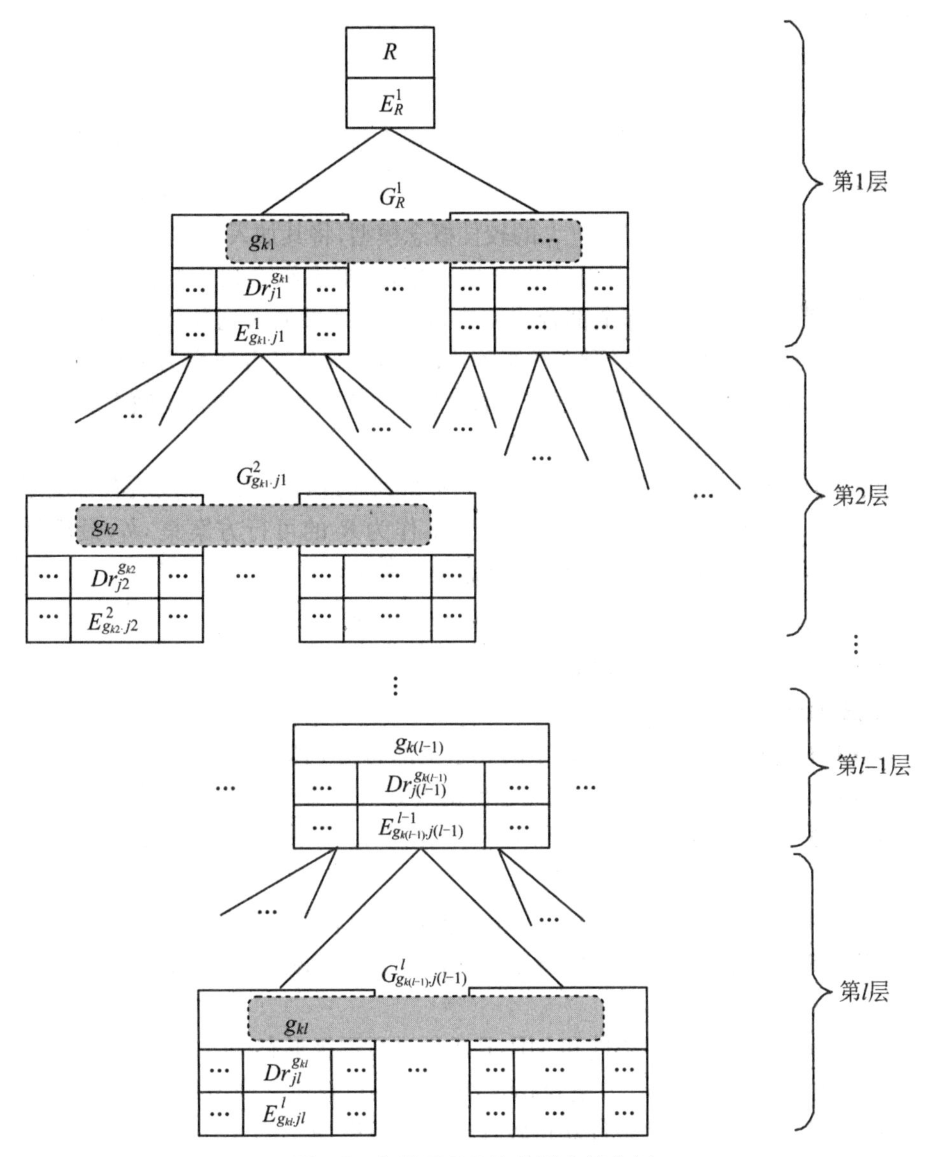

图 4-7　多层 F-C-T 法的形态综合树

4.3.3.3　自底向上的合成

多层形态综合树穷尽了 G 与 E 中能够满足 R 的所有可能的概念模型组合，特别是涵盖了递阶嵌套的情况。在得到多层形态综合树之后,自底向上的合成过程从树的叶子开始。先对所有叶子进行形态综合,得到该叶子上的较佳概念模型集,将其加入到相应上层待定子元的可行概念模型集中,然后从形态综合树中删除该片叶子。删除一片叶子的同时,原来的某些分叉有可能消失,分叉点转变为新的叶子。依次自底向上,不断地对树上的叶子进行合成,并删除所有的叶子,直到形态综合树的根。

设某叶子以 g_{kl} 为框架概念模型,要通过形态综合为 $Dr_{j(l-1)}^{g_{k(l-1)}}$ 生成可行概念模型。则要对 $Dr_{j(l-1)}^{g_{k(l-1)}}$ 利用 MR. F 条件和 MR. P 条件,通过形态综合生成不超过 p 个以 g_{kl} 为框架概念模型的 $Dr_{j(l-1)}^{g_{k(l-1)}}$ 的较佳概念模型,将其加入到 $Dr_{j(l-1)}^{g_{k(l-1)}}$ 的可行概念模型集 $E_{g_{k(l-1)},j(l-1)}^{l-1}$ 中,该片叶子即合成完毕,从形态综合树中删除。当一个分叉点的所有下属形态学矩阵全都合成完毕,把合成结果加入到其待定子元的可行概念模型集中之后,所有下属形态学矩阵均已删除,该分叉点演变为一片叶子。此时,该形态综合问题的所有更小粒度上的设计问题均已结束,结果反映在其待定子元的可行概念模型集中。

当所有叶子全部合成完毕之后,在 E_R^1 中得到通过直接匹配以及所有各层形态综合生成的 R 的可行概念模型方案。把 E_R^1 作为 R 的可行方案集 $\mathscr{M}_f$,最后利用 MR. P 条件优选出 p 个方案作为较佳概念模型集 $\mathscr{M}_p$。

4.3.3.4 多层功能-构型-算艺法的设计步骤

多层 F-C-T 法的设计步骤如下:

步骤 MSG2

STEP 1 通过调整使 Z 与 Y 中的元素全都满足 ΓR. XY 条件。

STEP 2 利用 NG1 算法生成概念模型集 E 和框架概念模型集 G。

STEP 3 利用 MR. IO 条件和 MR. F 条件从 E 中获得 R 的可行概念模型集 E_R^1。

STEP 4 利用 ΨR. IO 条件从 G 中获得 R 的可行框架概念模型集 G_R^1。

STEP 5 对所有 $g_{k1} \in G_R^1$ 的待定子元进行多层匹配与求解,获得多层形态综合树。

STEP 6 利用 MR. F 条件和 MR. P 条件进行逐级形态综合,直至获得 R 的所有可能较优的可行递阶组合方案,与 E_R^1 组成 R 的可行概念模型集 $\mathscr{M}_f$。

STEP 7 利用 MR. P 条件获得较佳概念模型集 $\mathscr{M}_p$。

4.4 功能-构型-算艺法设计算例(例4-1)

本节以一个例子演示F-C-T法的方案生成能力和概念设计效果。例中,被控对象为带正弦波扰动的线性定常系统,构型知识数为7,框架知识数为3。

4.4.1 设计需求描述

4.4.1.1 被控对象模型

如图4-8所示,其中线性定常环节传递函数$G(s)$[174]见式(4-42)。

$$G(s)=\frac{y}{u}=\frac{51.87(s+87.64)}{(s+14.2)(s+35.34)(s+2.57)} \tag{4-42}$$

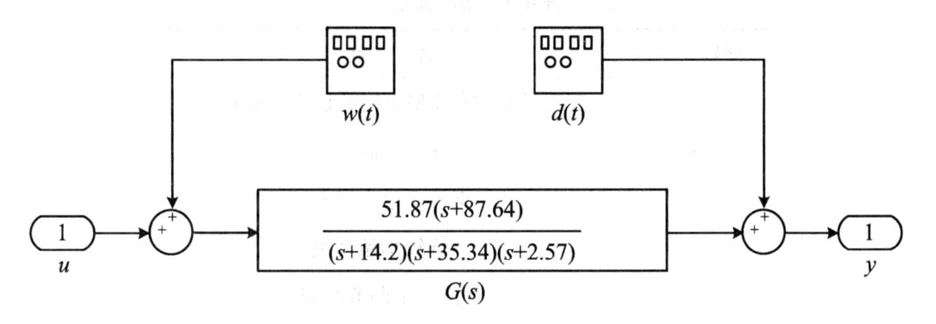

图4-8　被控对象模型

输入扰动

$$w(t)=0.6\sin(1.6\pi t) \tag{4-43}$$

量测噪声$d(t)=0.01\sin(400\pi t)$。

4.4.1.2 控制系统性能要求

跟踪单位阶跃输入信号,稳态误差$e_{ssR}=0$,超调量$\sigma_R\%<10\%$,$\pm5\%$调节时间$t_{sR}\leqslant0.5$ s,ISE指标[177]尽可能小,正弦波扰动幅值在输出端抑制到0.03以下。

4.4.1.3 已知信息集

已知信息集$\mathscr{Y}_1=\{y_1^1,y_2^1,y_3^1,y_4^1,y_5^1,y_6^1\}$,如表4-2所示。

表 4-2 已知信息集

符号	名 称
y_1^1	对象模型 $G(s)$
y_2^1	干扰信号特征
y_3^1	系统输入信号特征
y_4^1	超调量要求 $\sigma_R\%$
y_5^1	稳态误差要求 e_{ssR}
y_6^1	调节时间要求 t_{sR}

4.4.1.4 功能元集定义

功能元集 $\mathscr{F}=\{f_1,f_2,f_3,f_4,f_5,f_6,f_7,f_8\}$，其中功能元定义如表 4-3 所示。

表 4-3 功能元定义

符号	名 称
f_1	实现最小相角 I 型系统的稳定跟踪控制
f_2	计算控制量
f_3	支持 0 稳态误差
f_4	支持较小超调量
f_5	支持较小调节时间
f_6	抑制正弦干扰
f_7	实现环节逆模型
f_8	支持 ISE 性能指标

4.4.1.5 设计需求描述

根据被控对象特征与控制性能要求，给出概念设计需求 R 如下：

$$R=(\mathscr{Y}_1,I^R,O^R,\mathbb{F}(R),p) \tag{4-44}$$

其中，$I^R=\{r,y\}$，$O^R=\{u_O\}$，$\mathbb{F}(R)=[11111101]$，$p=2$。

4.4.2 已知框架知识

首先给出设计需求与概念模型知识中用到的接口信号定义，如表 4-4 所示。

表 4-4　接口信号定义

符 号	接 口 定 义
r	输入参考信号
y	广义被控对象输出(对象输出、对象输出滤波值或观测值)
u	广义控制量(控制器的输出量,即作用于被控对象的控制量)
j	任意信号
u_O	最终控制信号,作为输出接口时有 $u_O \subseteq u$
$\hat{u}_O$	最终控制信号观测值

设有框架知识集 $Y=\{y_1,y_2,y_3\}$,各框架知识输入、输出接口与功能属性见表 4-5,它们的方框图、功能块图、待定子元集与算艺知识以下分别给出。

表 4-5　已知框架知识

y_k	名　称	I^{y_k}	O^{y_k}	$\mathbb{F}(y_k)$
y_1	"两重复合控制策略框架"	$\{r,y\}$	$\{u\}$	[01000000]
y_2	"两重复合 PI 一重可分离控制策略"框架	$\{r,y\}$	$\{u\}$	[01100000]
y_3	"带干扰观测与补偿器的控制策略"框架	$\{r,y\}$	$\{u_O\}$	[01000100]

4.4.2.1　y_1——"两重复合控制策略"框架

框架知识 y_1 的方框图如图 4-9 所示,功能块图如图 4-10 所示,待定子元集 $Dr^{y_1}=\{Dr_1^{y_1},\ Dr_2^{y_1}\}$,其中:

$$Dr_1^{y_1}=(I^{Dr_1^{y_1}},O^{Dr_1^{y_1}},\mathbb{F}(Dr_1^{y_1})),\quad I^{Dr_1^{y_1}}=\{r,y\}$$

$$O^{Dr_1^{y_1}}=\{u\},\quad \mathbb{F}(Dr_1^{y_1})=[01000000]$$

$$Dr_2^{y_1}=(I^{Dr_2^{y_1}},O^{Dr_2^{y_1}},\mathbb{F}(Dr_2^{y_1})),\quad I^{Dr_2^{y_1}}=\{r,y\}$$

$$O^{Dr_2^{y_1}}=\{u\},\quad \mathbb{F}(Dr_2^{y_1})=[01000000]$$

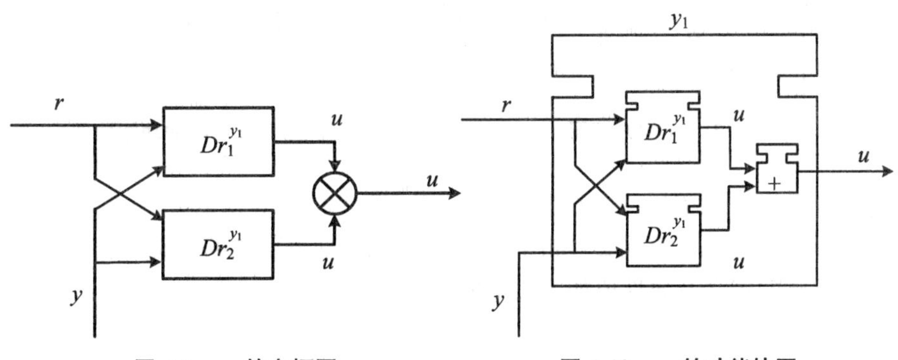

图 4-9　y_1 的方框图　　　　图 4-10　y_1 的功能块图

y_1 的算艺知识 $\Gamma(y_1)=(\mathscr{X}_1^{y_1},\mathscr{X}_0^{y_1},\Sigma^{y_1})$，$\mathscr{X}_1^{y_1}=\{y_1^1\}$，$\mathscr{X}_0^{y_1}=\varnothing$，$\Gamma(y_1)$的属性I/S工作流网 Σ^{y_1} 如图 4-11 所示。

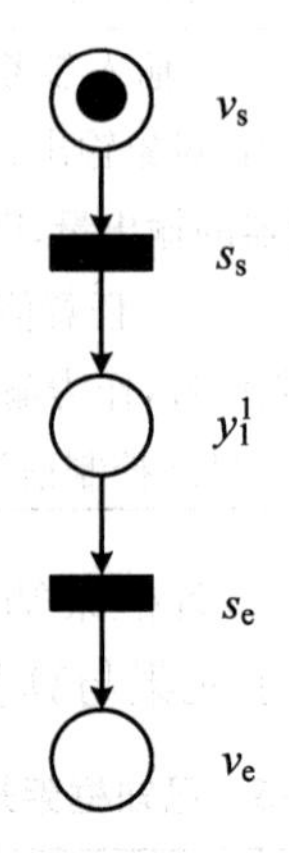

图 4-11 $\Gamma(y_1)$的属性 I/S 工作流网 Σ^{y_1}

4.4.2.2 y_2——“两重复合 PI 一重可分离控制策略”框架

框架知识 y_2 的方框图如图 4-12 所示，功能块图如图 4-13 所示，待定子元集 $Dr^{y_2}=\{Dr_1^{y_2}\}$，其中：

$$Dr_1^{y_2}=(I^{Dr_1^{y_2}},O^{Dr_1^{y_2}},\mathbb{F}(Dr_1^{y_2})),\quad I^{Dr_1^{y_2}}=\{r,y\}$$

$$O^{Dr_1^{y_2}}=\{u\},\quad \mathbb{F}(Dr_1^{y_2})=[11000000]$$

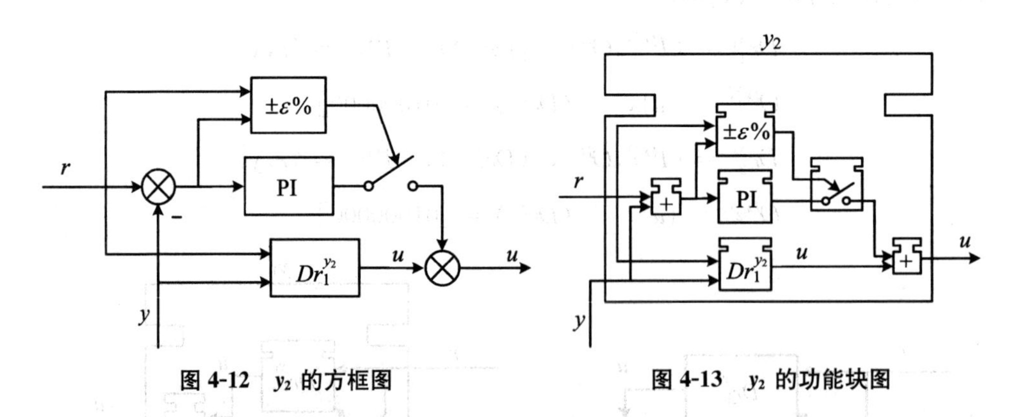

图 4-12 y_2 的方框图　　图 4-13 y_2 的功能块图

y_2 的算艺知识 $\Gamma(y_2)=(\mathscr{X}_1^{y_2},\mathscr{X}_0^{y_2},\Sigma^{y_2})$，$\mathscr{X}_1^{y_2}=\{y_1^1,y_2^1\}$，$\mathscr{X}_0^{y_2}=\{v_1^{y_2},v_2^{y_2},v_3^{y_2}\}$。$\Gamma(y_2)$的属性 I/S 工作流网 Σ^{y_2} 如图 4-14 所示，Σ^{y_2} 部分信息的定义如表 4-6 所示，Σ^{y_2} 部分求解的定义及属性值如表 4-7 所示。

表 4-6　Σ^{y_2} 部分信息的定义

符号	名　称
$v_1^{y_2}$	比例系数 K_p
$v_2^{y_2}$	积分时间常数 T_i
$v_3^{y_2}$	相对误差分界值$\pm\varepsilon\%$
$v_4^{y_2}$	FOLPD 降阶模型时间常数 T
$v_5^{y_2}$	FOLPD 降阶模型时延 L
$v_6^{y_2}$	FOLPD 降阶模型增益 k
$v_7^{y_2}$	对象增益裕度 K_c
$v_8^{y_2}$	对象相角交界频率 ω_c

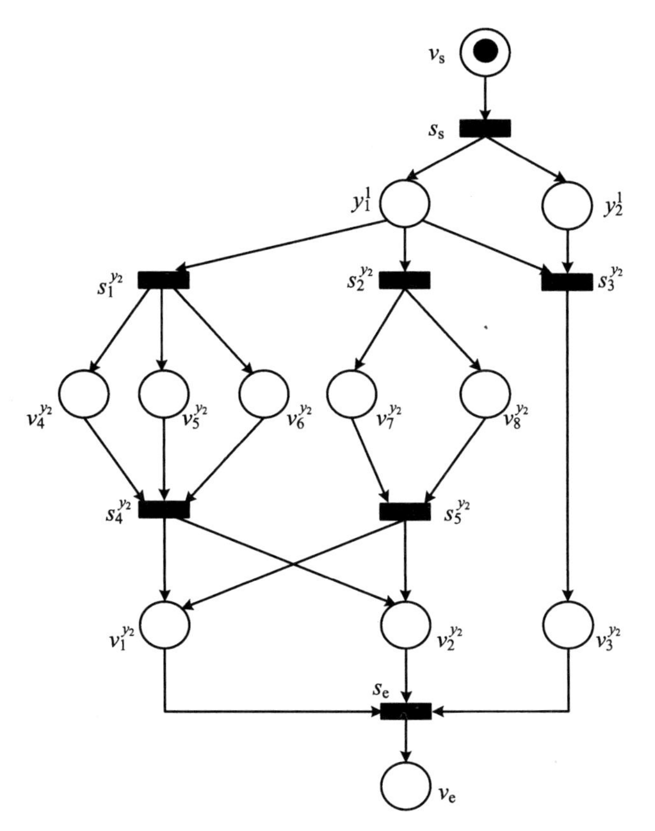

图 4-14　$\Gamma(y_2)$的属性 I/S 工作流网 Σ^{y_2}

表 4-7 Σ^{y_2} 部分求解的定义及属性值

符号	名　　称	$\mathbb{F}(s_k^{y_2})$	$P(s_k^{y_2})$
$s_1^{y_2}$	带时延的模型降阶[175]	$[0]_{1\times 8}$	0.6
$s_2^{y_2}$	用 margin 函数求取频域特性	$[0]_{1\times 8}$	0.2
$s_3^{y_2}$	估计误差分界值	$[0]_{1\times 8}$	0.4
$s_4^{y_2}$	时域 Ziegler-Nichols 整定方法[176]	[10000000]	0.1
$s_5^{y_2}$	频域 Ziegler-Nichols 整定方法[176]	[10000000]	0.1

4.4.2.3 y_3——“带干扰观测与补偿器的控制策略”框架

框架知识 y_3 的方框图如图 4-15 所示，功能块图如图 4-16 所示，待定子元集 $Dr^{y_3}=\{Dr_1^{y_3},Dr_2^{y_3}\}$，其中：

$$Dr_1^{y_3}=(I^{Dr_1^{y_3}},O^{Dr_1^{y_3}},\mathbb{F}(Dr_1^{y_3})),\quad I^{Dr_1^{y_3}}=\{r,y\}$$

$$O^{Dr_1^{y_3}}=\{u\},\quad \mathbb{F}(Dr_1^{y_3})=[01000000]$$

$$Dr_1^{y_3}=(I^{Dr_1^{y_3}},O^{Dr_1^{y_3}},\mathbb{F}(Dr_1^{y_3})),\quad I^{Dr_2^{y_3}}=\{y\}$$

$$O^{Dr_2^{y_3}}=\{\hat{u}_O\},\quad \mathbb{F}(Dr_2^{y_3})=[00000010]$$

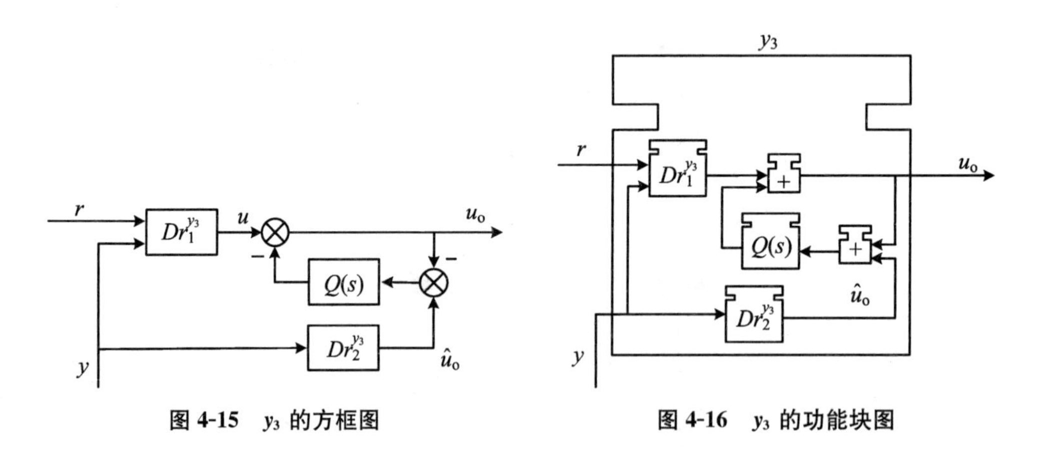

图 4-15 y_3 的方框图　　　　图 4-16 y_3 的功能块图

y_3 的算艺知识 $\Gamma(y_3)=(\mathscr{X}_1^{y_3},\mathscr{X}_0^{y_3},\Sigma^{y_3})$，$\mathscr{X}_1^{y_3}=\{y_1^1,y_2^1\}$，$\mathscr{X}_0^{y_3}=\{v_1^{y_3}\}$。$\Gamma(y_3)$的属性 I/S 工作流网 Σ^{y_3} 如图 4-17 所示，Σ^{y_3} 部分信息的定义如表 4-8 所示，Σ^{y_3} 部分求解的定义及属性值如表 4-9 所示。

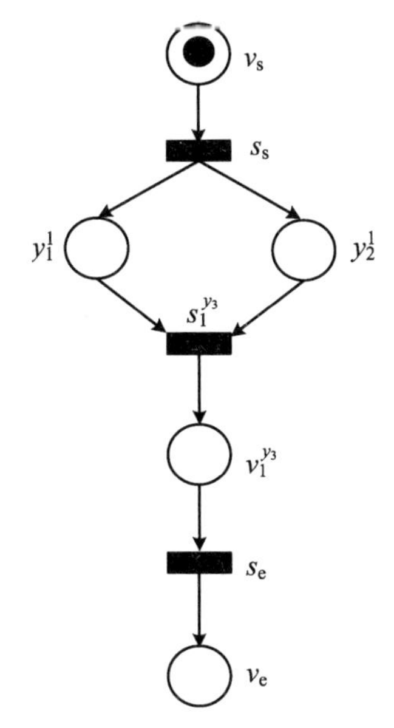

图 4-17　$\Gamma(y_3)$的属性 I/S 工作流网 Σ^{y_3}

表 4-8　Σ^{y_3} 部分信息的定义

符号	名　　称
$v_1^{y_3}$	数字式 Chebyshev Ⅱ型低通滤波器 $Q(z)$

表 4-9　Σ^{y_3} 部分求解的定义及属性值

符号	名　　称	$\mathbb{F}(s_1^{y_3})$	$P(s_1^{y_3})$
$s_1^{y_3}$	Chebyshev Ⅱ型低通滤波器 $Q(z)$的设计	$[0]_{1\times 8}$	1.5

4.4.3　已知构型知识

构型知识集 $Z=\{z_1,z_2,z_3,z_4,z_5,z_6,z_7\}$，各构型知识输入、输出接口与功能属性如表 4-10 所示，它们的方框图、功能块图与算艺知识以下分别给出。

表 4-10　已知构型知识

z_k	名　　称	I^{z_k}	O^{z_k}	$\mathbb{F}(z_k)$
z_1	普通 PID 控制策略	$\{r,y\}$	$\{u\}$	[01100000]
z_2	精调 PID 控制策略	$\{r,y\}$	$\{u\}$	[01111000]
z_3	PI+控制策略	$\{r,y\}$	$\{u\}$	[01110000]

续表

z_k	名　称	I^{z_k}	O^{z_k}	$\mathbb{F}(z_k)$
z_4	一般线性控制策略	$\{r, y\}$	$\{u\}$	[01000000]
z_5	PD 型 8 段模糊控制策略	$\{r, y\}$	$\{u\}$	[01000000]
z_6	CMAC 逆模型	$\{j\}$	$\{j\}$	[00000010]
z_7	线性逆模型	$\{j\}$	$\{j\}$	[00000010]

4.4.3.1　z_1——普通 PID 控制策略

构型知识 z_1 的方框图如图 4-18 所示，功能块图如图 4-19 所示。

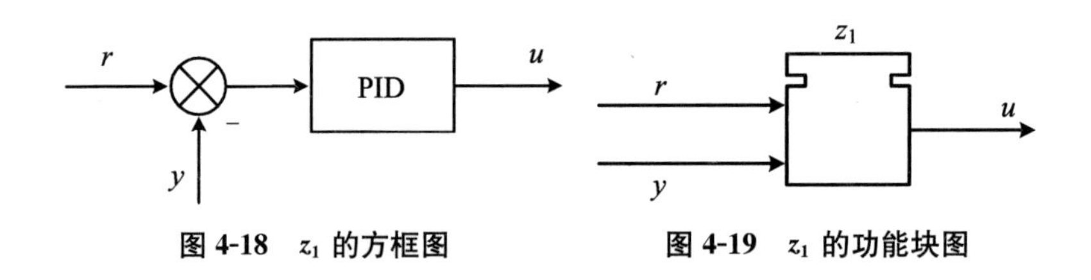

图 4-18　z_1 的方框图　　图 4-19　z_1 的功能块图

z_1 的算艺知识 $\Gamma(z_1)=(\mathscr{X}_1^{z_1}, \mathscr{X}_0^{z_1}, \Sigma^{z_1})$，$\mathscr{X}_1^{z_1}=\{y_1^1\}$，$\mathscr{X}_0^{z_1}=\{v_1^{z_1}, v_2^{z_1}, v_3^{z_1}\}$。$\Gamma(z_1)$ 的属性 I/S 工作流网 Σ^{z_1} 如图 4-20 所示，Σ^{z_1} 部分信息的定义如表 4-11 所示，Σ^{z_1} 部分求解的定义及属性值如表 4-12。

表 4-11　Σ^{z_1} 部分信息的定义

符号	名　称
$v_1^{z_1}$	比例系数 K_p
$v_2^{z_1}$	积分时间常数 T_i
$v_3^{z_1}$	微分时间常数 T_d
$v_4^{z_1}$	FOLPD 降阶模型[176]时间常数 T
$v_5^{z_1}$	FOLPD 降阶模型时延 L
$v_6^{z_1}$	FOLPD 降阶模型增益 k
$v_7^{z_1}$	对象增益裕度 K_c
$v_8^{z_1}$	对象相角交界频率 ω_c
$v_9^{z_1}$	归一化时延 $\widetilde{L}$
$v_{10}^{z_1}$	最优指标 a_1, b_1
$v_{11}^{z_1}$	最优指标 a_2, b_2
$v_{12}^{z_1}$	最优指标 a_3, b_3

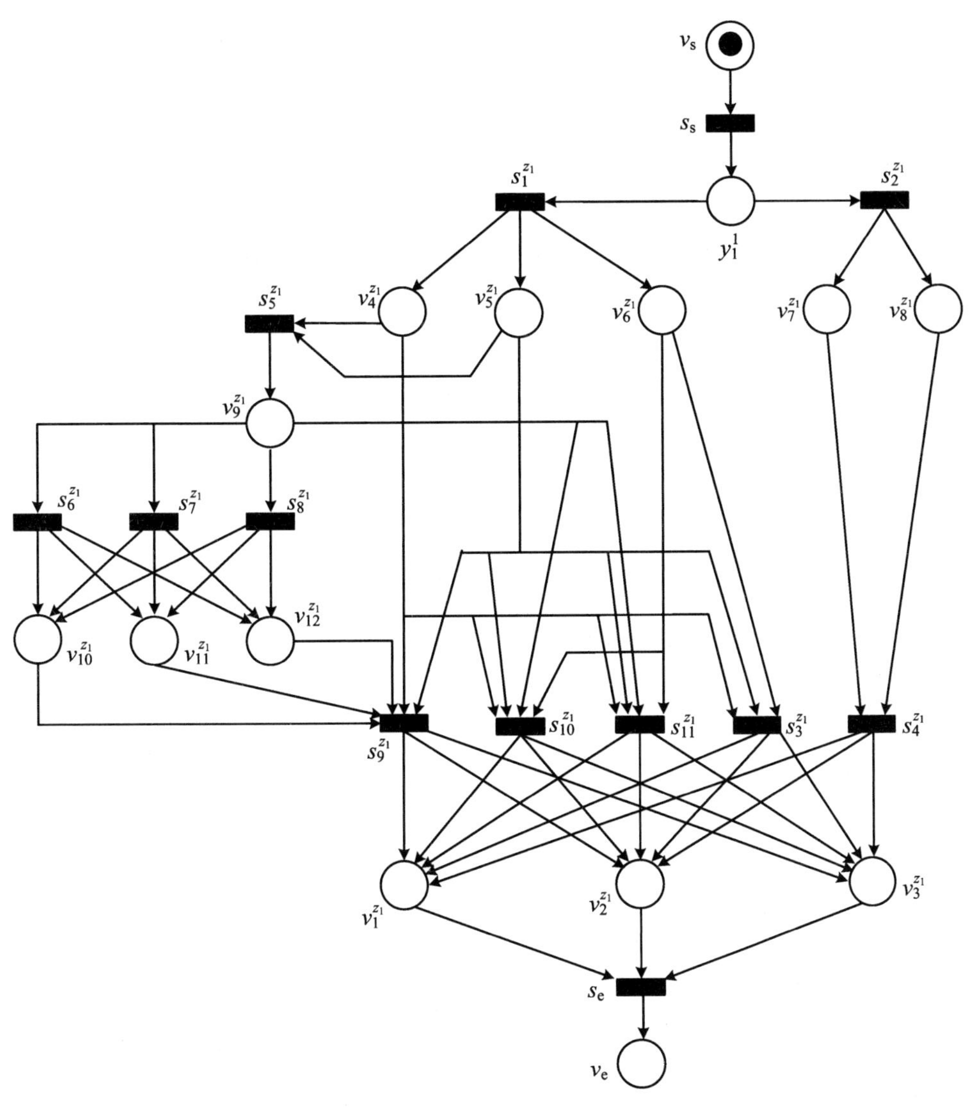

图 4-20　$\Gamma(z_1)$的属性 I/S 工作流网 Σ^{z_1}

表 4-12　Σ^{z_1} 部分求解的定义及属性值

符号	名　称	$\mathbb{F}(s_k^{z_1})$	$P(s_k^{z_1})$
$s_1^{z_1}$	带时延的模型降阶[175]	$[0]_{1\times8}$	0.6
$s_2^{z_1}$	用 margin 函数求取频域特性	$[0]_{1\times8}$	0.2
$s_3^{z_1}$	时域 Ziegler-Nichols 整定方法[176]	[10000000]	0.1

续表

符号	名　称	$\mathbb{F}(s_k^{z_1})$	$P(s_k^{z_1})$
$s_4^{z_1}$	频域 Ziegler-Nichols 整定方法[176]	[10000000]	0.1
$s_5^{z_1}$	求归一化时延	$[0]_{1\times 8}$	0.1
$s_6^{z_1}$	庄敏霞等 ISE 最优 PID 整定参数查表[177]	[00000001]	0.2
$s_7^{z_1}$	庄敏霞等 ISTE 最优 PID 整定参数查表[177]	$[0]_{1\times 8}$	0.2
$s_8^{z_1}$	庄敏霞等 IST^2E 最优 PID 整定参数查表[177]	$[0]_{1\times 8}$	0.2
$s_9^{z_1}$	庄敏霞等最优 PID 整定算法[177]	[10000000]	0.3
$s_{10}^{z_1}$	Cheng G S 等 IAE 最优 PID 整定法[178]	[10001000]	0.2
$s_{11}^{z_1}$	Wang F S 等 ITAE 最优 PID 整定法[179]	[10011000]	0.2

4.4.3.2　z_2——精调 PID 控制策略

构型知识 z_2 的方框图如图 4-21 所示，功能块图如图 4-22 所示。

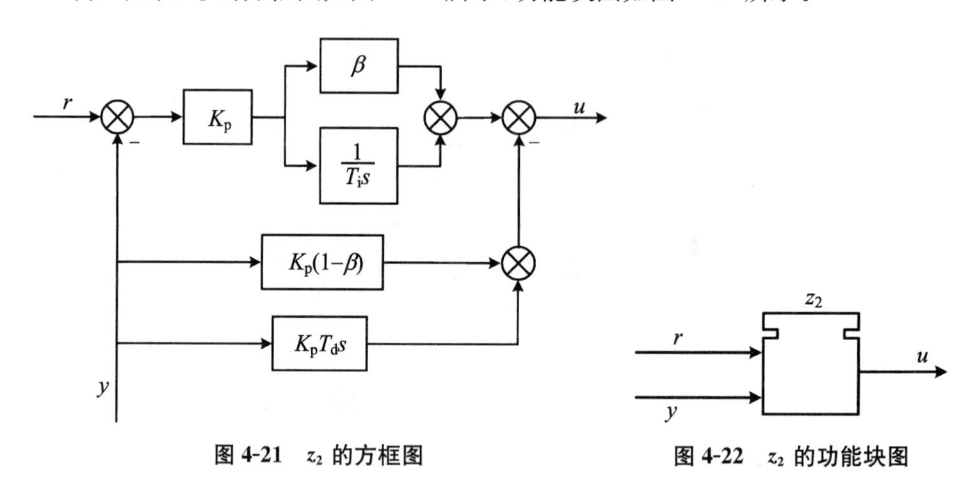

图 4-21　z_2 的方框图　　图 4-22　z_2 的功能块图

z_2 的算艺知识 $\Gamma(z_2)=(\mathscr{X}_1^{z_2},\mathscr{X}_0^{z_2},\Sigma^{z_2})$，$\mathscr{X}_1^{z_2}=\{y_1^1\}$，$\mathscr{X}_0^{z_2}=\{v_1^{z_2},v_2^{z_2},v_3^{z_2},v_4^{z_2}\}$。$\Gamma(z_2)$的属性 I/S 工作流网 Σ^{z_2} 如图 4-23 所示，Σ^{z_2} 部分信息的定义如表 4-13 所示，Σ^{z_2} 部分求解的定义及属性值如表 4-14 所示。

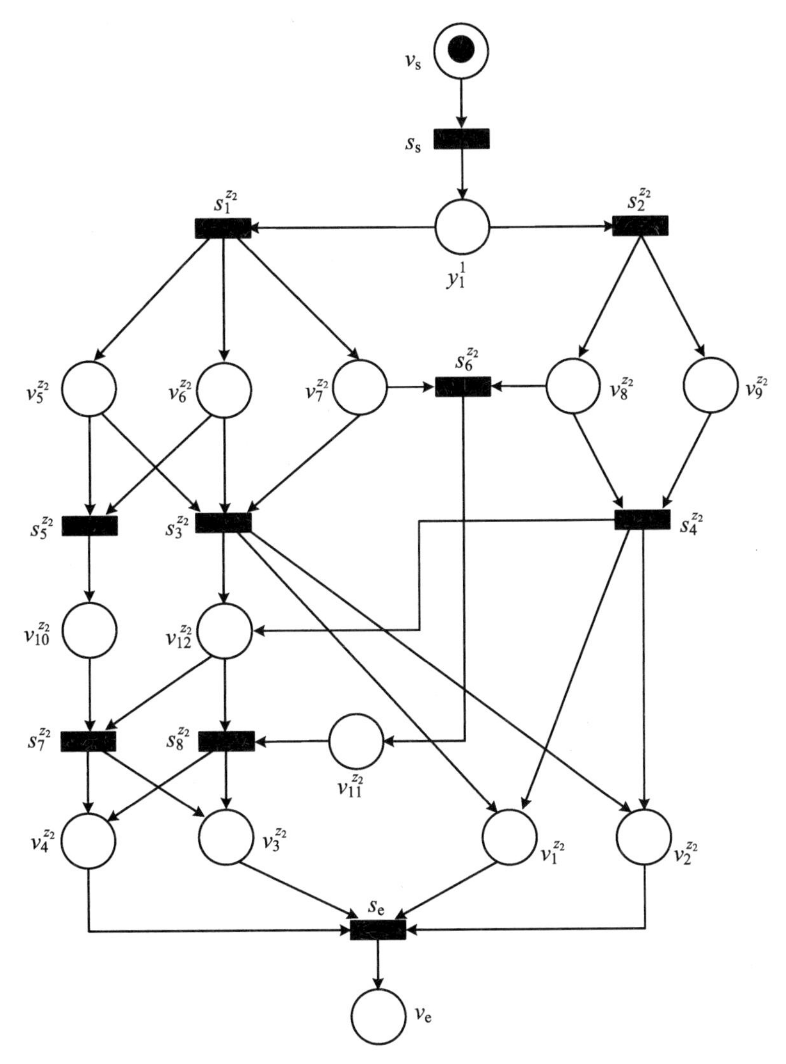

图 4-23　$\Gamma(z_2)$的属性 I/S 工作流网 Σ^{z_2}

表 4-13　Σ^{z_2} 部分信息的定义

符号	名　　称
$v_1^{z_2}$	比例系数 K_p
$v_2^{z_2}$	微分时间常数 T_d
$v_3^{z_2}$	积分时间常数 T_i
$v_4^{z_2}$	微分在反馈回路的精调值 β

续表

符号	名　　称
$v_5^{z_2}$	FOLPD 降阶模型时间常数 T
$v_6^{z_2}$	FOLPD 降阶模型时延 L
$v_7^{z_2}$	FOLPD 降阶模型增益 k
$v_8^{z_2}$	对象增益裕度 K_c
$v_9^{z_2}$	对象相角交界频率 ω_c
$v_{10}^{z_2}$	归一化时延 $\widetilde{L}$
$v_{11}^{z_2}$	归一化时间常数 $\widetilde{T}$
$v_{12}^{z_2}$	积分时间常数预整定值 T_i'

表 4-14　Σ^{z_2} 部分求解的定义及属性值

符号	名　　称	$\mathbb{F}(s_k^{z_2})$	$P(s_k^{z_2})$
$s_1^{z_2}$	带时延的模型降阶[175]	$[0]_{1\times 8}$	0.6
$s_2^{z_2}$	用 margin 函数求取频域特性	$[0]_{1\times 8}$	0.2
$s_3^{z_2}$	时域 Ziegler-Nichols 整定方法[176]	[10000000]	0.1
$s_4^{z_2}$	频域 Ziegler-Nichols 整定方法[176]	[10000000]	0.1
$s_5^{z_2}$	求归一化时延	$[0]_{1\times 8}$	0.1
$s_6^{z_2}$	求归一化时间常数	$[0]_{1\times 8}$	0.1
$s_7^{z_2}$	基于归一化时延的精调法[180]	$[0]_{1\times 8}$	0.2
$s_8^{z_2}$	基于归一化时间常数的精调法[181]	$[0]_{1\times 8}$	0.2

4.4.3.3　z_3——PI＋控制策略

构型知识 z_3 由文献[182]所介绍的“PI＋控制”策略得到，其方框图如图 4-24 所示，功能块图如图 4-25 所示。

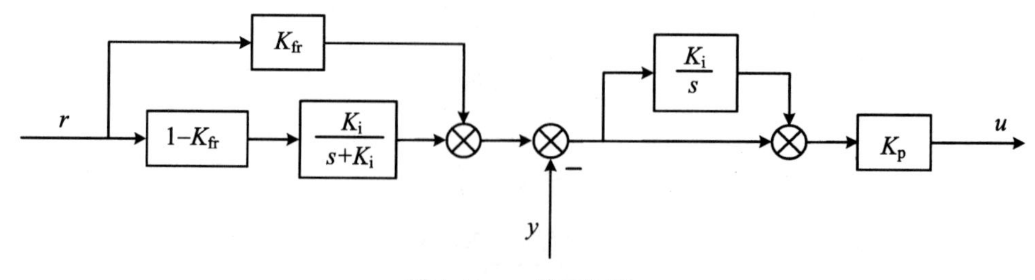

图 4-24　z_3 的方框图

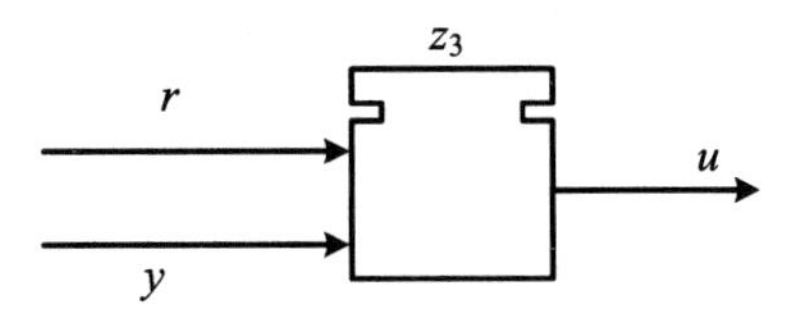

图 4-25　z_3 的功能块图

z_3 的算艺知识 $\Gamma(z_3)=(\mathcal{X}_1^{z_3},\mathcal{X}_0^{z_3},\Sigma^{z_3})$，$\mathcal{X}_1^{z_3}=\{y_1^1\}$，$\mathcal{X}_0^{z_3}=\{v_1^{z_3},v_2^{z_3},v_3^{z_3}\}$。$\Gamma(z_3)$ 的属性 I/S 工作流网 Σ^{z_3} 如图 4-26 所示，Σ^{z_3} 部分求解的定义及属性值如表 4-15 所示，Σ^{z_3} 部分信息的定义如表 4-16 所示。

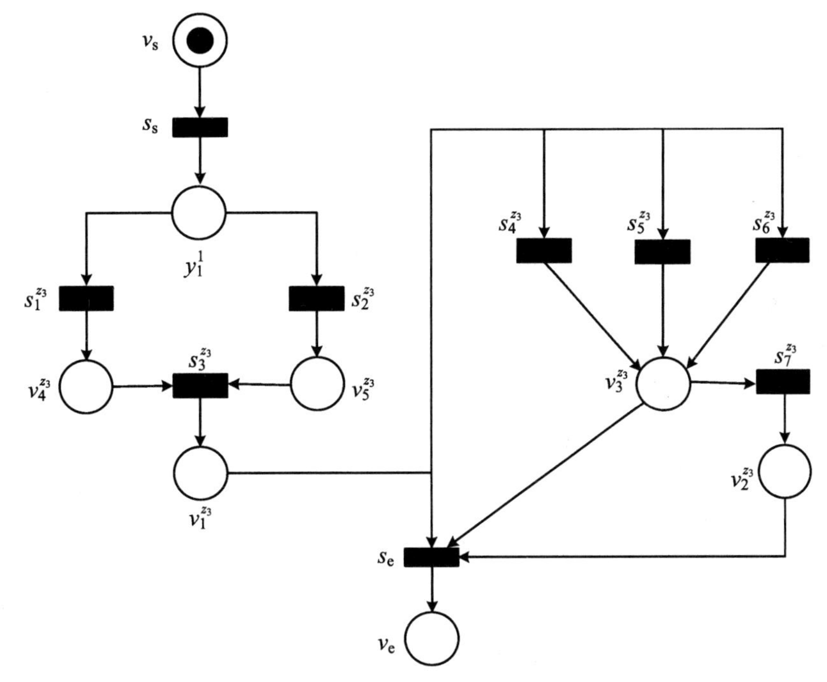

图 4-26　$\Gamma(z_3)$的属性 I/S 工作流网 Σ^{z_3}

表 4-15　Σ^{z_3} 部分求解的定义及属性值

符号	名　　称	$\mathbb{F}(s_k^{z_3})$	$P(s_k^{z_3})$
$s_1^{z_3}$	设定整定初始值[182]	$[0]_{1\times 8}$	0.2
$s_2^{z_3}$	确定整定方波指令形式[182]	$[0]_{1\times 8}$	0.7
$s_3^{z_3}$	利用增大法确定有一定超调但没有振荡的 K_p	[10000000]	0.5

续表

符号	名　　称	$\mathbb{F}(s_k^{z_3})$	$P(s_k^{z_3})$
$s_4^{z_3}$	$K_{fr}<0.4$	[00001000]	0.1
$s_5^{z_3}$	$K_{fr}=0.65$	$[0]_{1\times 8}$	0.1
$s_6^{z_3}$	$K_{fr}>0.9$	$[0]_{1\times 8}$	0.1
$s_7^{z_3}$	利用增大法获得具有<10%超调的 K_i	$[0]_{1\times 8}$	0.5

表 4-16　Σ^{z_3} 部分信息的定义

符号	名　　称
$v_1^{z_3}$	K_p
$v_2^{z_3}$	K_i
$v_3^{z_3}$	K_{fr}
$v_4^{z_3}$	整定初始值
$v_5^{z_3}$	整定方波指令形式

4.4.3.4　z_4——一般线性控制策略

构型知识 z_4 的方框图如图 4-27 所示，功能块图如图 4-28 所示。

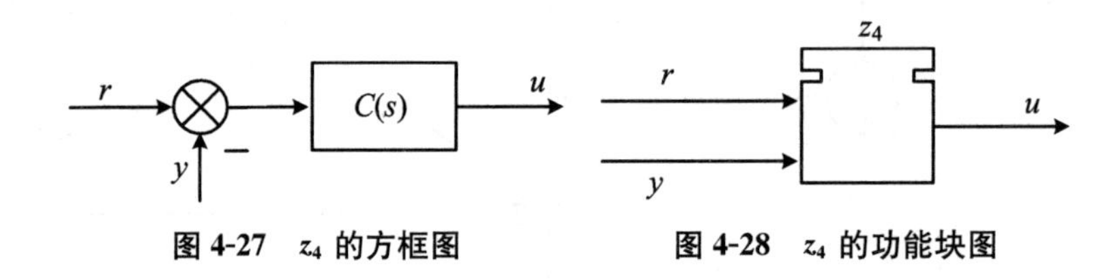

图 4-27　z_4 的方框图　　　**图 4-28　z_4 的功能块图**

z_4 的算艺知识 $\Gamma(z_4)=(\mathscr{X}_1^{z_4},\mathscr{X}_0^{z_4},\Sigma^{z_4})$，$\mathscr{X}_1^{z_4}=\{y_1^1,y_4^1,y_5^1,y_6^1\}$，$\mathscr{X}_0^{z_4}=\{v_1^{z_4}\}$。$\Gamma(z_4)$的属性 I/S 工作流网 Σ^{z_4} 如图 4-29 所示，Σ^{z_4} 部分信息的定义如表 4-17 所示，Σ^{z_4} 部分求解的定义及属性值如表 4-18 所示。

表 4-17　Σ^{z_4} 部分信息的定义

符号	名　　称
$v_1^{z_4}$	线性控制器 $C(s)$
$v_2^{z_4}$	闭环系统期望极点集

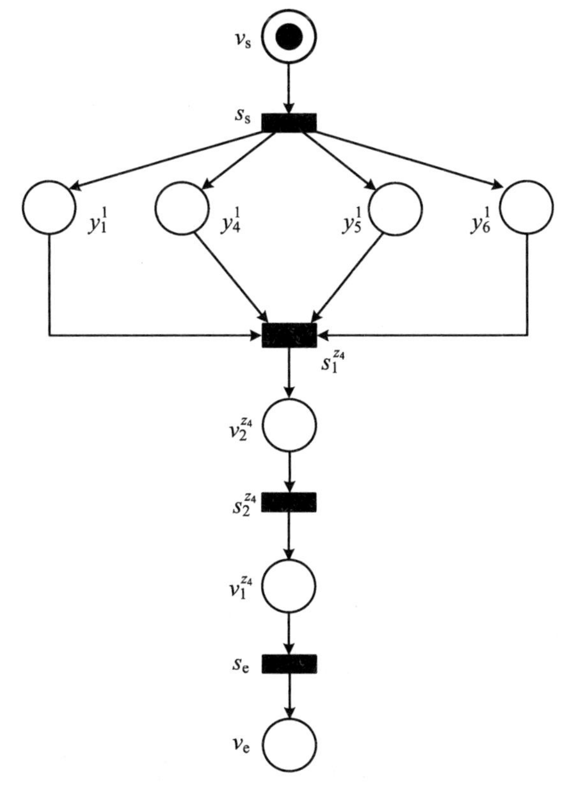

图 4-29　$\Gamma(z_4)$的属性 I/S 工作流网 Σ^{z_4}

表 4-18　Σ^{z_4} 部分求解的定义及属性值

符号	名　称	$\mathbb{F}(s_k^{z_4})$	$P(s_k^{z_4})$
$s_1^{z_4}$	闭环系统期望极点集选择	[10111000]	1.3
$s_2^{z_4}$	极点配置法确定控制器传递函数	$[0]_{1\times 8}$	0.4

4.4.3.5　z_5——PD 型 8 段模糊控制策略

构型知识 z_5 的方框图如图 4-30 所示，功能块图如图 4-31 所示。

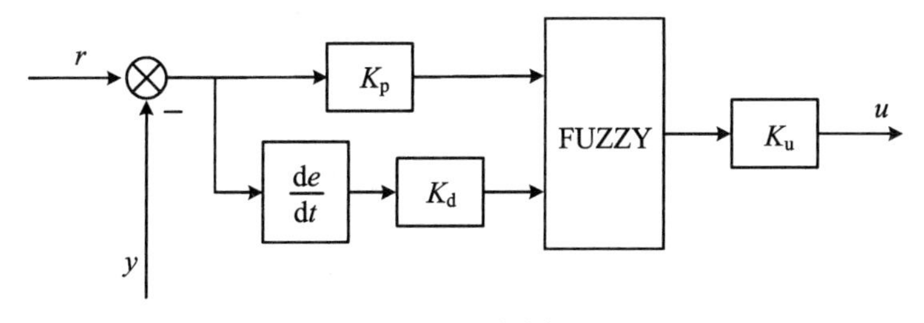

图 4-30　z_5 的方框图

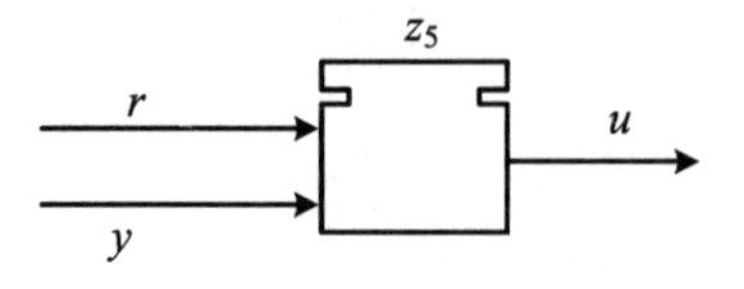

图 4-31　z_5 的功能块图

z_5 的算艺知识 $\Gamma(z_5)=(\mathscr{X}_1^{z_5},\mathscr{X}_0^{z_5},\Sigma^{z_5})$，$\mathscr{X}_1^{z_5}=\{y_1^1,y_2^1,y_3^1\}$，$\mathscr{X}_0^{z_5}=\{v_1^{z_5},v_2^{z_5},v_3^{z_5},v_4^{z_5}\}$。$\Gamma(z_5)$的属性 I/S 工作流网 Σ^{z_5} 如图 4-32 所示，Σ^{z_5} 部分信息的定义如表 4-19所示，Σ^{z_5} 部分求解的定义属性值如表 4-20 所示。

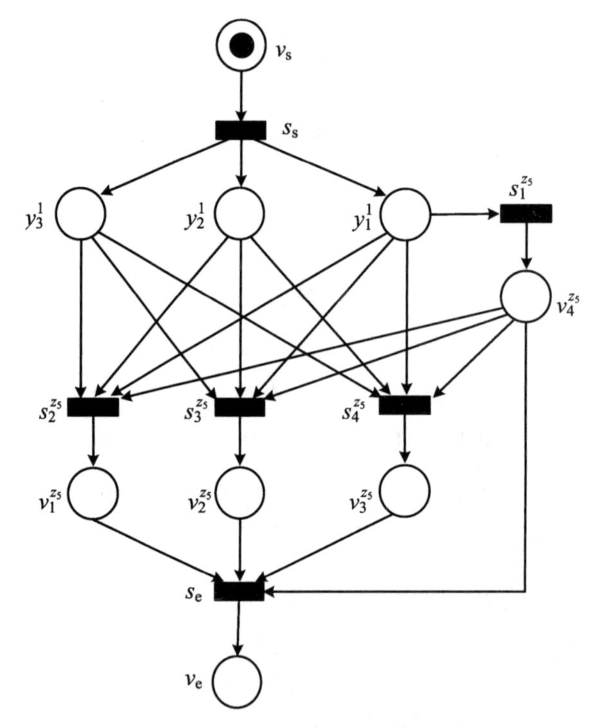

图 4-32　$\Gamma(z_5)$的属性 I/S 工作流网 Σ^{z_5}

表 4-19　Σ^{z_5} 部分信息的定义

符号	名　　称
$v_1^{z_5}$	误差量化因子 K_p
$v_2^{z_5}$	误差微分量化因子 K_d
$v_3^{z_5}$	输出控制量比例因子 K_u
$v_4^{z_5}$	PD 型 8 段模糊逻辑

表 4-20　Σ^{z_5} 部分求解的定义及属性值

符号	名　称	$\mathbb{F}(s_k^{z_5})$	$P(s_k^{z_5})$
$s_1^{z_5}$	选择 PD 型 8 段模糊逻辑[183]	[10000000]	1.6
$s_2^{z_5}$	估算 K_p[183]	$[0]_{1\times 8}$	0.8
$s_3^{z_5}$	估算 K_d[183]	[00010000]	0.7
$s_4^{z_5}$	估算 K_u[183]	[00001000]	0.8

4.4.3.6　z_6——CMAC 逆模型

构型知识 z_6 的方框图如图 4-33 所示，功能块图如图 4-34 所示。

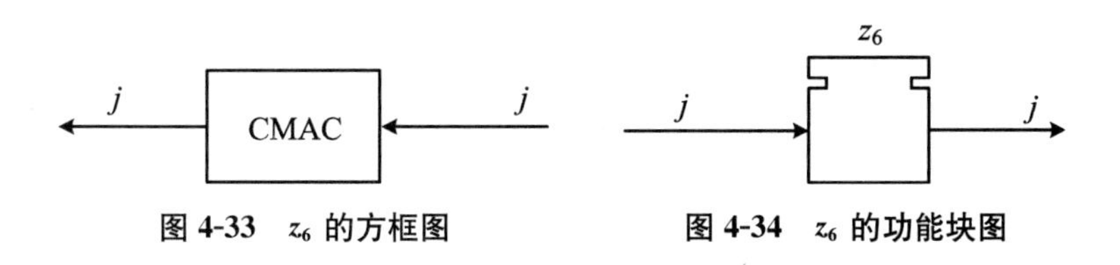

图 4-33　z_6 的方框图　　图 4-34　z_6 的功能块图

z_6 的算艺知识 $\Gamma(z_6)=(\mathscr{X}_1^{z_6},\mathscr{X}_0^{z_6},\Sigma^{z_6})$，$\mathscr{X}_1^{z_6}=\{y_1^1,y_2^1\}$，$\mathscr{X}_0^{z_6}=\{v_1^{z_6}\}$。$\Gamma(z_6)$的属性 I/S 工作流网 Σ^{z_6} 如图 4-35 所示，Σ^{z_6} 部分信息的定义如表 4-21 所示，Σ^{z_6} 部分求解的定义及属性值如表 4-22 所示。

表 4-21　Σ^{z_6} 部分信息的定义

符号	名　称
$v_1^{z_6}$	$G(s)$的 CMAC 逆模型
$v_2^{z_6}$	采样周期
$v_3^{z_6}$	对象离散化状态方程
$v_4^{z_6}$	CMAC 逆模型结构
$v_5^{z_6}$	学习算法参数 α,β,η
$v_6^{z_6}$	量化等级 q，泛化参数 c，物理存储空间 M_p
$v_7^{z_6}$	训练数据

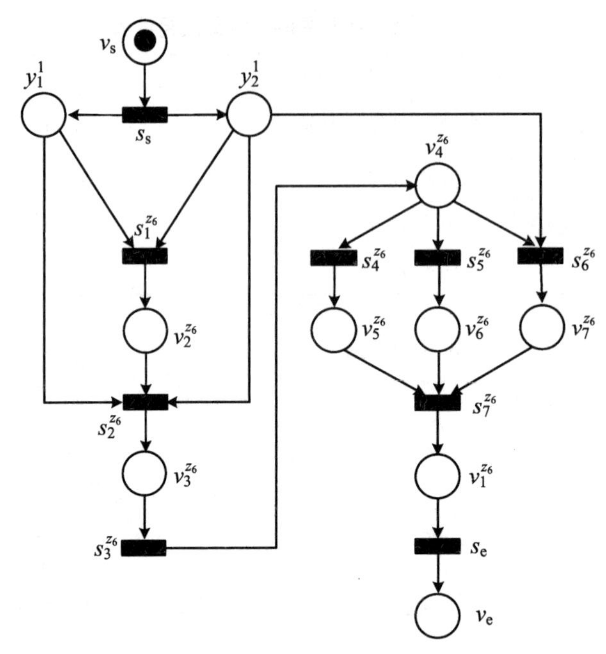

图 4-35　$\Gamma(z_6)$的属性 I/S 工作流网 Σ^{z_6}

表 4-22　Σ^{z_6} 部分求解的定义及属性值

符号	名　　称	$\mathbb{F}(s_k^{z_6})$	$P(s_k^{z_6})$
$s_1^{z_6}$	采样周期选择	$[0]_{1\times 8}$	0.6
$s_2^{z_6}$	对象模型离散化	$[0]_{1\times 8}$	0.2
$s_3^{z_6}$	确定 CMAC 逆模型结构	$[0]_{1\times 8}$	0.3
$s_4^{z_6}$	确定带输出变量最小约束条件的误差纠正学习算法参数[184]	$[0]_{1\times 8}$	0.8
$s_5^{z_6}$	选定 CMAC 结构参数	$[0]_{1\times 8}$	1.2
$s_6^{z_6}$	构造训练数据	$[0]_{1\times 8}$	1.6
$s_7^{z_6}$	利用直接法进行训练[185]	$[0]_{1\times 8}$	2.2

4.4.3.7　z_7——线性逆模型

构型知识 z_7 的方框图如图 4-36 所示，功能块图如图 4-37 所示。

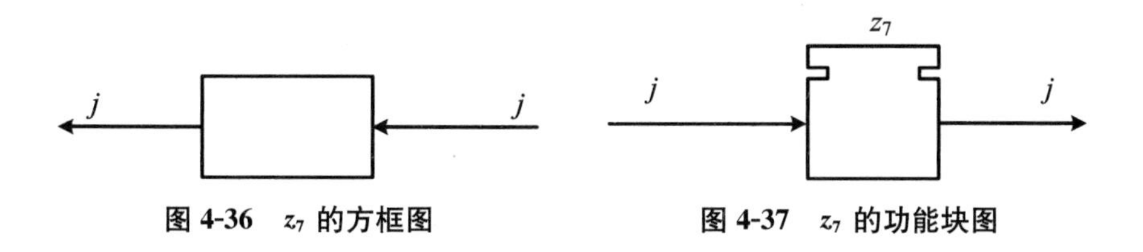

图 4-36　z_7 的方框图　　　　图 4-37　z_7 的功能块图

z_7 的算艺知识 $\Gamma(z_7)=(\mathscr{X}_1^{z_7},\mathscr{X}_0^{z_7},\Sigma^{z_7})$，$\mathscr{X}_1^{z_7}=\{y_1^1\}$，$\mathscr{X}_0^{z_7}=\{v_1^{z_7}\}$。$\Gamma(z_7)$的属性 I/S工作流网 Σ^{z_7} 如图 4-38 所示，Σ^{z_7} 部分信息的定义如表 4-23 所示，Σ^{z_7} 部分求解的定义及属性值如表 4-24 所示。

表 4-23　Σ^{z_7} 部分信息的定义

符号	名　　称
$v_1^{z_7}$	对象线性逆模型 $G^{-1}(s)$

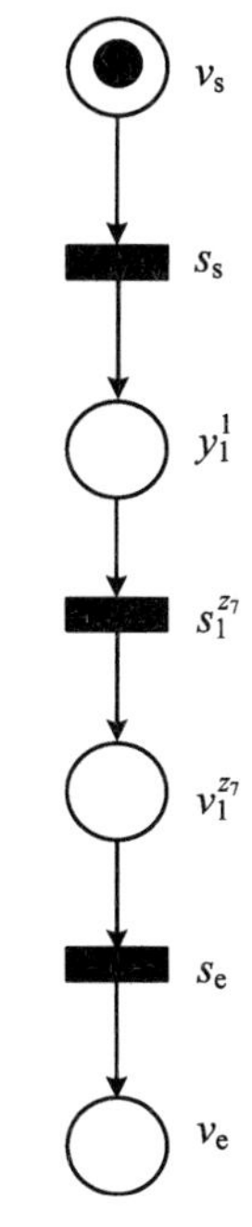

图 4-38　$\Gamma(z_7)$的属性 I/S 工作流网 Σ^{z_7}

表 4-24　Σ^{z_7} 部分求解的定义及属性值

符号	名　称	$\mathbb{F}(s_1^{z_7})$	$P(s_1^{z_7})$
$s_1^{z_7}$	$G^{-1}(s)$中分子大于分母阶次的 s 用微分环节代替	$[0]_{1\times 8}$	0.2

4.4.4　基于多层功能-构型-算艺法的方案生成

按照步骤 MSG2，基于知识集 Y 和 Z 对设计需求 R 进行求解。

STEP 1　易知框架知识集 Y 与构型知识集 Z 中的元素对 R 均满足 ΓR. XY 条件。

STEP 2　按以下步骤生成备选框架概念模型集 G：

STEP 2.1　因为 Σ^{y_1} 本身就是最小 I/S 工作流网，可以直接利用 y_1 的算艺知识构建算艺模型 $T^{g_1}=(\mathscr{X}_1^{g_1},\mathscr{X}_0^{g_1},\Sigma^{g_1},\mathbb{F}(T^{g_1}),P(T^{g_1}))$，其中 $\mathscr{X}_1^{g_1}=\mathscr{X}_1^{y_1}$，$\mathscr{X}_0^{g_1}=\mathscr{X}_0^{y_1}$，$\Sigma^{g_1}=\Sigma^{y_1}$，$\mathbb{F}(T^{g_1})=[00000000]$，$P(T^{g_1})=0$。由此获得框架概念模型 $g_1=(H^{g_1},T^{g_1},\mathbb{F}(g_1),P(g_1))$，其中 $Dr^{g_1}=Dr^{y_1}$，$\mathbb{F}(g_1)=\mathbb{F}(y_1)\vee\mathbb{F}(T^{g_1})=[01000000]$，$P(g_1)=P(T^{g_1})=0$。

STEP 2.2　利用 NG1 算法生成 Σ^{y_2} 的全部相容最小同起止 I/S 子工作流网 $\{\Sigma^{g_{2,1}},\Sigma^{g_{2,2}}\}$，$\Sigma^{g_{2,1}}=(V^{g_{2,1}},S^{g_{2,1}};F^{g_{2,1}},\mathscr{F},\mathbb{F}(S^{g_{2,1}}),P(S^{g_{2,1}}),M_0^{g_{2,1}})$，$\Sigma^{g_{2,2}}=(V^{g_{2,2}},S^{g_{2,2}};F^{g_{2,2}},\mathscr{F},\mathbb{F}(S^{g_{2,2}}),P(S^{g_{2,2}}),M_0^{g_{2,2}})$，其中 $S^{g_{2,1}}=\{s_s,s_1^{y_2},s_3^{y_2},s_4^{y_2},s_e\}$，$S^{g_{2,2}}=\{s_s,s_2^{y_2},s_3^{y_2},s_5^{y_2},s_e\}$。获得算艺模型 $T^{g_{2,1}}=(\mathscr{X}_1^{g_{2,1}},\mathscr{X}_0^{g_{2,1}},\Sigma^{g_{2,1}},\mathbb{F}(T^{g_{2,1}}),P(T^{g_{2,1}}))$与 $T^{g_{2,2}}=(\mathscr{X}_1^{g_{2,2}},\mathscr{X}_0^{g_{2,2}},\Sigma^{g_{2,2}},\mathbb{F}(T^{g_{2,2}}),P(T^{g_{2,2}}))$，其中 $\mathbb{F}(T^{g_{2,1}})=[10000000]$，$P(T^{g_{2,1}})=1.1$，$\mathbb{F}(T^{g_{2,2}})=[10000000]$，$P(T^{g_{2,2}})=0.7$。进而获得框架概念模型 $g_{2,1}=(H^{g_{2,1}},T^{g_{2,1}},\mathbb{F}(g_{2,1}),P(g_{2,1}))$与 $g_{2,2}=(H^{g_{2,2}},T^{g_{2,2}},\mathbb{F}(g_{2,2}),P(g_{2,2}))$，其中 $Dr^{g_{2,1}}=Dr^{g_{2,2}}=Dr^{y_2}$，$\mathbb{F}(g_{2,1})=\mathbb{F}(y_2)\vee\mathbb{F}(T^{g_{2,1}})=[11100000]$，$\mathbb{F}(g_{2,2})=\mathbb{F}(y_2)\vee\mathbb{F}(T^{g_{2,2}})=[11101000]$，$P(g_{2,1})=P(T^{g_{2,1}})=1.1$，$P(g_{2,2})=P(T^{g_{2,2}})=0.7$。

STEP 2.3　因为 Σ^{y_3} 本身就是最小 I/S 工作流网，同 STEP 2.1，可得框架概念模型 $g_3=(H^{g_3},T^{g_3},\mathbb{F}(g_3),P(g_3))$，其中 $Dr^{g_3}=Dr^{y_3}$，$\mathscr{X}_1^{g_3}=\mathscr{X}_1^{y_3}$，$\mathscr{X}_0^{g_3}=\mathscr{X}_0^{y_3}$，$\Sigma^{g_3}=\Sigma^{y_3}$，$\mathbb{F}(g_3)=\mathbb{F}(y_3)\vee\mathbb{F}(T^{g_3})=[01000100]$，$P(g_3)=P(T^{g_3})=1.5$。

STEP 2.4　获得框架概念模型集 $G=\{g_1,g_{2,1},g_{2,2},g_3\}$，相关属性整理为表 4-25，其中的待定子元如表 4-26 所示。

表 4-25　框架概念模型集 G

g_k	I^{g_k}	O^{g_k}	Dr^{g_k}	$\mathscr{X}_1^{g_k}$	$\mathbb{F}(g_k)$	$P(g_k)$
g_1	$\{r,y\}$	$\{u\}$	$\{Dr_1^{y_1},Dr_2^{y_1}\}$	$\{y_1^1\}$	[01000000]	0
$g_{2,1}$	$\{r,y\}$	$\{u\}$	$\{Dr_1^{y_2}\}$	$\{y_1^1,y_2^1\}$	[11100000]	1.1
$g_{2,2}$	$\{r,y\}$	$\{u\}$	$\{Dr_1^{y_2}\}$	$\{y_1^1,y_2^1\}$	[11100000]	0.7
g_3	$\{r,y\}$	$\{u_o\}$	$\{Dr_1^{y_3},Dr_2^{y_3}\}$	$\{y_1^1,y_2^1\}$	[01000100]	1.5

表 4-26　G 中的待定子元

$Dr_l^{y_k}$	$I^{Dr_l^{y_k}}$	$O^{Dr_l^{y_k}}$	$\mathbb{F}(Dr_l^{y_k})$
$Dr_1^{y_1}$	$\{r,y\}$	$\{u\}$	[01000000]
$Dr_2^{y_1}$	$\{r,y\}$	$\{u\}$	[01000000]
$Dr_1^{y_2}$	$\{r,y\}$	$\{u\}$	[11000000]
$Dr_1^{y_3}$	$\{r,y\}$	$\{u\}$	[01000000]
$Dr_2^{y_3}$	$\{y\}$	$\{\hat{u}_o\}$	[00000010]

STEP 3　按以下步骤生成备选概念模型集 E：

STEP 3.1　利用 NG1 算法生成 $\Sigma^{z_k}(k=1,2,\cdots,7)$的全部相容最小同起止 I/S子工作流网，得到$\{\Sigma^{e_{1,1}},\Sigma^{e_{1,2}},\Sigma^{e_{1,3}},\Sigma^{e_{1,4}},\Sigma^{e_{1,5}},\Sigma^{e_{1,6}},\Sigma^{e_{1,7}}\}$，$\{\Sigma^{e_{2,1}},\Sigma^{e_{2,2}},\Sigma^{e_{2,3}},\Sigma^{e_{2,4}}\}$，$\{\Sigma^{e_{3,1}},\Sigma^{e_{3,2}},\Sigma^{e_{3,3}}\}$，$\{\Sigma^{e_4}\}$，$\{\Sigma^{e_5}\}$，$\{\Sigma^{e_6}\}$，$\{\Sigma^{e_7}\}$。其中：

$$S^{e_{1,1}}=\{s_s,s_1^{z_1},s_5^{z_1},s_6^{z_1},s_9^{z_1},s_e\},\quad S^{e_{1,2}}=\{s_s,s_1^{z_1},s_5^{z_1},s_7^{z_1},s_9^{z_1},s_e\}$$

$$S^{e_{1,3}}=\{s_s,s_1^{z_1},s_5^{z_1},s_8^{z_1},s_9^{z_1},s_e\},\quad S^{e_{1,4}}=\{s_s,s_1^{z_1},s_5^{z_1},s_{10}^{z_1},s_e\}$$

$$S^{e_{1,5}}=\{s_s,s_1^{z_1},s_5^{z_1},s_{11}^{z_1},s_e\},\quad S^{e_{1,6}}=\{s_s,s_1^{z_1},s_3^{z_1},s_e\}$$

$$S^{e_{1,7}}=\{s_s,s_2^{z_1},s_4^{z_1},s_e\},\quad S^{e_{2,1}}=\{s_s,s_1^{z_2},s_3^{z_2},s_5^{z_2},s_7^{z_2},s_e\}$$

$$S^{e_{2,2}}=\{s_s,s_1^{z_2},s_2^{z_2},s_4^{z_2},s_5^{z_2},s_7^{z_2},s_e\},\quad S^{e_{2,3}}=\{s_s,s_1^{z_2},s_2^{z_2},s_3^{z_2},s_6^{z_2},s_8^{z_2},s_e\}$$

$$S^{e_{2,4}}=\{s_s,s_1^{z_2},s_2^{z_2},s_4^{z_2},s_6^{z_2},s_8^{z_2},s_e\},\quad S^{e_{3,1}}=\{s_s,s_1^{z_3},s_2^{z_3},s_3^{z_3},s_4^{z_3},s_7^{z_3},s_e\}$$

$$S^{e_{3,2}}=\{s_s,s_1^{z_3},s_2^{z_3},s_3^{z_3},s_5^{z_3},s_7^{z_3},s_e\},\quad S^{e_{3,3}}=\{s_s,s_1^{z_3},s_2^{z_3},s_3^{z_3},s_6^{z_3},s_7^{z_3},s_e\}$$

$$\Sigma^{e_4}=\Sigma^{z_4},\quad \Sigma^{e_5}=\Sigma^{z_5},\quad \Sigma^{e_6}=\Sigma^{z_6},\quad \Sigma^{e_7}=\Sigma^{z_7}$$

STEP 3.2　构建算艺模型$\{T^{e_{1,1}},T^{e_{1,2}},T^{e_{1,3}},T^{e_{1,4}},T^{e_{1,5}},T^{e_{1,6}},T^{e_{1,7}}\}$，$\{T^{e_{2,1}},T^{e_{2,2}},T^{e_{2,3}},T^{e_{2,4}}\}$，$\{T^{e_{3,1}},T^{e_{3,2}},T^{e_{3,3}}\}$，$\{T^{e_4}\}$，$\{T^{e_5}\}$，$\{T^{e_6}\}$，$\{T^{e_7}\}$，它们的功能属性及性能属性如表 4-27 所示。

表 4-27　备选概念模型集各算艺模型的功能属性及性能属性

T^{e_k}	Σ^{e_k}	$\mathbb{F}(T^{e_k})$	$P(T^{e_k})$	T^{e_k}	Σ^{e_k}	$\mathbb{F}(T^{e_k})$	$P(T^{e_k})$
$T^{e_{1,1}}$	$\Sigma^{e_{1,1}}$	[10000001]	1.2	$T^{e_{2,3}}$	$\Sigma^{e_{2,3}}$	[10000000]	1.2
$T^{e_{1,2}}$	$\Sigma^{e_{1,2}}$	[10000000]	1.2	$T^{e_{2,4}}$	$\Sigma^{e_{2,4}}$	[10000000]	1.2
$T^{e_{1,3}}$	$\Sigma^{e_{1,3}}$	[10000000]	1.2	$T^{e_{3,1}}$	$\Sigma^{e_{3,1}}$	[10001000]	2.0
$T^{e_{1,4}}$	$\Sigma^{e_{1,4}}$	[10001000]	0.9	$T^{e_{3,2}}$	$\Sigma^{e_{3,2}}$	[10000000]	2.0
$T^{e_{1,5}}$	$\Sigma^{e_{1,5}}$	[10011000]	0.9	$T^{e_{3,3}}$	$\Sigma^{e_{3,3}}$	[10000000]	2.0
$T^{e_{1,6}}$	$\Sigma^{e_{1,6}}$	[10000000]	0.7	T^{e_4}	Σ^{e_4}	[10111000]	1.7
$T^{e_{1,7}}$	$\Sigma^{e_{1,7}}$	[10000000]	0.3	T^{e_5}	Σ^{e_5}	[10011000]	3.9
$T^{e_{2,1}}$	$\Sigma^{e_{2,1}}$	[10000000]	1.1	T^{e_6}	Σ^{e_6}	$[0]_{1\times 8}$	6.9
$T^{e_{2,2}}$	$\Sigma^{e_{2,2}}$	[10000000]	1.2	T^{e_7}	Σ^{e_7}	$[0]_{1\times 8}$	0.2

STEP 3.3　利用算艺模型构建概念模型，得到备选概念模型集 $E=\{e_{1,1}, e_{1,2}, e_{1,3}, e_{1,4}, e_{1,5}, e_{1,6}, e_{1,7}, e_{2,1}, e_{2,2}, e_{2,3}, e_{2,4}, e_{3,1}, e_{3,2}, e_{3,3}, e_4, e_5, e_6, e_7\}$，如表 4-28 所示。

表 4-28　备选概念模型集 E

e_k	I^{e_k}	O^{e_k}	$\mathscr{X}_1^{e_k}$	$\mathbb{F}(e_k)$	$P(e_k)$
$e_{1,1}$	$\{r, y\}$	$\{u\}$	$\{y_1^1\}$	[11100001]	1.2
$e_{1,2}$	$\{r, y\}$	$\{u\}$	$\{y_1^1\}$	[11100000]	1.2
$e_{1,3}$	$\{r, y\}$	$\{u\}$	$\{y_1^1\}$	[11100001]	1.2
$e_{1,4}$	$\{r, y\}$	$\{u\}$	$\{y_1^1\}$	[11101000]	0.9
$e_{1,5}$	$\{r, y\}$	$\{u\}$	$\{y_1^1\}$	[11111000]	0.9
$e_{1,6}$	$\{r, y\}$	$\{u\}$	$\{y_1^1\}$	[11100000]	0.7
$e_{1,7}$	$\{r, y\}$	$\{u\}$	$\{y_1^1\}$	[11100000]	0.7
$e_{2,1}$	$\{r, y\}$	$\{u\}$	$\{y_1^1\}$	[11111000]	1.1
$e_{2,2}$	$\{r, y\}$	$\{u\}$	$\{y_1^1\}$	[11111000]	1.2
$e_{2,3}$	$\{r, y\}$	$\{u\}$	$\{y_1^1\}$	[11111000]	1.2
$e_{2,4}$	$\{r, y\}$	$\{u\}$	$\{y_1^1\}$	[11111000]	1.2
$e_{3,1}$	$\{r, y\}$	$\{u\}$	$\{y_1^1\}$	[11111000]	2.0
$e_{3,2}$	$\{r, y\}$	$\{u\}$	$\{y_1^1\}$	[11110000]	2.0

续表

e_k	I^{e_k}	O^{e_k}	$X_1^{e_k}$	$\mathbb{F}(e_k)$	$P(e_k)$
$e_{3,3}$	$\{r,y\}$	$\{u\}$	$\{y_1^1\}$	[11110000]	2.0
e_4	$\{r,y\}$	$\{u\}$	$\{y_1^1, y_4^1, y_5^1, y_6^1\}$	[11111000]	1.7
e_5	$\{r,y\}$	$\{u\}$	$\{y_1^1, y_2^1, y_3^1\}$	[11011000]	3.9
e_6	$\{j\}$	$\{j\}$	$\{y_1^1, y_2^1\}$	[00000010]	6.9
e_7	$\{j\}$	$\{j\}$	$\{y_1^1\}$	[00000010]	0.2

STEP 4　由于 $g_{2,1}$ 仅在性能属性上与 $g_{2,2}$ 不同，故从 G 中删除 $g_{2,1}$ 以减小方案组合数目。

STEP 5　利用 MR. IO 条件和 MR. F 条件从 E 中获得 R 的可行概念模型集 $E_R^1=\varnothing$，由 R 和 E_R^1 组成第一级形态学矩阵 csT0。

STEP 6　利用 ΨR. IO 条件从 G 中获得可行框架概念模型集 $G_R^1=\{g_1, g_{2,2}, g_3\}$。

STEP 7　按以下步骤依次展开，获得三层形态综合树：

STEP 7.1　分别利用 MΨ. IO 条件和 MΨ. F 条件，从 E 中为 G_R^1 的 g_1 获得 $Dr_1^{y_1}$ 与 $Dr_2^{y_1}$ 的可行概念模型集 $E_{g_1.1}^1=E_{g_1.2}^1=E-\{e_6, e_7\}$，为 G_R^1 的 $g_{2,2}$ 获得 $Dr_1^{y_2}$ 的可行概念模型集 $E_{g_{2,2}.1}^1=E-\{e_6, e_7\}$，为 G_R^1 的 g_3 获得 $Dr_1^{y_3}$ 与 $Dr_2^{y_3}$ 的可行概念模型集 $E_{g_3.1}^1=E-\{e_6, e_7\}$ 与 $E_{g_3.2}^1=\{e_6, e_7\}$。由 $Dr_1^{y_1}$，$Dr_2^{y_1}$，$E_{g_1.1}^1$ 与 $E_{g_1.2}^1$ 组成以 g_1 为框架的实现 R 的形态学矩阵 csT1.1，由 $Dr_1^{y_2}$ 与 $E_{g_{2,2}.1}^1$ 组成以 $g_{2,2}$ 为框架的实现 R 的形态学矩阵 csT1.2，由 $Dr_1^{y_3}$，$Dr_2^{y_3}$，$E_{g_3.1}^1$ 与 $E_{g_3.2}^1$ 组成以 g_3 为框架的实现 R 的形态学矩阵 csT1.3。

STEP 7.2　分别把 g_3 的待定子元 $Dr_1^{y_3}$ 与 $Dr_2^{y_3}$ 的实现问题作为子设计需求 sR 进行展开和求解，利用 ΨR. IO 条件从 G 中获得 $Dr_1^{y_3}$ 与 $Dr_2^{y_3}$ 的可行框架概念模型集 $G_{g_3.1}^2=\{g_1, g_{2,2}\}$ 和 $G_{g_3.2}^2=\varnothing$。

STEP 7.3　分别利用 MΨ. IO 条件和 MΨ. F 条件，从 E 中为 $G_{g_3.1}^2$ 的 g_1 获得 $Dr_1^{y_1}$ 与 $Dr_2^{y_1}$ 的可行概念模型集 $E_{g_1.1}^2=E_{g_1.2}^2=E-\{e_6, e_7\}$，为 $G_{g_3.1}^2$ 的 $g_{2,2}$ 获得 $Dr_1^{y_2}$ 的可行概念模型集 $E_{g_{2,2}.1}^2=E-\{e_6, e_7\}$。由 $Dr_1^{y_1}$，$Dr_2^{y_1}$，$E_{g_1.1}^2$ 与 $E_{g_1.2}^2$ 组成以 g_1 为框架的实现 G_R^1 的 g_3 的 $Dr_1^{y_3}$ 的形态学矩阵 csT2.1，由 $Dr_1^{y_2}$ 与 $E_{g_{2,2}.1}^2$ 组成以 $g_{2,2}$ 为框架的实现 G_R^1 的 g_3 的 $Dr_1^{y_3}$ 的形态学矩阵 csT2.2。

STEP 7.4　把 $G_{g_3.1}^2$ 的 g_1 的 $Dr_1^{y_1}$ 的实现问题作为子子设计需求 ssR 进行展开和求解，利用 ΨR. IO 条件从 G 中获得 $Dr_1^{y_1}$ 的可行框架概念模型集 $G_{g_1.1}^3=\{g_1, g_{2,2}\}$。利用 MΨ. IO 条件和 MΨ. F 条件从 E 中为 $G_{g_1.1}^3$ 的 $g_{2,2}$ 获得 $Dr_1^{y_2}$ 的可行概

念模型集 $E^3_{g_{2,2}.1}=E-\{e_6,e_7\}$。由 $Dr_1^{y_2}$ 与 $E^3_{g_{2,2}.1}$组成以 $g_{2,2}$ 为框架的实现 $G^2_{g_3.1}$的 g_1 的 $Dr_1^{y_1}$ 的形态学矩阵 csT3.1。

STEP 7.5　把 $G^2_{g_3.1}$的 $g_{2,2}$的 $Dr_1^{y_2}$ 的实现问题作为子子设计需求 ssR 进行展开和求解，利用 ΨR.IO 条件从 G 中获得 $Dr_1^{y_2}$ 的可行框架概念模型集 $G^3_{g_{2,2}.1}=\{g_1,g_{2,2}\}$。利用 MΨ.IO 条件和 MΨ.F 条件分别从 E 中为 $G^3_{g_{2,2}.1}$的 g_1 获得 $Dr_1^{y_1}$ 与 $Dr_2^{y_1}$ 的可行概念模型集 $E^3_{g_1.1}=E^3_{g_1.2}=E-\{e_6,e_7\}$。由 $Dr_1^{y_1}$，$Dr_2^{y_1}$，$E^3_{g_1.1}$与 $E^3_{g_1.2}$组成以 g_1 为框架的实现 $G^2_{g_3.1}$的 $g_{2,2}$的 $Dr_1^{y_2}$ 的形态学矩阵 csT3.2。

STEP 7.6　为限制组合规模，对其他节点不再展开，得到例 4-1 的形态综合树，如图 4-39 所示。

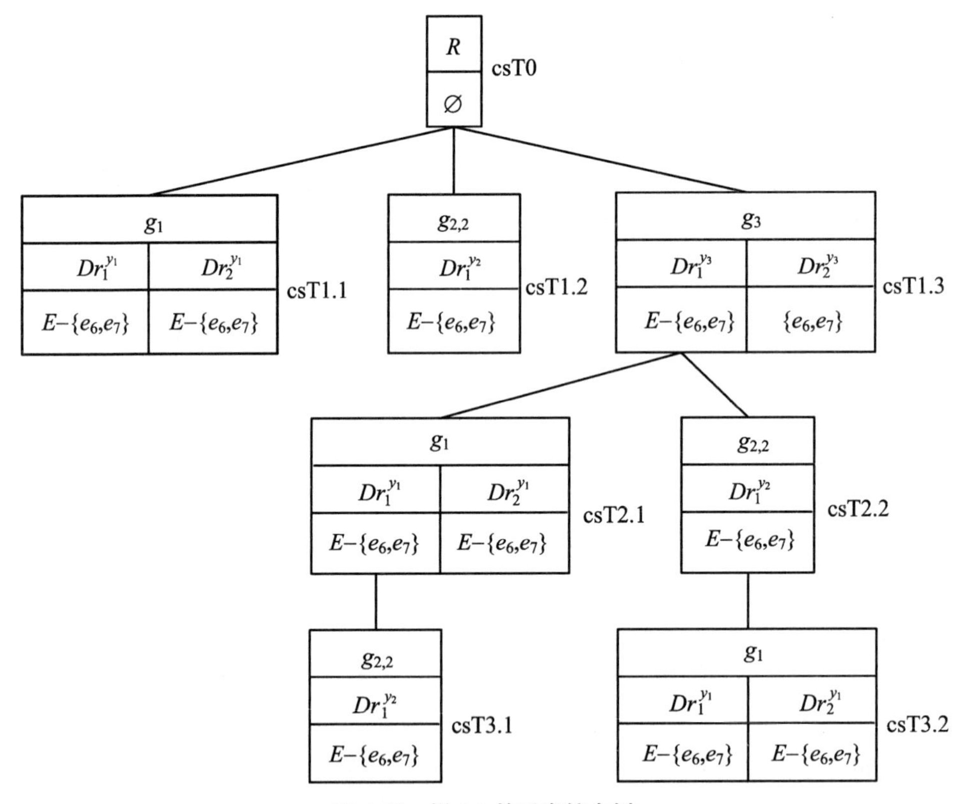

图 4-39　例 4-1 的形态综合树

STEP 8　按以下步骤进行自底向上的形态综合：

STEP 8.1　对矩阵 csT3.1 进行形态综合，得到 16 个方案 $\{e_{2001},e_{2002},\cdots,e_{2016}\}$，对功能属性相同的方案采用 MR.P 条件进行精减。然后对 $G^2_{g_3.1}$的 g_1 的 $Dr_1^{y_1}$ 利用 MR.F 条件得到 8 个概念模型，将其加入到 $E^2_{g_1.1}$中。8 个概念模型的构

成与属性如表 4-29 所示，如 $\mathbb{F}(e_{2001}) = \mathbb{F}(g_{2,2}) \vee (\mathbb{F}(e_{1,1}) - \mathbb{F}(Dr_1^{y_2})) =$ [11111001]，$P(e_{2001}) = P(g_{2,2}) + P(e_{1,1}) = 1.9$，把矩阵 csT3.1 从形态综合树中删除。

表 4-29　加入到 $E^2_{g_1,1}$ 中的 8 个概念模型

e_k	构成	$\mathbb{F}(e_k)$	$P(e_k)$
e_{2001}	$(g_{2,2},\{e_{1,1}\})$	[11100001]	1.9
e_{2004}	$(g_{2,2},\{e_{1,4}\})$	[11101000]	1.6
e_{2005}	$(g_{2,2},\{e_{1,5}\})$	[11111000]	1.6
e_{2006}	$(g_{2,2},\{e_{1,6}\})$	[11100000]	1.4
e_{2007}	$(g_{2,2},\{e_{1,7}\})$	[11100000]	1.0
e_{2008}	$(g_{2,2},\{e_{2,1}\})$	[11111000]	1.8
e_{2013}	$(g_{2,2},\{e_{3,2}\})$	[11110000]	2.7
e_{2014}	$(g_{2,2},\{e_{3,3}\})$	[11110000]	2.7

STEP 8.2　对矩阵 csT3.2 进行形态综合，得到 256 个方案 $\{e_{2101}, e_{2102}, \cdots, e_{2356}\}$，与 STEP 8.1 方法类似，将得到的 16 个概念模型加入到 $E^2_{g_{2,2},1}$ 中。16 个概念模型的构成与属性如表 4-30 所示，把矩阵 csT3.2 从形态综合树中删除。

表 4-30　加入到 $E^2_{g_{2,2},1}$ 中的 16 个概念模型

e_k	构成	$\mathbb{F}(e_k)$	$P(e_k)$
e_{2104}	$(g_1,\{e_{1,1},e_{1,4}\})$	[11101001]	2.1
e_{2105}	$(g_1,\{e_{1,1},e_{1,5}\})$	[11111001]	2.1
e_{2106}	$(g_1,\{e_{1,1},e_{1,6}\})$	[11100001]	1.9
e_{2107}	$(g_1,\{e_{1,1},e_{1,7}\})$	[11100001]	1.5
e_{2108}	$(g_1,\{e_{1,1},e_{2,1}\})$	[11111001]	2.3
e_{2113}	$(g_1,\{e_{1,1},e_{3,2}\})$	[11110001]	3.2
e_{2114}	$(g_1,\{e_{1,1},e_{3,3}\})$	[11110001]	3.2
e_{2154}	$(g_1,\{e_{1,4},e_{1,6}\})$	[11101000]	1.6
e_{2155}	$(g_1,\{e_{1,4},e_{1,7}\})$	[11101000]	1.2
e_{2171}	$(g_1,\{e_{1,5},e_{1,7}\})$	[11111000]	1.2
e_{2187}	$(g_1,\{e_{1,6},e_{1,7}\})$	[11100000]	1.0
e_{2203}	$(g_1,\{e_{1,7},e_{1,7}\})$	[11100000]	0.6
e_{2204}	$(g_1,\{e_{1,7},e_{2,1}\})$	[11111000]	1.4
e_{2209}	$(g_1,\{e_{1,7},e_{3,2}\})$	[11110000]	2.3
e_{2210}	$(g_1,\{e_{1,7},e_{3,3}\})$	[11110000]	2.3
e_{2356}	$(g_1,\{e_5,e_5\})$	[11011000]	7.8

STEP 8.3　对矩阵 csT2.1 进行形态综合，得到 384 个方案$\{e_{2401},e_{2402},\cdots,e_{2784}\}$，与 STEP 8.1 方法类似，将得到的 16 个概念模型加入到 $E^1_{g_3.1}$ 中。16 个概念模型的构成与属性如表 4-31 所示，把矩阵 csT2.1 从形态综合树中删除。

表 4-31　STEP 8.3 中加入到 $E^1_{g_3.1}$ 中的 16 个概念模型

e_k	构成	$\mathbb{F}(e_k)$	$P(e_k)$
e_{2404}	$(g_1,\{e_{1,1},e_{1,4}\})$	[11101001]	2.1
e_{2405}	$(g_1,\{e_{1,1},e_{1,5}\})$	[11111001]	2.1
e_{2406}	$(g_1,\{e_{1,1},e_{1,6}\})$	[11100001]	1.9
e_{2407}	$(g_1,\{e_{1,1},e_{1,7}\})$	[11100001]	1.5
e_{2408}	$(g_1,\{e_{1,1},e_{2,1}\})$	[11111001]	2.3
e_{2413}	$(g_1,\{e_{1,1},e_{3,2}\})$	[11110001]	3.2
e_{2414}	$(g_1,\{e_{1,1},e_{3,3}\})$	[11110001]	3.2
e_{2454}	$(g_1,\{e_{1,4},e_{1,6}\})$	[11101000]	1.6
e_{2455}	$(g_1,\{e_{1,4},e_{1,7}\})$	[11101000]	1.2
e_{2471}	$(g_1,\{e_{1,5},e_{1,7}\})$	[11111000]	1.2
e_{2487}	$(g_1,\{e_{1,6},e_{1,7}\})$	[11100000]	1.0
e_{2503}	$(g_1,\{e_{1,7},e_{1,7}\})$	[11100000]	0.6
e_{2504}	$(g_1,\{e_{1,7},e_{2,1}\})$	[11111000]	1.4
e_{2509}	$(g_1,\{e_{1,7},e_{3,2}\})$	[11110000]	2.3
e_{2510}	$(g_1,\{e_{1,7},e_{3,3}\})$	[11110000]	2.3
e_{2656}	$(g_1,\{e_5,e_5\})$	[11011000]	7.8

STEP 8.4　对矩阵 csT2.2 进行形态综合，得到 32 个方案$\{e_{2901},e_{2902},\cdots,e_{2932}\}$，与 STEP 8.1 方法类似，将得到的 15 个概念模型加入到 $E^1_{g_3.1}$ 中。15 个概念模型的构成与属性如表 4-32 所示，把矩阵 csT2.2 从形态综合树中删除。

表 4-32　STEP 8.4 中加入到 $E^1_{g_3.1}$ 中的 15 个概念模型

e_k	构成	$\mathbb{F}(e_k)$	$P(e_k)$
e_{2901}	$(g_{2,1},\{e_{1,1}\})$	[11100001]	1.9
e_{2904}	$(g_{2,2},\{e_{1,4}\})$	[11101000]	1.6
e_{2905}	$(g_{2,2},\{e_{1,5}\})$	[11111000]	1.6
e_{2907}	$(g_{2,2},\{e_{1,7}\})$	[11100000]	1.0

续表

e_k	构成	$\mathbb{F}(e_k)$	$P(e_k)$
e_{2908}	$(g_{2,2},\{e_{2,1}\})$	[11111000]	1.8
e_{2913}	$(g_{2,2},\{e_{3,2}\})$	[11110000]	2.7
e_{2914}	$(g_{2,2},\{e_{3,3}\})$	[11110000]	2.7
e_{2917}	$(g_{2,2},\{e_{2014}\})$	[11101001]	2.8
e_{2918}	$(g_{2,2},\{e_{2105}\})$	[11111001]	2.8
e_{2920}	$(g_{2,2},\{e_{2107}\})$	[11100001]	2.2
e_{2921}	$(g_{2,2},\{e_{2108}\})$	[11111001]	3.0
e_{2922}	$(g_{2,2},\{e_{2113}\})$	[11110001]	3.9
e_{2923}	$(g_{2,2},\{e_{2114}\})$	[11110001]	3.9
e_{2925}	$(g_{2,2},\{e_{2155}\})$	[11101000]	1.9
e_{2928}	$(g_{2,2},\{e_{2203}\})$	[11111001]	1.3

STEP 8.5　对矩阵 csT1.1 进行形态综合，得到 256 个方案$\{e_{4001},e_{4002},\cdots,e_{4256}\}$，对 R 利用 MR.F 条件和 MR.P 条件得到 0 个概念模型，把矩阵 csT1.1 从形态综合树中删除。

STEP 8.6　对矩阵 csT1.2 进行形态综合，得到 16 个方案$\{e_{4301},e_{4302},\cdots,e_{4316}\}$，对 R 利用 MR.F 条件和 MR.P 条件得到 0 个概念模型，把矩阵 csT1.2 从形态综合树中删除。

STEP 8.7　对矩阵 csT1.3 进行形态综合，得到 94 个方案$\{e_{3001},e_{3002},\cdots,e_{3094}\}$，对 R 利用 MR.F 条件得到 8 个可行概念模型，构成与属性如表 4-33 所示。再对 R 利用 MR.P 条件得到 2 个方案$\{e_{3036},e_{3042}\}$，将其加入到 E_R^1 中，把矩阵 csT1.3 从形态综合树中删除。

表 4-33　以 g_3 为框架对 R 满足 MR.F 条件的 8 个概念模型

e_k	构成	$\mathbb{F}(e_k)$	$P(e_k)$
e_{3035}	$(g_3,\{e_{2405},e_6\})$	[11111101]	10.5
e_{3036}	$(g_3,\{e_{2405},e_7\})$	[11111101]	3.8
e_{3041}	$(g_3,\{e_{2408},e_6\})$	[11111101]	10.7
e_{3042}	$(g_3,\{e_{2408},e_7\})$	[11111101]	4.0
e_{3081}	$(g_3,\{e_{2918},e_6\})$	[11111101]	11.2
e_{3082}	$(g_3,\{e_{2918},e_7\})$	[11111101]	4.5
e_{3085}	$(g_3,\{e_{2921},e_6\})$	[11111101]	11.4
e_{3086}	$(g_3,\{e_{2921},e_7\})$	[11111101]	4.7

STEP 9　现有 $E_R^1=\{e_{3036},e_{3042}\}$，得到 R 的可行方案集 $\mathscr{M}_f=\{e_{3036},e_{3042}\}$，再利用 MR. P 条件得到 R 的较佳概念模型集 $\mathscr{M}_p=\{e_{3036},e_{3042}\}$。

至此得到两个较佳概念模型：$e_{3036}=(g_3,\{(g_1,\{e_{1,1},e_{1,5}\}),e_7\})$，$e_{3042}=(g_3,\{(g_1,\{e_{1,1},e_{2,1}\}),e_7\})$。

e_{3036}的方框图与功能块图分别如图 4-40 与图 4-41 所示，e_{3036}的算艺模型 $T^{e_{3036}}=T^{g_3}\ominus T^{g_1}\ominus T^{e_{1,1}}\ominus T^{e_{1,5}}\ominus T^{e_7}$，有 $\mathscr{X}_1^{e_{3036}}=\{y_1^1,y_2^1\}$，$\mathscr{X}_0^{e_{3036}}=\{v_1^{y_3},v_1^{e_{1,1}},v_2^{e_{1,1}},v_3^{e_{1,1}},v_1^{e_{1,5}},v_2^{e_{1,5}},v_3^{e_{1,5}},v_1^{z_7}\}$，$\Sigma^{e_{3036}}=\Sigma^{g_3}\ominus\Sigma^{g_1}\ominus\Sigma^{e_{1,1}}\ominus\Sigma^{e_{1,5}}\ominus\Sigma^{e_7}$。$\Sigma^{e_{3036}}$ 的基网如图 4-42 所示。

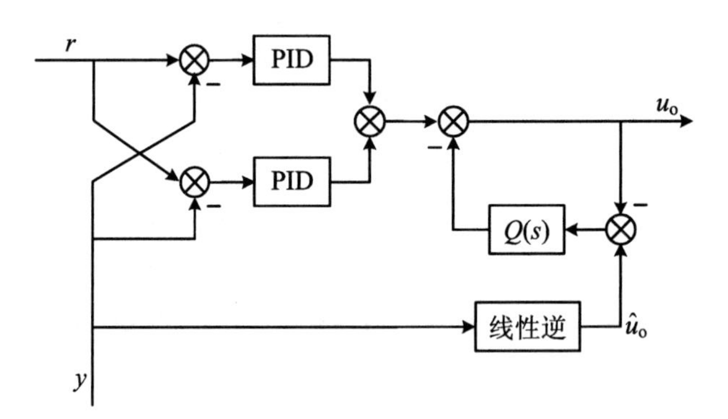

图 4-40　e_{3036}的方框图

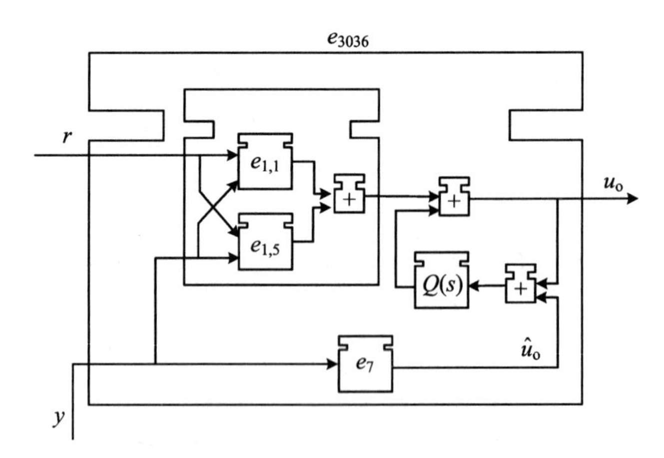

图 4-41　e_{3036}的功能块图

e_{3042}的方框图与功能块图分别如图 4-43 与图 4-44 所示，e_{3042}的算艺模型 $T^{e_{3042}}=T^{g_3}\ominus T^{g_1}\ominus T^{e_{1,1}}\ominus T^{e_{2,1}}\ominus T^{e_7}$，有 $\mathscr{X}_1^{e_{3042}}=\{y_1^1,y_2^1\}$，$\mathscr{X}_0^{e_{3042}}=\{v_1^{y_3},v_1^{e_{1,1}},v_2^{e_{1,1}},v_3^{e_{1,1}},v_1^{z_2},v_2^{z_2},v_3^{z_2},v_4^{z_2},v_1^{z_7}\}$，$\Sigma^{e_{3042}}=\Sigma^{g_3}\ominus\Sigma^{g_1}\ominus\Sigma^{e_{1,1}}\ominus\Sigma^{e_{2,1}}\ominus\Sigma^{e_7}$。$\Sigma^{e_{3042}}$ 的基网如图 4-45 所示。$T^{e_{3036}}$ 与 $T^{e_{3042}}$ 中，$v_i^{e_{1,k}}$ 与 $v_i^{z_1}$ 的定义相同($k=1,5;i=1,2,3$)。

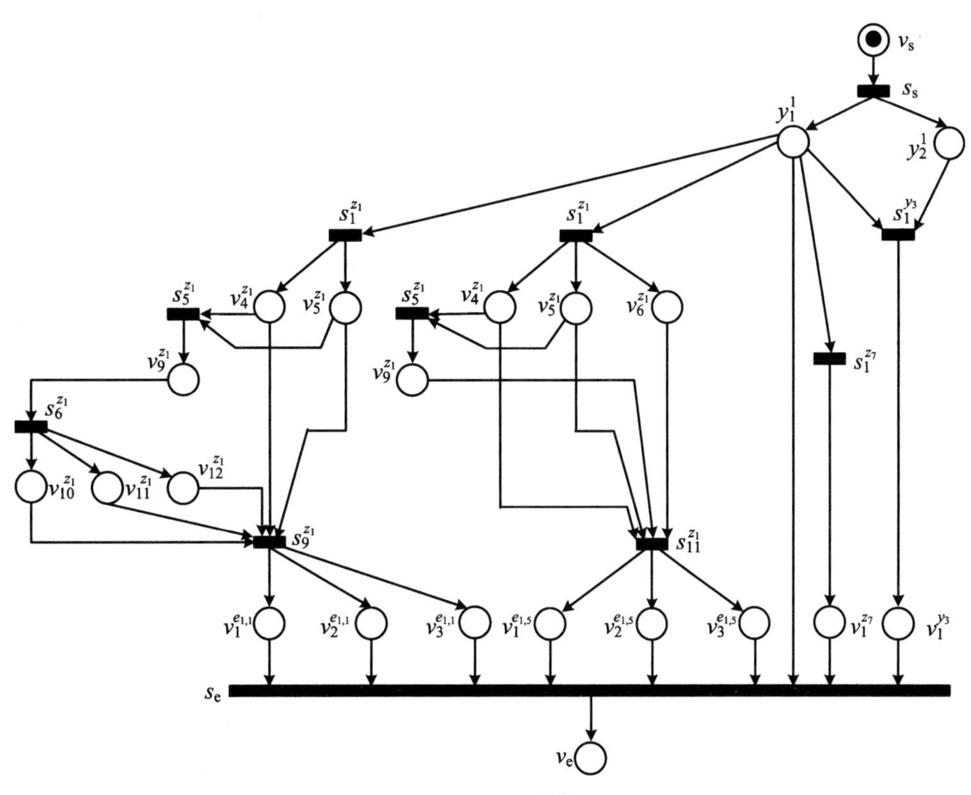

图 4-42　$\Sigma^{e_{3036}}$ 的基网

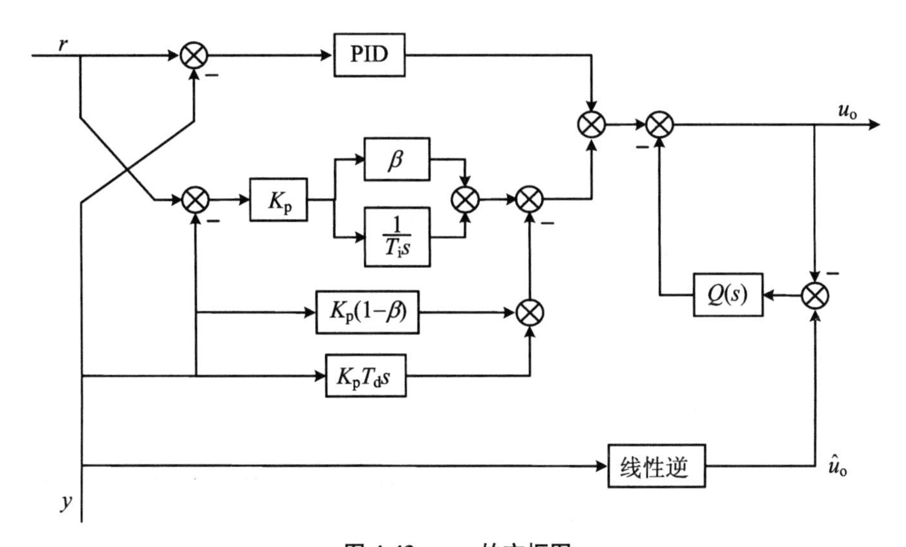

图 4-43　e_{3042} 的方框图

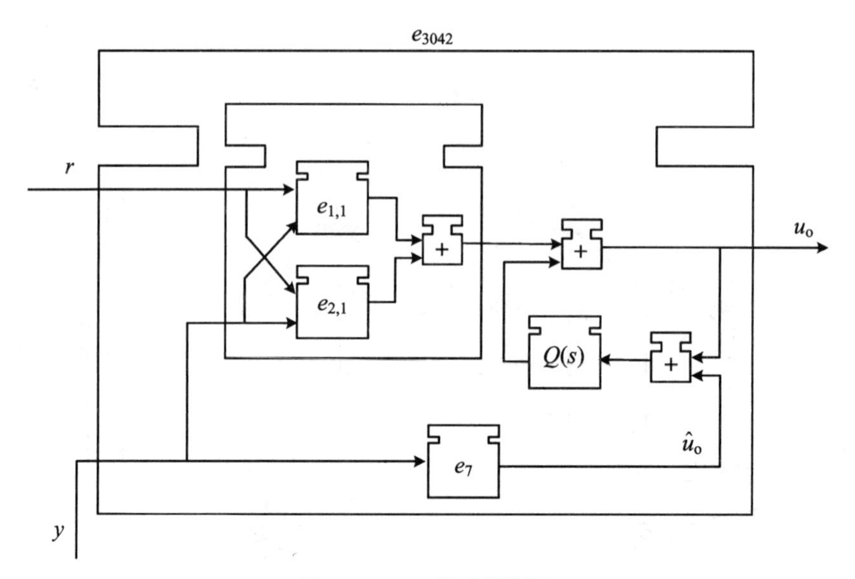

图 4-44　e_{3042}的功能块图

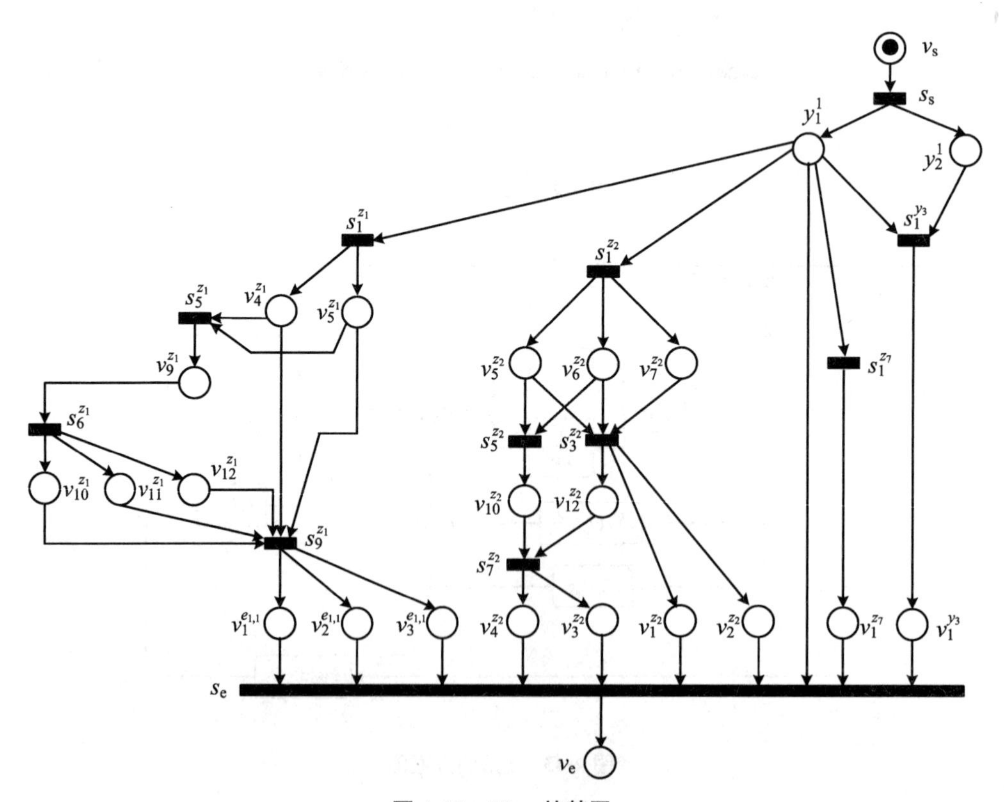

图 4-45　$\Sigma^{e_{3042}}$的基网

4.4.5　详细设计与仿真

下面分别对方案 e_{3036} 和 e_{3042} 进行详细设计。

4.4.5.1　e_{3036} 的详细设计

与 $\Sigma^{e_{3036}}$ 的终止序列 $\sigma = s_s s_1^{z_1} s_5^{z_1} s_6^{z_1} s_9^{z_1} s_{11}^{z_1} s_1^{z_7} s_1^{y_3} s_e$ 相对应，对 e_{3036} 进行详细设计如下。

(1) 求解 $s_1^{z_1}$——带时延的模型降阶。对被控对象模型

$$G(s) = \frac{y}{u} = \frac{51.87(s+87.64)}{(s+14.2)(s+35.34)(s+2.57)}$$

利用文献[175]提出的次最优模型降阶算法，得到 $G(s)$ 的 FOLPD 模型 $G'(s)$ 为

$$G'(s) = \frac{k}{Ts+1}e^{-Ls} = \frac{3.5253}{0.406s+1}e^{-0.0752s} \tag{4-45}$$

(2) 求解 $s_5^{z_1}$——求归一化时延 $\widetilde{L}$：

$$\widetilde{L} = \frac{L}{T} = \frac{0.0752}{0.406} = 0.185 \tag{4-46}$$

(3) 求解 $s_6^{z_1}$——庄敏霞等 ISE 最优 PID 整定参数查表。由 $\widetilde{L}=L/T\in[0.1, 1]$，查参考文献[177]的表 6-2，得到 ISE 最优指标下的 a_i，b_i 参数：

$$\begin{cases} a_1 = 1.048 \\ b_1 = -0.897 \end{cases},\quad \begin{cases} a_2 = 1.195 \\ b_2 = -0.368 \end{cases},\quad \begin{cases} a_3 = 0.489 \\ b_3 = 0.888 \end{cases} \tag{4-47}$$

(4) 求解 $s_9^{z_1}$——庄敏霞等最优 PID 整定算法。由庄敏霞等最优控制 PID 控制器参数经验整定算法[177]求概念模型 $e_{1,1}$ 的 PID 参数：

$$K_p = \frac{a_1}{k}\left(\frac{L}{T}\right)^{b_1} = 1.334 \tag{4-48}$$

$$T_i = \frac{T}{a_2 + b_2\left(\frac{L}{T}\right)} = 0.36 \tag{4-49}$$

$$T_d = a_3 T\left(\frac{L}{T}\right)^{b_3} = 0.0449 \tag{4-50}$$

(5) 求解 $s_{11}^{z_1}$——Wang F S 等 ITAE 最优 PID 整定法。由 Wang F S 等 ITAE 最优 PID 整定法[179]求概念模型 $e_{1,5}$ 的 PID 参数：

$$K_p = \frac{(0.7303 + 0.5307T/L)(T+0.5L)}{K(T+L)} = 0.9404 \tag{4-51}$$

$$T_i = T + 0.5L = 0.4436 \tag{4-52}$$

$$T_d = \frac{0.5LT}{T+0.5L} = 0.0344 \tag{4-53}$$

(6) 求解 $s_1^{z_7}$——$G^{-1}(s)$中分子大于分母阶次的 s 用微分环节代替。建立 $G(s)$ 的逆模型 $G^{-1}(s)$，如图 4-46 所示。

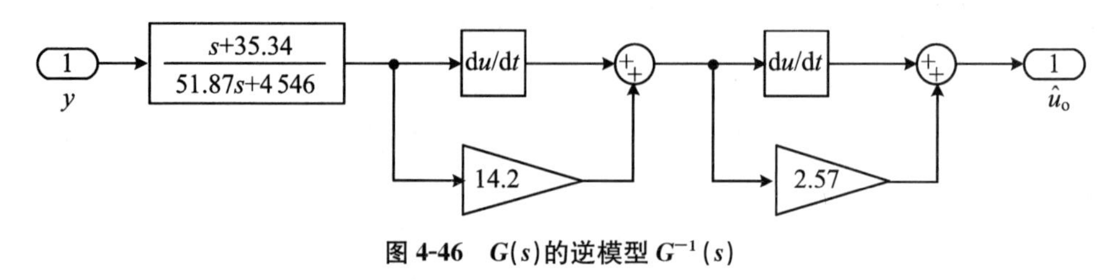

图 4-46 $G(s)$的逆模型 $G^{-1}(s)$

(7) 求解 $s_1^{y_3}$——Chebyshev Ⅱ型低通滤波器 $Q(z)$的设计。采用 Matlab 的 digital filter design 工具进行设计，选择通带截止频率 40 Hz，阻带截止频率 150 Hz，通带最大衰减 1 dB，阻带最小衰减 120 dB，采样频率 10 000 Hz，采用最小阶设计法得到 Chebyshev Ⅱ型低通滤波器 $Q(z)$如下：

$$Q(z)=80.8317\frac{0.0009(1-1.9714z^{-1}+z^{-2})}{1-1.9495z^{-1}+0.9505z^{-2}}\frac{0.0177(1-1.99081z^{-1}+z^{-2})}{1-1.988z^{-1}+0.9889z^{-2}}$$
$$\frac{0.1853(1-1.7792z^{-1}+z^{-2})}{1-1.9392z^{-1}+0.9401z^{-2}}\frac{0.004(1-1.98721z^{-1}+z^{-2})}{1-1.967z^{-1}+0.9679z^{-2}} \tag{4-54}$$

$Q(z)$的幅频与相频特性曲线如图 4-47 所示。

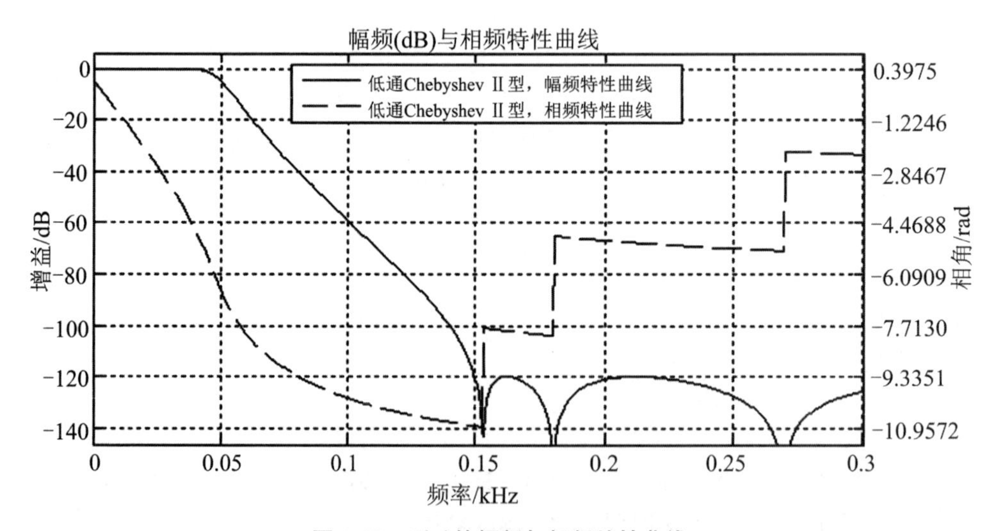

图 4-47 $Q(z)$的幅频与相频特性曲线

4.4.5.2 e_{3036}的仿真

按照 e_{3036}的方框图建立完整的仿真模型，如图 4-48 所示，仿真步长选择为 0.000 1。

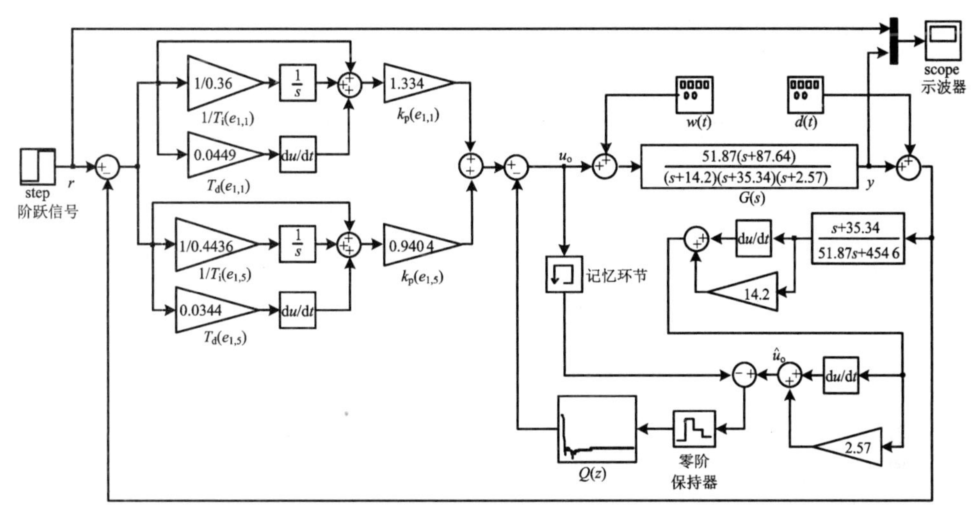

图 4-48　e_{3036}的仿真模型

令 $w(t)=0, d(t)=0$，断开 $Q(z)$，按照单独断开 $e_{1,5}$，单独断开 $e_{1,1}$ 以及同时连通 $e_{1,5}$ 与 $e_{1,1}$ 三种情况进行设置，可得到三种控制器 $e_{1,1}$，$e_{1,5}$ 和 $e_{1,1}+e_{1,5}$，它们控制 $G(s)$ 的阶跃响应曲线如图 4-49 所示。

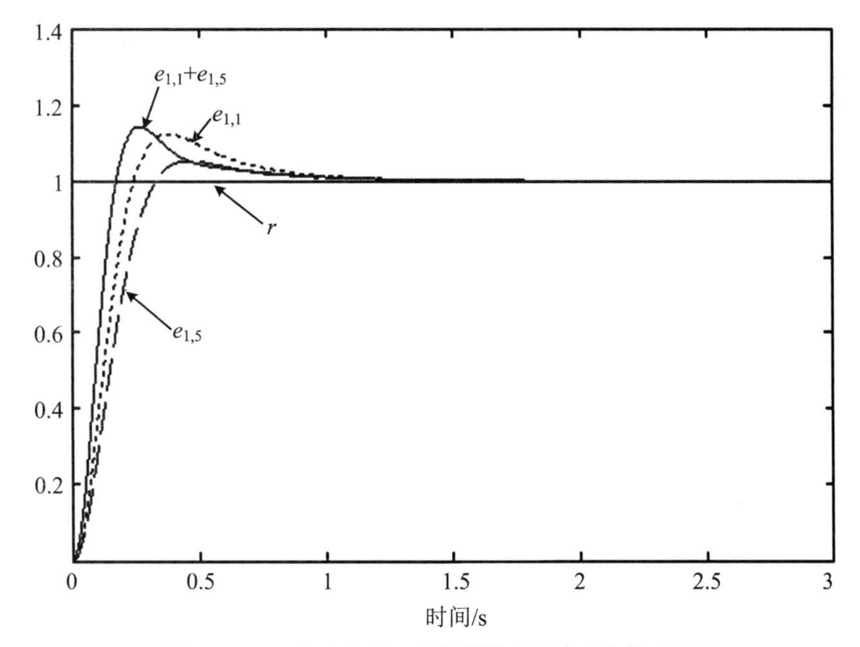

图 4-49　e_{3036}方案中的三种控制器阶跃响应曲线对比图

在图 4-48 完整仿真模型基础上，令 $d(t)=0$，断开 $Q(z)$，得到有正弦波输入扰动情况下的系统阶跃响应，如图 4-50 所示的曲线 y_w。接通 $Q(z)$ 并把 $Q(z)$ 和零阶保持器用短接线代替，得到没有滤波器、有干扰观测器情况下的系统阶跃响应曲线，如图 4-50 所示的 y_{wc} 曲线。

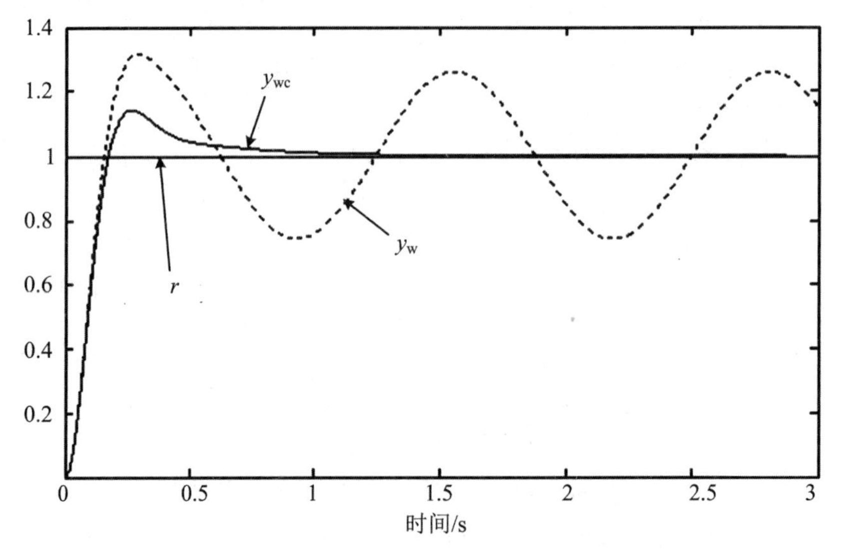

图 4-50　e_{3036} 有正弦波输入扰动补偿效果图

在图 4-48 完整仿真模型的基础上，把 $Q(z)$ 和零阶保持器用短接线代替，得到有量测噪声情况下的系统输出，如图 4-51 所示的曲线 y_d。然后按图 4-48 所示完整模型仿真，得到有噪声滤波器情况下的系统阶跃响应曲线 y_{df}。曲线 y_{df} 就是方案 e_{3036} 在被控对象同时存在输入扰动和量测噪声情况下的单位阶跃响应曲线，反映 e_{3036} 的控制效果和控制性能。

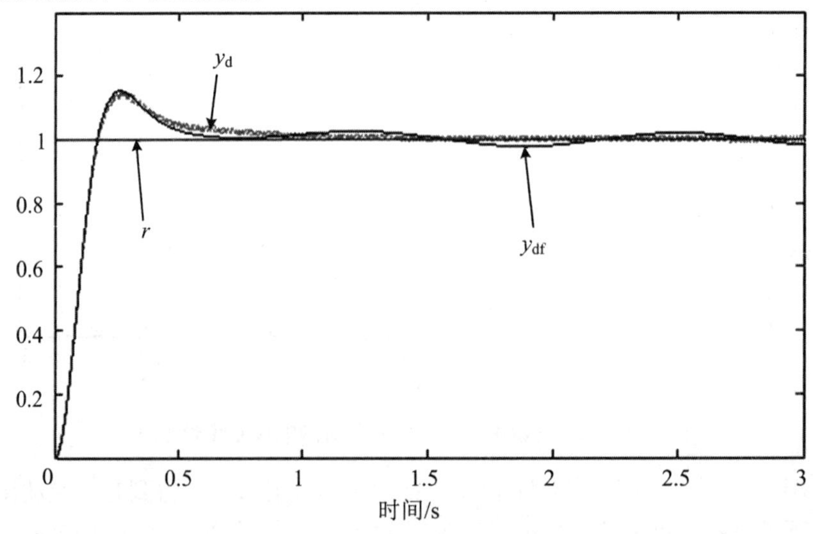

图 4-51　e_{3036} 量测噪声滤除效果图

局部放大图 4-51 得到图 4-52，可得设计方案 e_{3036} 的性能指标：稳态误差 $e_{sse_{3036}}=0$，$\sigma_{e_{3036}}\%=15.3\%>\sigma_R\%$，$t_{se_{3036}}=0.477<t_{sR}$，输出端正弦波扰动幅值 0.022<0.03。

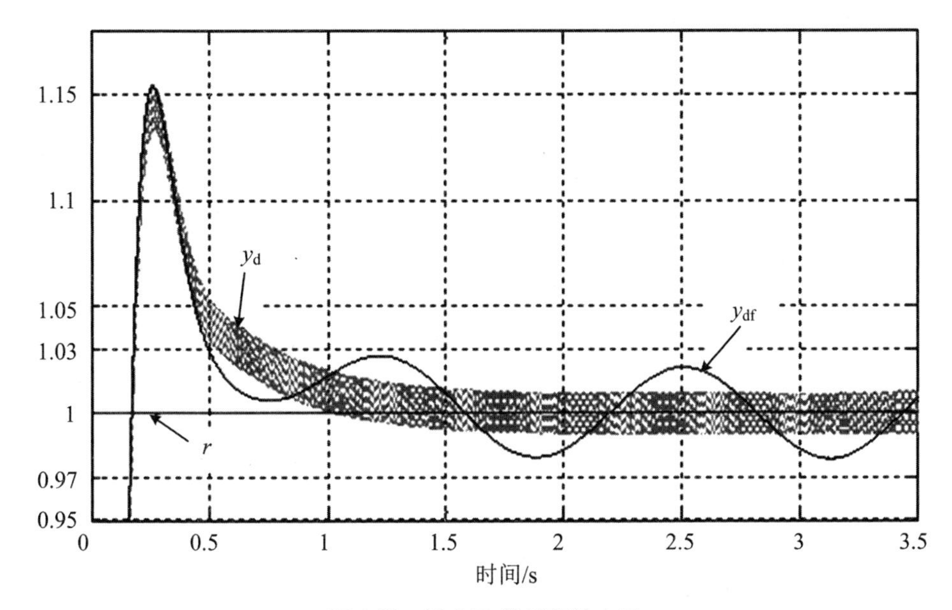

图 4-52　图 4-51 的局部放大图

4.4.5.3　e_{3036} 的详细设计结论

通过对 e_{3036} 的详细设计结果进行仿真发现：由于采用了 PID 型控制器 $e_{1,1}$ 与 $e_{1,5}$，系统稳态误差为 0；由于采用了框架概念模型 g_1，获得了比单独采用 $e_{1,1}$ 或 $e_{1,5}$ 都要小的调节时间；由于采用了框架概念模型 g_3，正弦波扰动被抑制到 0.03 以下，量测噪声得到有效的滤除。在采用滤波器 $Q(z)$ 后，由于 $Q(z)$ 的时延，系统输出端的正弦波扰动大于图 4-50 所示的抑制情况。

除超调量指标之外，方案 e_{3036} 满足设计需求的其他所有性能指标要求，说明方案 e_{3036} 对原设计问题有很强的指导与借鉴作用。

4.4.5.4　e_{3042} 的详细设计

与 $\Sigma^{e_{3042}}$ 的终止序列 $\sigma=s_s s_1^{z_1} s_5^{z_1} s_6^{z_1} s_9^{z_1} s_1^{z_2} s_3^{z_2} s_5^{z_2} s_7^{z_2} s_1^{z_7} s_1^{y_3} s_e$ 相对应，对 e_{3042} 进行详细设计如下：

(1) 求解 $s_1^{z_1}, s_5^{z_1}, s_6^{z_1}, s_9^{z_1}$。同 4.4.5.1 小节中 e_{3036} 的相同步骤的详细设计。

(2) 求解 $s_1^{z_2}$——带时延的模型降阶。方法与结果同 $s_1^{z_1}$。

(3) 求解 $s_3^{z_2}$——时域 Ziegler-Nichols 整定方法。利用文献[176]中表 6-1 提供的时域 Ziegler-Nichols 整定公式求得 PID 参数：

$$K_{\mathrm{p}}=\frac{1.2T}{kL}=1.8378 \tag{4-55}$$

$$T_{\mathrm{i}}'=2L=0.1504 \tag{4-56}$$

$$T_{\mathrm{d}}=\frac{L}{2}=0.0376 \tag{4-57}$$

(4) 求解 $s_5^{z_2}$——求归一化时延 $\widetilde{L}$：

$$\widetilde{L}=\frac{L}{T}=\frac{0.0752}{0.406}=0.185 \tag{4-58}$$

(5) 求解 $s_7^{z_2}$——利用基于归一化时延的精调法对 PID 参数进行精调。按参考文献[180]，由 $\widetilde{L}\in[0.16,0.57]$得

$$\beta=\frac{15-2\dfrac{11\widetilde{L}+13}{37\widetilde{L}-4}}{15+2\dfrac{11\widetilde{L}+13}{37\widetilde{L}-4}}=0.1733 \tag{4-59}$$

$$T_{\mathrm{i}}=T_{\mathrm{i}}' \tag{4-60}$$

(6) 求解 $s_1^{z_7}$，$s_1^{y_3}$。

同 4.4.5.1 小节的 e_{3036} 的相同步骤的详细设计。

4.4.5.5 e_{3042} 的仿真

按照 e_{3042} 的方框图建立完整的仿真模型，如图 4-53 所示，仿真步长选择为 0.000 1。

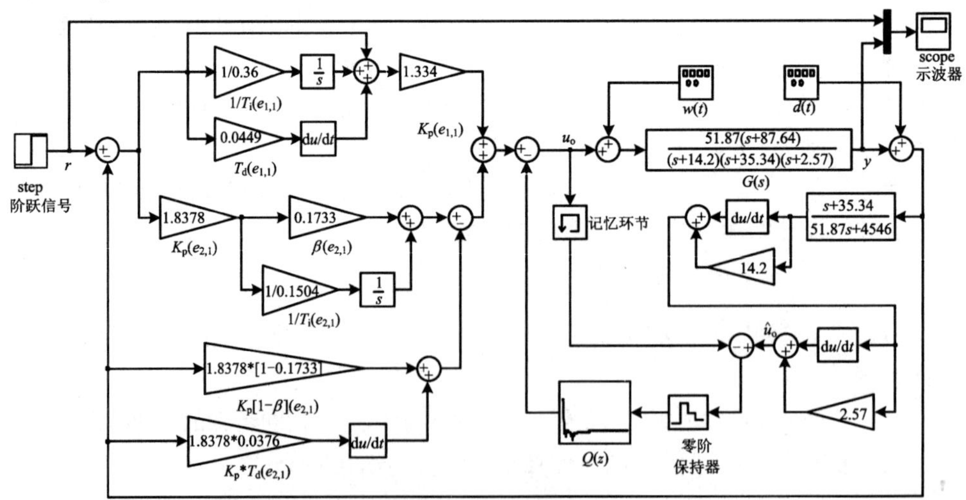

图 4-53 e_{3042} 的仿真模型

令 $w(t)=0,d(t)=0$，断开 $Q(z)$，按照单独断开 $e_{2,1}$，单独断开 $e_{1,1}$ 以及同时连通 $e_{2,1}$ 与 $e_{1,1}$ 三种情况进行设置，可得三种控制器 $e_{1,1}$，$e_{2,1}$ 和 $e_{1,1}+e_{2,1}$，它们控制 $G(s)$ 的阶跃响应曲线如图 4-54 所示。

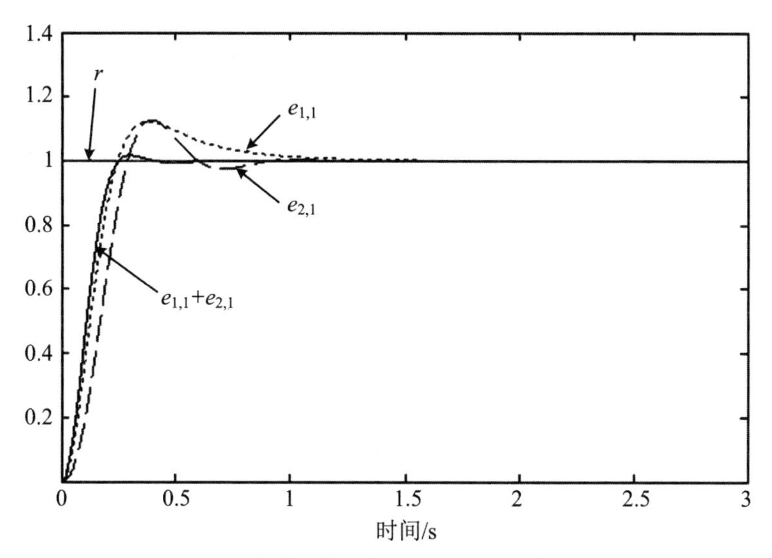

图 4-54　e_{3042} 方案中的三种控制器阶跃响应曲线对比图

在图 4-53 完整仿真模型基础上，令 $d(t)=0$，断开 $Q(z)$，得到有正弦波输入扰动情况下的系统阶跃响应，如图 4-55 所示的曲线 y_w。接通 $Q(z)$ 并把 $Q(z)$ 和零阶保持器用短接线代替，得到没有滤波器、有干扰观测器情况下的系统阶跃响应曲线，如图 4-55 所示的 y_{wc} 曲线。

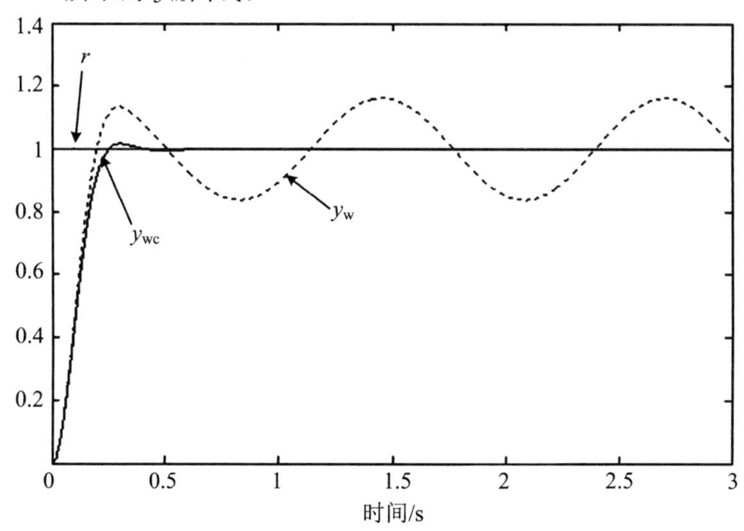

图 4-55　e_{3042} 有正弦波输入扰动补偿效果图

在图 4-53 完整仿真模型基础上，把 $Q(z)$ 和零阶保持器用短接线代替，得到有量测噪声情况下的系统输出，如图 4-56 所示的曲线 y_d。然后按图 4-53 所示完整模型仿真，得到有噪声滤波器情况下的系统阶跃响应曲线 y_{df}。

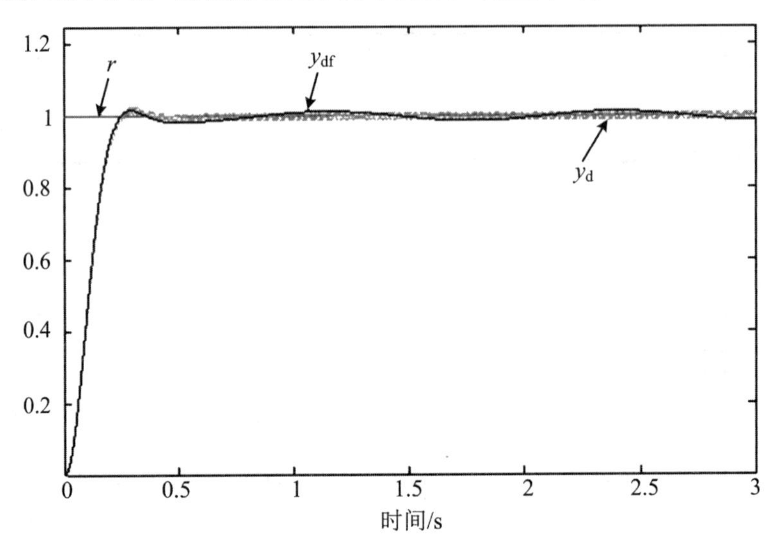

图 4-56　e_{3042} 量测噪声滤除效果图

局部放大图 4-56 得到图 4-57，可得设计方案 e_{3042} 的性能指标：稳态误差 $e_{sse_{3042}}=0$，$\sigma_{e_{3042}}\%=1.7\%<\sigma_R\%$，$t_{se_{3042}}=0.2094<t_{sR}$，输出端正弦波扰动幅值 0.013<0.03。

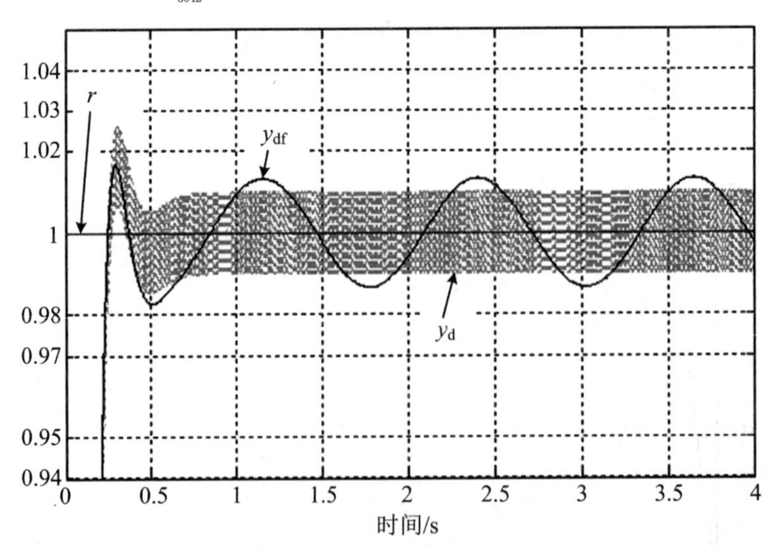

图 4-57　图 4-56 的局部放大图

4.4.5.6　e_{3042}的详细设计结论

通过对 e_{3042}的详细设计结果进行仿真发现：由于采用了 PID 型控制器 $e_{1,1}$与 $e_{2,1}$，系统稳态误差为 0；由于采用了框架概念模型 g_1，获得了比单独采用 $e_{1,1}$或 $e_{1,5}$都要小的调节时间和超调量；由于采用了框架概念模型 g_3，正弦波扰动被抑制到 0.03 以下，量测噪声得到有效的滤除。在采用滤波器 $Q(z)$后，由于 $Q(z)$的时延，系统输出端的正弦波扰动大于图 4-55 所示的抑制情况。

方案 e_{3042}满足设计需求所有的性能指标要求，可以直接作为原设计问题的解。

4.4.6　分析与讨论

(1) 本设计实例说明，F-C-T 法通过兼顾构型与算艺两个方面，解决了控制策略设计过程中的核心创新性问题，为控制策略的创新性设计提供了一个系统化、规范化的方法。

(2) 本设计实例完整地演示了基于 F-C-T 法的控制策略概念设计方案生成过程。在具有 3 个框架知识和 7 个构型知识的情况下，对设计问题进行了三个层次的分解，得到了三层的形态综合树，共生成了 1872 种备选方案(含待定子元对称和嵌套次序不同引起的重复情况)。所生成的方案具备层次性、嵌套性、多样性和创新性，说明 F-C-T 法具备概念设计所必需的基本特征。

(3) 详细设计的仿真验证发现，两个较佳方案中的一个仅有一项性能指标不符合要求，而另一个则完全符合设计要求。由此说明 F-C-T 法具有预见性，对原设计问题的求解是有效的。

(4) MR. P 条件对方案生成结果有很大影响，p 的大小是决定某些方案能否成为较佳方案的关键。例如，方案$(g_3,\{(g_1,\{e_{1,1},e_{3,1}\}),e_7\})$的所有性能指标全部符合要求，是设计需求 R 的最终可行方案，其阶跃响应曲线如图 4-58 所示(其中 $K_p=0.4$，$K_i=3.5$，$K_{fr}=0.3$)，但由于 MR. P 条件，该方案被过滤掉。MR. P 条件可以有两种使用方法：一是逐级采用，二是对所有最终可行方案一次性采用。前者的优点是能够限制方案的组合数目，减少大量不必要的组合工作。后者的优点是能在形态综合树的根节点处得到所有的可行方案，不会过早地排除掉详细设计结果符合要求的最终可行方案。步骤 MSG2 采用的是第一种方法。

(5) 形态综合过程中，基于同一知识得到的不同概念模型，其算艺可能有共享的子网，如 $e_{1,1}$与 $e_{1,5}$的共享子网(图 4-59)。共享子网的存在会造成部分求解的性能属性的重复计算，造成 MR. P 条件的不当取舍。避免这种情况的方法是，在算艺模型的应知共享合成之后，再进行一次共享子网的判定和合成，然后获得最终的算艺模型。该问题作为将来要进一步研究的内容，在本书中暂不考虑。

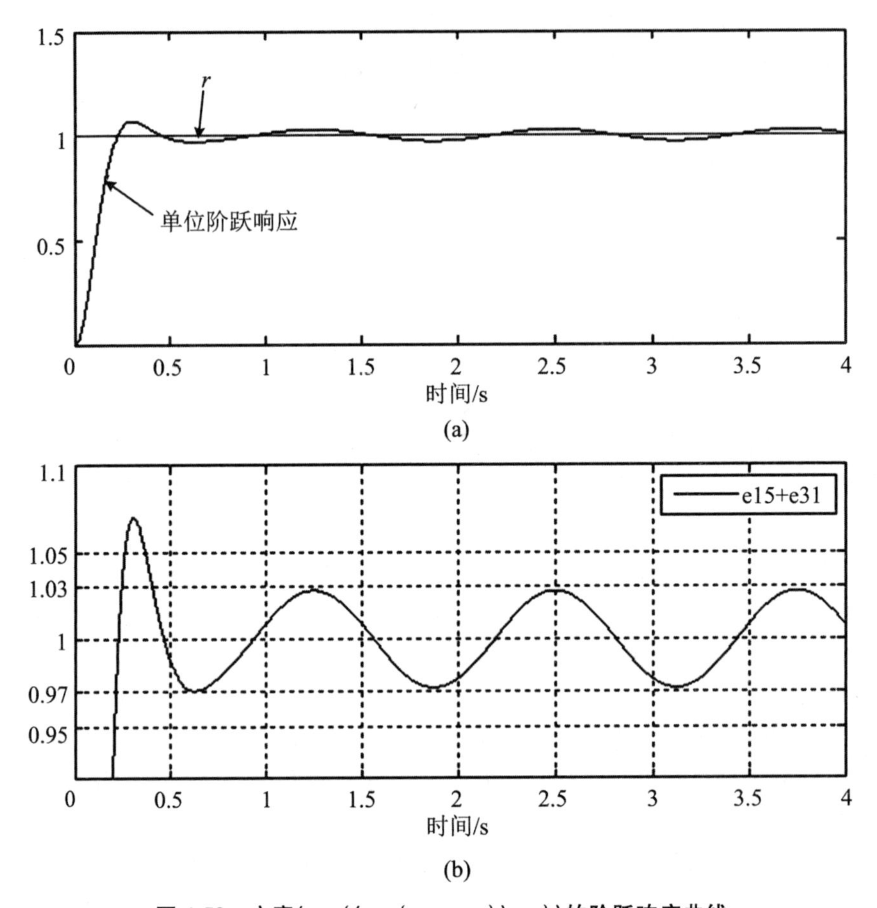

图 4-58　方案$(g_3,\{(g_1,\{e_{1,1},e_{3,1}\}),e_7\})$的阶跃响应曲线

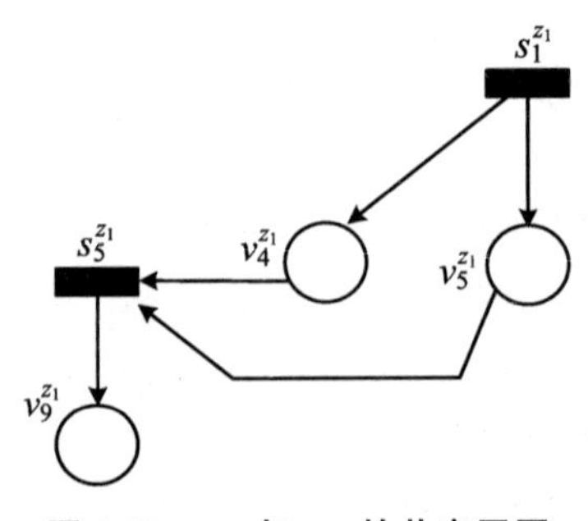

图 4-59　$e_{1,1}$与$e_{1,5}$的共享子网

(6) F-C-T 法同时支持控制策略的构型创新与算艺创新，除了 STEP 8.7 获得的 8 个可行解$\{e_{3035},e_{3036},e_{3041},e_{3042},e_{3081},e_{3082},e_{3085},e_{3086}\}$之外，以下给出$R$的另外 6

个可行解$\{e_{4801}, e_{4802}, e_{4803}, e_{4804}, e_{4805}, e_{4806}\}$，以说明 F-C-T 法的创新能力，它们的方框图如图 4-60 所示，组成如下：

$$e_{4801} = (g_3, \{(g_1, \{e_{1,1}, e_{2,4}\}), e_6\})$$
$$e_{4802} = (g_3, \{(g_1, \{e_{1,4}, (g_1, \{e_{1,1}, e_{3,2}\})\}), e_7\})$$
$$e_{4803} = (g_3, \{(g_1, \{e_4, e_{1,1}\}), e_7\})$$
$$e_{4804} = (g_3, \{(g_1, \{e_5, (g_1, \{e_{1,7}, e_{1,1}\})\}), e_6\})$$
$$e_{4805} = (g_3, \{(g_1, \{(g_{2,2}, \{e_5\}), e_{1,1}\}), e_7\})$$
$$e_{4806} = (g_3, \{(g_1, \{(g_1, \{e_5, e_{3,2}\}), e_{1,1}\}), e_6\})$$

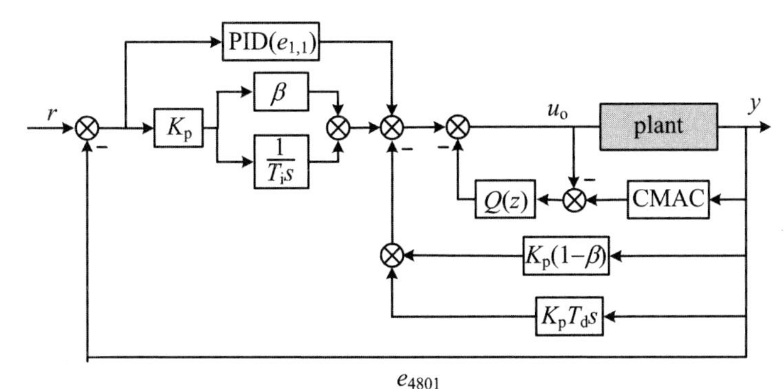

e_{4801}

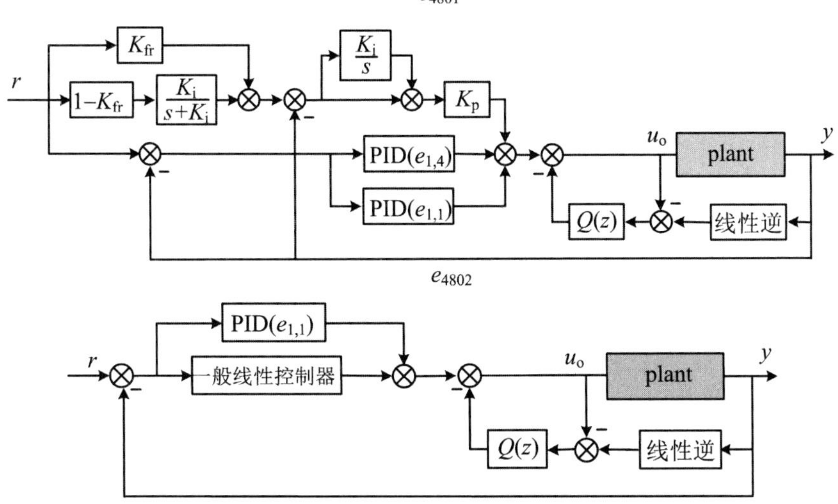

e_{4802}

e_{4803}

图 4-60　方案 e_{4801}～e_{4806} 控制系统方框图

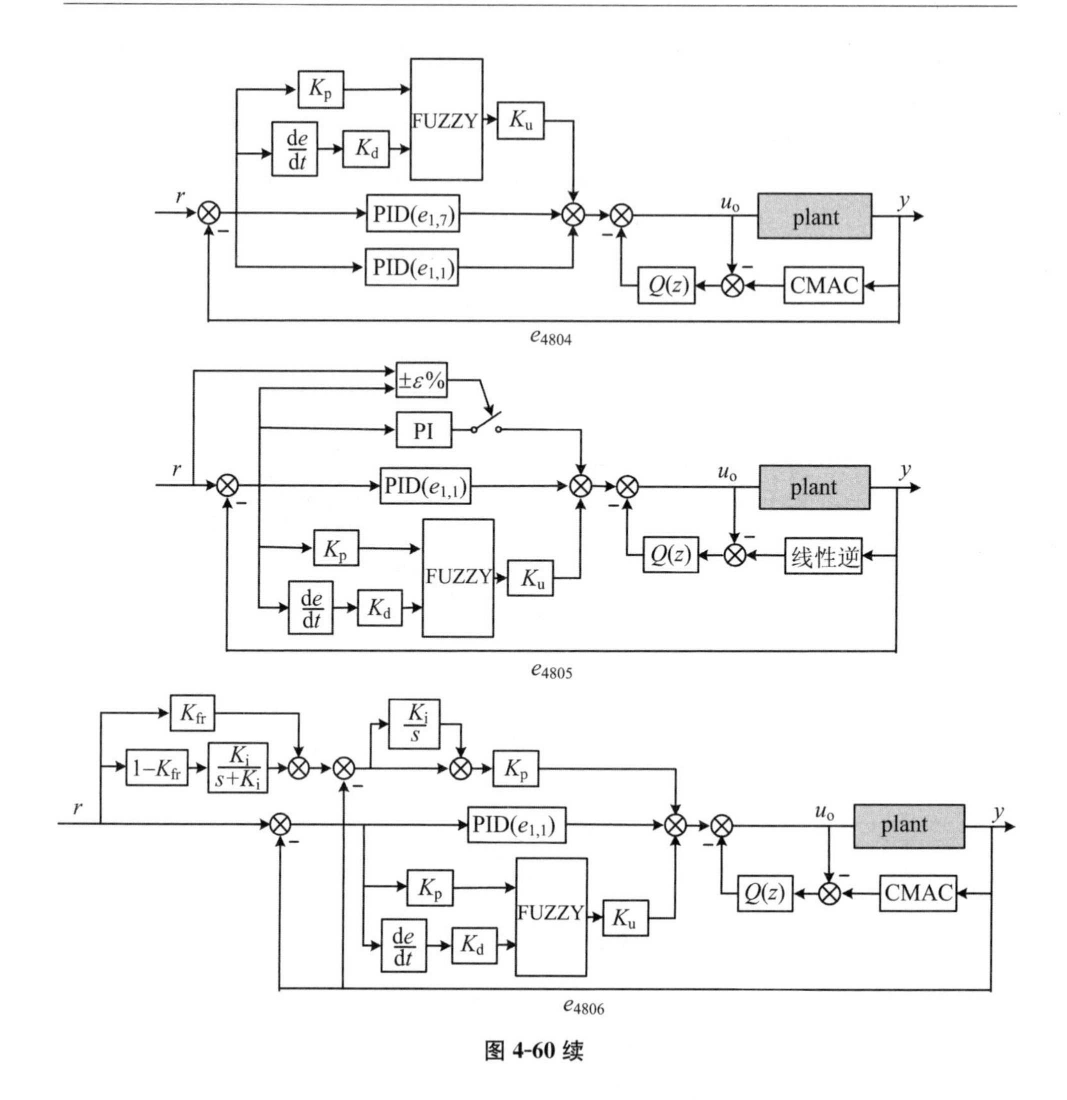

图 4-60 续

4.5 本 章 小 结

本章在提出 C-T 映射模型之后,建立了概念模型的合成方法。先在 F-T 法的基础上,给出了从构型知识与框架知识获取概念模型元与框架概念模型的方法。然后以单层 F-C 法为基础,建立了单层 F-C-T 法。通过对单层 F-C-T 法功能推理模型的多级逐层扩展,建立了多层 F-C-T 法。多层 F-C-T 法是控制策略概念设计方案生成的完整方法，单层 F-C 法、多层 F-C 法、F-T 法和单层 F-C-T 法都可以看作是它的子方法。

4.4 节的设计实例验证了 F-C-T 法的方案生成能力，说明 F-C-T 法符合概念设计的要求，同时也显示出概念设计理论用于控制策略设计时所具有的强大优势与独特魅力。

第5章　基于创新技法的控制策略概念设计方案生成技术

5.1　引　　言

创新是设计领域的经典主题，是设计者利用已有的科技手段，进行产品分析与创新构思、获得创新性设计方案的智力活动。创新性方案生成方法贯穿概念设计的整个过程，是概念设计领域的研究重点之一，相关成果层出不穷。例如：文献[186]通过环境、需求、功能、行为、结构之间基本映射的有序组合，提出了四种创新链，并建立了创新链的有向图模型；文献[187]提出了描述产品设计信息和过程的立体设计模型，用以支持具有创新设计能力的智能设计系统的开发；文献[188]提出了一种"四层次三阶段"功能空间拓展模式，用于支持产品的创新性设计；文献[189]提出了基于质量功能配置(QFD)的"用户需求-功能-结构"映射技术，建立了功能分析与QFD进行集成的方法；文献[190]探讨了与创新性设计密切相关的信息处理与知识发掘技术；文献[191]提出了五种现代机构创新设计方法。纵观已有的研究成果可以发现，所有的创新性设计方法都有自己的适用性。机械设计领域的创新方法研究由于开展较早且持续受到关注，已如火如荼，而在控制领域，如何建立控制策略的创新性方案生成方法，则是一个重要的设计方法论问题。

本章在控制策略概念设计的问题框架之下，首先提出"基于创新技法的方案生成方法"这一宏观技术路线，然后基于TRIZ这一自成体系的创新理论分支，提出两种具体的控制策略概念设计创新性方案生成方法。

5.2 基于创新技法的控制策略概念设计方案生成方法

5.2.1 创新技法与控制策略概念设计方案生成

创新技法是人类创造活动中经验、方法和技巧的提炼与总结。在控制策略数十年的工程与研究实践中，学者们自觉或不自觉地应用了一定的创新技法，如多种算法要素的组合创新、已有算法某一环节的变形等。创新技法无疑对控制策略的创新具有强大的指导作用。概念设计要提供多样化的方案以供优选，支持创新性方案生成是概念设计的内在要求。因此把创新技法引入控制策略概念设计是一个自然的选择。创新技法是一种特殊的知识，有两个特点：一是内容庞杂，提炼于各个领域，分散于创新工作的各个层面；二是形式多样，具有规则、流程、图表、公式等多种形式。如何把创新技法应用于控制策略的方案生成，需要研究两个问题：① 有什么技法可用；② 如何运用。

本节首先对部分可以用于控制领域的创新技法进行汇总，然后简述创新技法在方案生成中的若干应用问题，最后分别在宏观、中观和微观三个层次上给出例子予以说明。

5.2.2 可用于控制领域的创新技法概观

创新技法是创造学理论体系中独具特色的方法论体系，是创造学家根据创造性思维规律，从大量的发明创造活动过程和成果中总结出的、具有普遍规律的创造发明技术与方法。以20世纪30年代Robert Crawford提出的“特性列举法”为开端，以创造学之父Alex Faickney Osborn提出的“头脑风暴法”为标志，80多年来，全球发展了400种以上的创新技法[192-195]。

可以用于控制策略概念设计方案生成的创新技法包括以下七大类，如表5-1所示。

5.2.2.1 组合法[192-195]

组合法是以已有成熟技术为基础，通过组合来产生创新方案的创新技法，应用非常广泛。组合法包括辐射组合、辐辏组合、正交组合、强制组合、信息交合法（又称魔球法）、形态分析法、主体附加法等。控制领域中的大多数创新性设计都采用了组合法。本书所述的F-C-T法属于形态分析法，同时也可以看作是采用组合法的创新性方案生成方法。

表 5-1 可以用于控制策略概念设计方案生成的创新技法

序号	大类名称	具体技法名称	技法原理
1	组合法	辐射组合	以某方法为出发点，向其他方法辐射进行组合
		辐辏组合	以问题为轴心，寻求多种方法并进行综合
		正交组合	将多组不相关的因素进行排列组合
		强制组合	随机地对多种事物进行强制性组合
		信息交合法	以不相关因素为轴组成多维空间进行组合
		形态分析法	对多个相互独立的基本因素进行技术手段的组合
		主体附加法	以原有方法为主体，附加新的方法或技术
2	移植法	原理移植	将科学原理向其他领域推广或外延
		结构移植	将结构形式或结构特征向其他领域移植
		方法移植	将技术手段或过程向其他领域移植
3	类比法	直接类比法	通过与已有自然或人工类似事物比较获得新方案
		拟人类比法	将创新对象拟人化以寻求新方案
		象征类比法	以形象或符号对创新对象进行类比以获得新方案
		幻想类比法	利用幻想思维对创新对象同质类比化以获得新方案
		综摄类比法	通过把创新对象熟悉化和陌生化，综合利用直接类比、拟人类比和象征类比以获得新方案
		仿生类比法	通过模仿生物以获得新方案
		对称类比法	利用对称关系进行类比以获得新方案
		综合类比法	通过与综合相似的另一对象类比以获得新方案
		中山正和法	以问题关键词为线索，通过多次扩散思维、集中思维与优选思维以获得新方案
4	列举法	特性列举	逐一列举和分析创新对象的特性以获得新方案
		缺点列举	通过列举创新对象的缺点以寻求新方案
		希望点列举	通过列举对创新对象的希望和需求以寻求新方案
5	检核表法	奥斯本检核表法	通过 9 类 76 个问题引导寻求创新方案
		和田检核表法	通过 12 个问题引导寻求创新方案
		5W2H 法	通过 7 个问题引导寻求创新方案

续表

序号	大类名称	具体技法名称	技法原理
6	联想法	接近联想法 相似联想法 对立联想法 自由联想法 强制联想法 焦点法 T T STOPM法	通过联想时空上接近的事物寻求创新方案 通过联想原理/结构/性质/功能相似的事物求解 通过某特性对立或相反事物的联想获得新方案 通过不受限制的任意联想获得新方案 把乍看无关的事物强行联系以构思新方案 对焦点问题的特定要素进行自由联想以寻求新方案 对自由联想方案按关键词强制联想以寻求新方案
7	逆向构思法	功能性反转构思 结构性反转构思 因果性反转构思 转换型逆向构思 缺点逆向构思	从原创新对象相反功能构思新方案 从原创新对象相反结构构思新方案 改变原创新对象的因果关系以构思新方案 通过转换原创新对象的某一方面以寻求新方案 按原事物缺点的实质与机理来扩展与逆向构思新方案

5.2.2.2　移植法[192-195]

移植法是把某一领域的原理、方法等技术要素移植到新领域，以改变和创造新事物的创新技法。移植法是不同学科之间相互交叉、渗透的主要手段，是横向借鉴其他学科已有研究成果的技术继承手段。包括原理移植、结构移植、方法移植等。

5.2.2.3　类比法[192-195]

类比法是比较两个或两类以上事物的异同关系，采用同中求异或异中求同机制实现创新的技法，有直接类比与间接类比之分。包括直接类比法、拟人类比法、象征类比法、幻想类比法、综摄类比法、仿生类比法、对称类比法、综合类比法、中山正和法(又称NM法)等。

5.2.2.4　列举法[192-195]

列举法是将对象的相关要素逐个列举，并加以改进、创新的一种创新技法。包括特性列举、缺点列举、希望点列举等。

5.2.2.5　检核表法[192-195]

检核表法是以特定问题为引导，将所得问题的解排列成表以启发创新主体构思新方案的创新技法。包括奥斯本检核表法、和田检核表法、5W2H法等。

5.2.2.6　联想法[192-195]

联想法是利用事物概念、模式、结构、机理的相似性构思创新方案的一种创新技法。包括接近联想法、相似联想法、对立联想法、自由联想法、强制联想法、焦点法、T T STORM 法等。

5.2.2.7 逆向构思法[192-195]

逆向构思法是从已有事物功能、原理、结构的反面来构思新方案的创新技法。包括功能性反转构思、结构性反转构思、因果性反转构思、转换型逆向构思、缺点逆向构思等。

5.2.3 利用创新技法进行控制策略概念设计的若干应用问题[220]

5.2.3.1 创新技法的应用层次

创新技法的应用主要有三个层次:① 作为知识库提供设计方案;② 作为设计推理手段;③ 作为设计流程。在这三个层次上,又有许多具体问题,如通用解到领域解的映射、技法与需求分析的衔接、与其他推理手段的结合、创新性设计流程的计算机辅助实现等问题,这些问题需要专门深入研究。

5.2.3.2 创新技法的协同使用

一个优良的创新性设计方案的提出,往往是多种创新技法协同使用的结果。创新技法的协同使用包括两个层面的含义:① 具体技法之间的协同;② 创新技法求解模式之间的协同。

具体创新技法之间的协同有并联、串联和反馈三种基本方式,如图 5-1 所示。

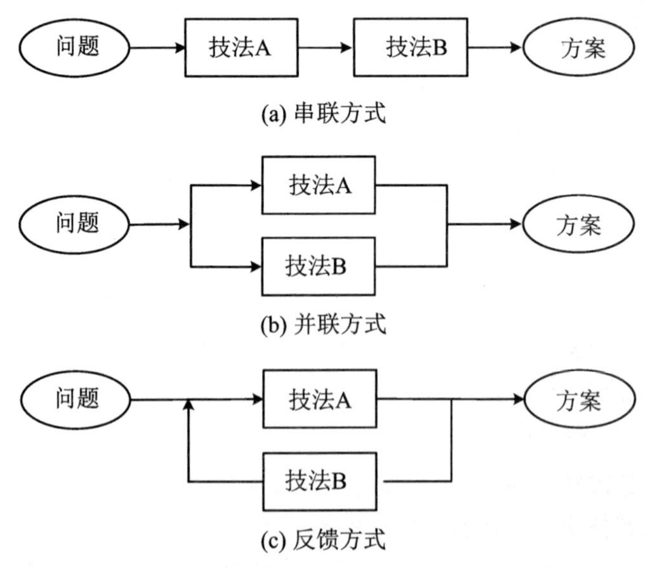

图 5-1 创新技法之间的基本协同方式[195]

5.2.3.3 创新技法的问题求解模式

创新技法的问题求解模式主要有三种:基于实例的推理、要素组合式设计推理和问题空间-解空间变换式推理。表5-1所列创新技法对应的主要问题求解模式如表5-2所示。创新技法求解模式之间的协同与创新技法之间的协同一样,也有三种基本方式:并联、串联和反馈。

表5-2 表5-1创新技法对应的主要问题求解模式

问题求解模式	技法名称
基于实例的推理	主体附加法、缺点列举、希望点列举、逆向构思法
要素组合式设计推理	辐射组合、辐辏组合、正交组合、强制组合、信息交合法、形态分析法、中山正和法、特性列举、焦点法、T T STORM法、强制联想法
问题空间-解空间变换式推理	移植法、直接类比法、拟人类比法、象征类比法、幻想类比法、综摄类比法、仿生类比法、对称类比法、综合类比法、检核表法、接近联想法、相似联想法、对立联想法、自由联想法

对创新技法与问题求解模式混合使用并联、串联和反馈三种协同方式,可以得到多样化的创新方法和步骤,甚至能得到一些典型的创新技法协同模式,可以极大地支持创新性方案的生成。

5.2.3.4 创新技法与人工智能方法相结合

创新技法可用于组成控制策略智能概念设计系统。有的创新技法属于设计对象本身的知识,有的创新技法属于设计推理方法。把创新技法与已有的人工智能技术相结合,可以构建支持创新性设计的控制策略计算机辅助智能概念设计系统。本书所提出的F-C-T法属于创新技法中的形态分析法,加以完善,可以作为控制策略计算机辅助概念设计的一种方案生成方法。

5.2.4 方案生成举例

以下给出三个利用创新技法进行控制策略概念设计方案生成的例子。

例5-1 探求控制新领域及新策略[220]。采用信息交合法(魔球法)[192-195]进行三坐标立体交合,分别以应用领域、数学分支和基本控制问题为信息标,绘制三坐标信息反应场,如图5-2所示。

对三个坐标上的信息进行交合,可以得到多种新型控制问题,如量子递归自组织控制、系综泛逻辑容错控制、暗能量随机调节控制、光陷阱函数逼近鲁棒控制、知识经济分形联想控制等。按图5-2所绘制的信息反应场,共可交合出30×25×23

=17 250 大类控制问题,对这些控制问题做进一步分析,可以开拓出大量的控制理论研究新领域和新方向。

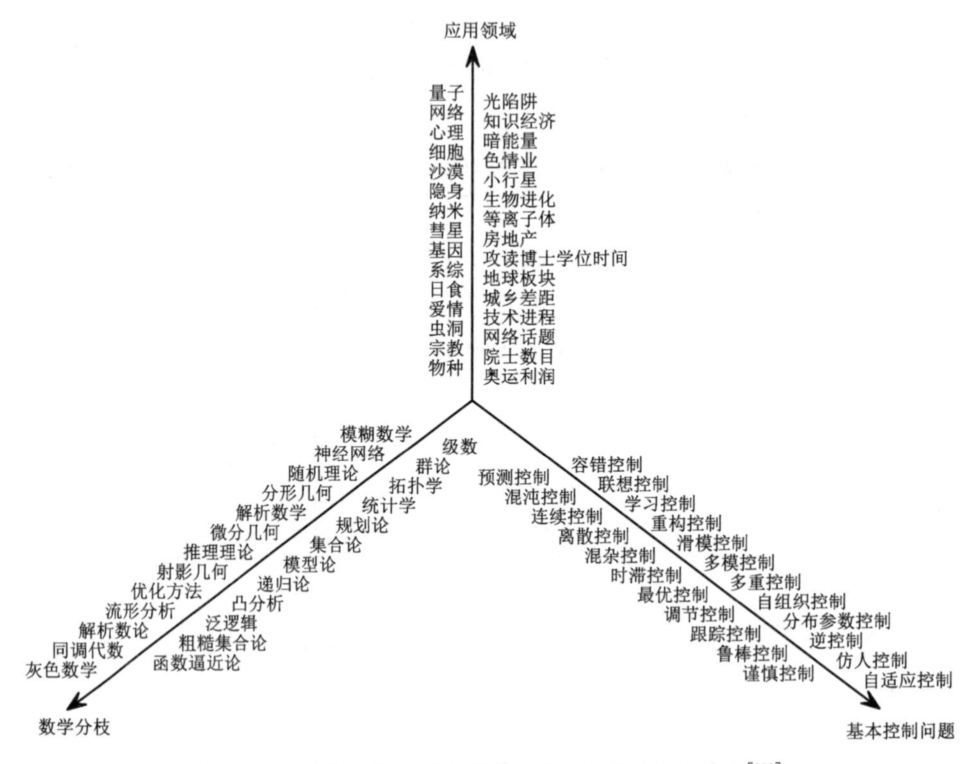

图 5-2　探求控制新领域及新策略的三坐标信息反应场[220]

例 5-2　滑模变结构控制策略阶次的创新。普通滑模变结构控制算法的切换函数与控制量的相对阶为 1,由于抖震对系统高频未建模动态的激励,以及设计方法对执行机构及传感器快变动力学特性的忽略,普通滑模变结构控制算法的系统性能将变差甚至不稳定。为了克服这些不足,有学者提出了高阶滑模控制算法[196-198]。

对滑模控制的阶次利用焦点法进行创新,可以获得多种新型滑模控制算法:分数阶滑模、无理数阶滑模、复数阶滑模、复合阶滑模、变阶次滑模、区间阶滑模、自适应阶滑模、最优阶滑模……更具体一点,如 $e+\pi i$ 阶滑模、自适应$[1,\sqrt{7})$区间阶滑模。

例 5-3　PID 控制策略的创新[220]。利用图 5-3 所示的协同创新技法进行 PID 控制策略的创新,本书作者得到了图 5-4 所示几种创新性方案,其合理性与应用环境虽然有待进一步探讨,但创新技法对控制策略创新的指导作用却一览无余。

以上三个由粗到细、由抽象到具体的例子说明,在创新技法的指导下,不但可以在宏观层面上提出控制领域新的研究方向,在中观层面上对某一大类控制算法提出改进的方向,还可以在微观层面上给出某一具体控制算法的创新性设计方案。

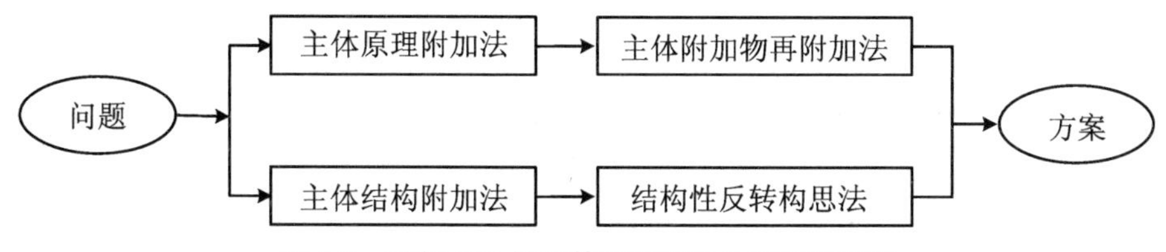

图 5-3　进行 PID 控制策略创新的协同创新技法

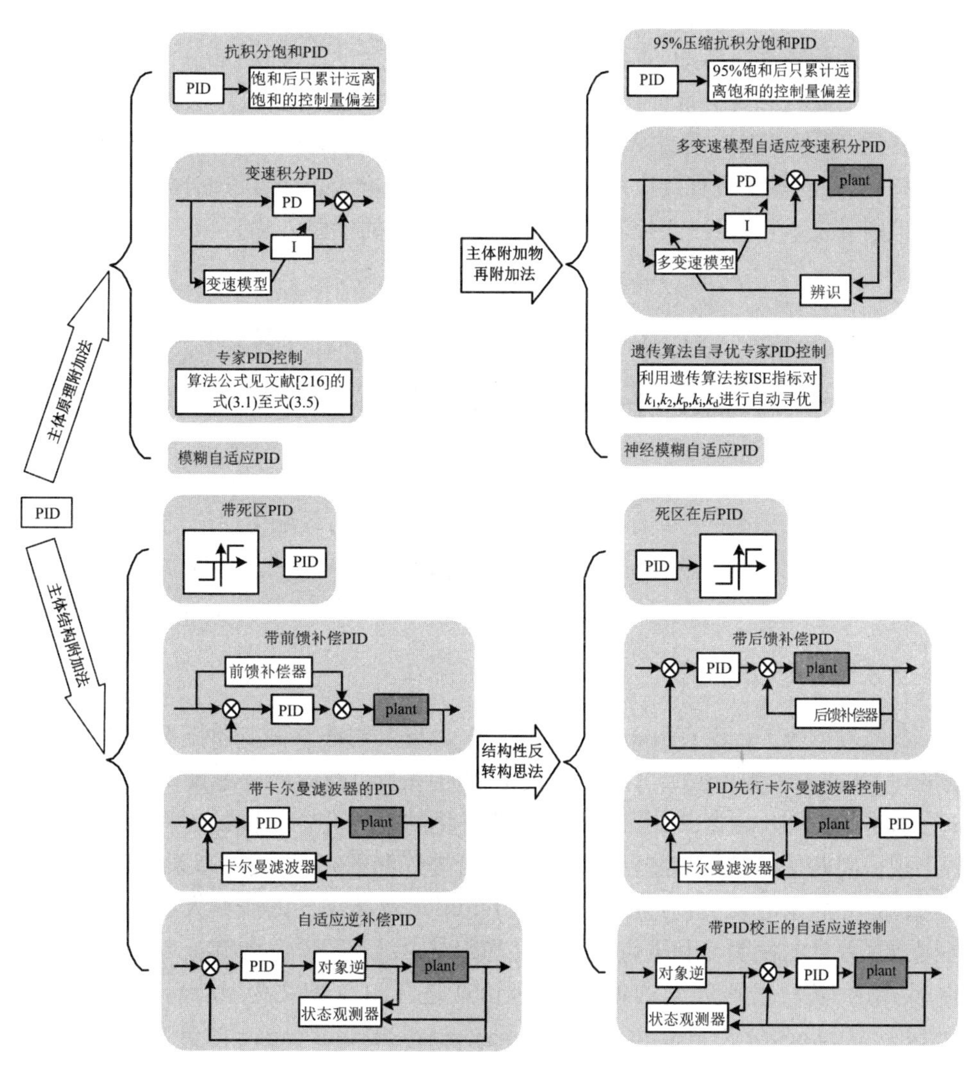

图 5-4　按图 5-3 创新技法获得的创新性 PID 控制策略方案[220]

5.2.5　分析与讨论

创新技法在解决实际问题时，对应用领域的知识具有依存性。创新技法是创新思维方式的提炼与总结，是抽象化的方法。将创新技法应用于控制策略概念设计的方案生成，应当与控制领域已有知识有机结合，不能孤立、机械地搬用，否则创新技法将失去生命力，不能发挥其指导创新的强大作用。

控制策略作为一种设计对象，其设计活动遵循设计工作的一般规律，但作为算法类设计对象，其创新活动有着不同于有形产品的特殊性。已有的创新技法主要源于有形产品的创新活动，直接应用于控制策略概念设计，存在部分技法难以落实的问题。因此有必要提炼面向控制策略的创新技法，使得创新技法能够跟控制领域的名词、术语、定律、算法等范畴紧密结合，形成对控制策略创新的直接指导优势，弥补已有创新技法直接应用能力欠缺的不足。统计归纳、机理分析、数据挖掘、模式识别等技术，可以作为控制策略创新技法提炼的主要方法。

5.3　基于 TRIZ 的控制策略概念设计方案生成方法

TRIZ 是创新理论中少有的影响广泛且自成体系的系统化理论，包含大量的创新技法和系统化求解方法。作为控制策略创新性概念设计方案生成方法的一种探索，本节在 TRIZ 的基础上，提出控制策略冲突矩阵创新法和模块-信号分析法。

5.3.1　TRIZ 简介

苏联发明家 G. S. Altshuller 发现：① 大量发明面临的基本问题和矛盾是相同的，只是技术领域不同；② 同样的技术发明原理和相应的问题解决方案会在后来一次次的发明中重复使用；③ 技术系统进化的模式会在不同的工程学科领域交替出现。因此他认为将那些已有的知识进行提炼和重组，形成一套系统化的理论，便可以指导后来的发明创造和开发。Altshuller 及其领导的研究人员通过对世界各国数百万计的发明专利进行分析研究和归纳总结，于 1946 年建立起一套体系化的、实用的、解决发明问题的理论，该理论就是 TRIZ（英文为 theory of inventive problem solving，俄文 теории решения изобретательских задач 的英文音译为 Teoriya Resheniya Izobreatatelskikh Zadatch）[200,211,214]。

TRIZ 是一种基于知识的、面向人的、系统化的发明问题解决理论[199]，在全球创新和创造学研究领域占据独特的地位。TRIZ的核心是技术系统进化原理及冲突消除,它建立了基于知识的消除冲突的逻辑方法,用通用解解决特殊问题和冲突[195]。TRIZ打破了人类思考问题的惰性和片面性的制约,避免了创新过程中的盲目性和局限性,明确地指出解决问题的方法和途径。TRIZ的主要内容包括产品进化理论、冲突解决原理、物质-场分析法、效应和发明问题解决算法(ARIZ)等[200]。

TRIZ的发展经历了三个阶段,即古典时期、Kishincv时期和Ideation时期。1985年TRIZ开始了自身的现代化历程,TRIZ的现代化主要有四种模式,即Ⅲ(ideation international Inc.)模式、IMC(inventive machine corp.)模式、SIT/USIT(systematic inventive thinking/unified structured inventive thinking)模式和RLI(renaissance leadership institute)模式[201]。TRIZ已经在全世界范围内推广并在工业设计领域取得巨大成功。全世界已开发多款基于TRIZ的计算机辅助创新软件(CAI),如美国Invention Machine公司的TechOptimizer、Ideation International公司的Innovation WorkBench、IMAG公司的GoldFire、德国TriSolver公司的TirSolver 2.1、荷兰Insytec B.V.公司的TRIZ Explorer™、中国河北工业大学的InventionTool 1.0等[202]。TRIZ的应用领域逐渐向政治决策[203]、人事管理[204]、软件设计[205]和自治系统[206]等方面扩展。TRIZ的发展趋势主要集中在两个方面:一个是TRIZ本身的完善,包括如何把信息技术、生命技术和社会学知识纳入TRIZ理论体系中;另一个是TRIZ与其他技术的有机集成,尤其是与QFD、稳健设计、本体论、网络技术的集成。如文献[207]提出的以TRIZ的冲突矩阵为核心、结合本体论的产品创新知识网格辅助平台,就是TRIZ技术不断发展的例证。

5.3.2　控制策略冲突矩阵创新法

控制策略冲突矩阵创新法是利用TRIZ的冲突矩阵进行控制策略创新问题求解的一种方法,该方法为概念设计过程中出现的技术冲突提供一种程式化的解决方法。

5.3.2.1　技术冲突及其描述

控制策略概念设计中的技术冲突是指控制策略中有益作用与有害作用相伴相生的一种现象,有三种情况:① 有益作用的引入或加强使得有害作用出现或加强;② 有害作用的消除或减弱使得有益作用消除或减弱;③ 有益作用的加强或有害作用的减弱使得控制策略变得更加复杂。

TRIZ中涉及的技术冲突是个通用概念,泛指一般工程问题中的技术冲突,借用成对的通用工程参数进行描述。TRIZ的知识库中提供了39个通用工程参数[208],利用一个参数的加强和另一个参数的减弱来描述技术冲突。39个通用工程参数如表 5-3 所示。

表 5-3　TRIZ 的 39 个通用工程参数[208]

序号	名称	序号	名称	序号	名称
P1	运动物体质量	P14	强度	P27	可靠性
P2	静止物体质量	P15	运动物体作用时间	P28	测试精度
P3	运动物体长度	P16	静止物体作用时间	P29	制造精度
P4	静止物体长度	P17	温度	P30	物体外部有害因素作用的敏感性
P5	运动物体面积	P18	光照度	P31	物体产生的有害因素
P6	静止物体面积	P19	运动物体能量	P32	可制造性
P7	运动物体体积	P20	静止物体能量	P33	可操作性
P8	静止物体体积	P21	功率	P34	可维修性
P9	速度	P22	能量损失	P35	适应性及多用性
P10	力	P23	物质损失	P36	装置的复杂性
P11	应力或压力	P24	信息损失	P37	监控与测试困难程度
P12	形状	P25	时间损失	P38	自动化程度
P13	结构的稳定性	P26	物质或事物的数量	P39	生产率

由于以上 39 个参数具有通用性，所以控制策略概念设计中的技术冲突从一定程度上可以使用其中的部分参数加以描述。如自适应算法的引入，使得参数 P38（自动化程度）得以改善，同时使得参数 P32（可制造性）变差，“P38 改善＋P32 恶化”就是对该技术冲突的描述。

5.3.2.2　技术冲突的解决原理

控制策略概念设计中的技术冲突利用 TRIZ 中的 40 条发明原理解决。

40 条发明原理是 TRIZ 为技术冲突提供的解决方法知识库[209]，属于第二类发明经验，即能够适应于不同领域的通用经验，与 5.2 节所述创新技法类似。40 条发明原理如表 5-4 所示。

TRIZ 的每一条发明原理中又包含若干条具体应用手段，如 T3（局部质量）包括三种具体手段：T3.1（将物体或外部环境的同类结构转换成异类结构），T3.2（使物体的不同部分实现不同的功能），T3.3（使物体的每一部分处于有利于其运行的条件）。

表5-4 TRIZ的40条发明原理[309]

序号	名称	序号	名称	序号	名称	序号	名称
T1	分割	T11	预先应急措施	T21	紧急行动	T31	多孔材料
T2	抽取	T12	等势原则	T22	变害为利	T32	改变颜色
T3	局部质量	T13	逆向思维	T23	反馈	T33	同质性
T4	非对称	T14	曲面化	T24	中介物	T34	抛弃与再生
T5	合并	T15	动态化	T25	自服务	T35	物理化学状态变化
T6	普遍性	T16	不足或超额行动	T26	复制	T36	相变
T7	嵌套	T17	一维变多维	T27	一次性用品	T37	热膨胀
T8	配重	T18	机械振动	T28	机械系统的替代	T38	加速氧化
T9	预先反作用	T19	周期性动作	T29	气体与液压结构	T39	惰性环境
T10	预先作用	T20	有效作用的连续性	T30	柔性外壳或薄膜	T40	符合材料

40条发明原理中,有的原理可以直接应用于控制领域,有的不能。如T30.2(使用柔性外壳和薄膜代替传统结构),此时应当采用类比思维,比如理解为"算法模块之间用非线性环节连接"。

5.3.2.3 技术冲突到发明原理的映射

当一个技术冲突确定之后,需要考虑应该采用哪些发明原理予以解决。为此,TRIZ提供了冲突矩阵,用以实现技术冲突与发明原理之间的映射。

技术冲突用39个通用工程参数描述,每一个参数有改善和恶化两种情况,由此可以定义39×38=1 482种技术冲突。冲突矩阵是一个39×39的矩阵,行表示该冲突中被改善的参数,列表示该冲突中被恶化的参数,行列交点上填写的是解决该冲突的发明原理编号。冲突矩阵如表5-5所示。

冲突矩阵为每一种冲突的解决提供了若干有指导意义的发明原理,实现了1 482种技术冲突到40种发明原理之间的映射,是TRIZ的一个重要工具,也是TRIZ关于发明原理应用知识的重要总结。

有了通用工程参数、发明原理和冲突矩阵,控制策略概念设计中的技术冲突只要能被通用工程参数描述,就可以利用冲突矩阵找到有指导意义的解决途径。

表 5-5 TRIZ 冲突矩阵[208]

参数			恶化的参数					
			P1	P2	P3	P4	…	P39
改善的参数	P1	运动物体质量	—		T15,T8,T29,T34		…	T35,T3,T24,T37
	P2	静止物体质量		—		T10,T1,T29,T35	…	T1,T28,T15,T35
	P3	运动物体长度	T8,T15,T29,T34		—		…	T14,T4,T28,T29
	P4	静止物体长度		T35,T28,T40,T29		—	…	T30,T14,T7,T26
	⋮	⋮	⋮	⋮	⋮	⋮		⋮
	P39	生产率	T35,T26,T24,T37	T28,T27,T15,T3	T18,T4,T28,T38	T30,T7,T14,T26	…	—

5.3.2.4 控制策略概念设计的冲突矩阵创新法

控制策略概念设计的冲突矩阵创新法是一种问题空间-解空间变换式推理法，控制领域属于问题空间，TRIZ 领域属于解空间。对于控制策略设计中的技术冲突，先利用通用工程参数把该问题变换为 TRIZ 中的标准问题；然后利用冲突矩阵推理获得解空间中的通用解，即若干条发明原理；最后再根据控制领域知识把通用解变换回问题空间，获得控制领域的解决方案。整个求解思路如图 5-5 所示[210]。

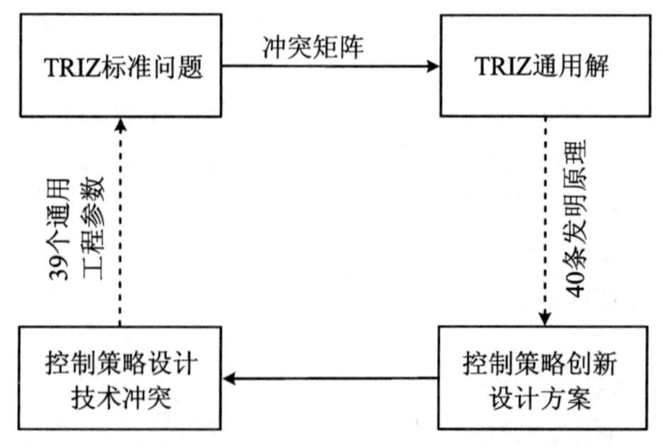

图 5-5 控制策略概念设计冲突矩阵创新法求解思路

控制策略概念设计的冲突矩阵创新法既可用于对已有方案进行分析和改进，也可用于正在设计的方案中技术冲突的解决，其方案生成步骤如下：

步骤 CMSG1

STEP 1　确定概念设计中的技术冲突 CT1,CT2,…,CTn。

STEP 2　对每一个技术冲突 CTk(k=1,2,…,n)：

STEP 2.1　利用合适的通用工程参数进行描述。

STEP 2.2　查询冲突矩阵，获得若干条发明原理的具体手段$\{\mathrm{T}\,x.y\}_k$。

STEP 2.3　基于控制领域知识，在$\{\mathrm{T}\,x.y\}_k$的指导下获得解决技术冲突 CTk 的方案集$S_k=\{\mathrm{T}'x.y\}_k$。

STEP 3　组合方案集S_k(k=1,2,…,n)，获得能解决所有技术冲突的可行方案集$S_{\mathrm{f}}=\{s_l\,|\,s_l\in(S_1\times S_2\times\cdots\times S_n)\}$。

STEP 4　对S_{f}择优获得较佳方案集S_{p}。

5.3.3　模块-信号分析法[221]

TRIZ 中的物质-场分析法是把复杂技术系统分解为最小的技术系统——“物场”系统，用以对现存技术进行分析和改进的模型化创新方法，是 TRIZ 中一个重要的发明问题分析工具[211,212]。控制策略概念设计的模块-信号分析法是物质-场分析法在控制领域的移植，是面向控制领域的分析模型和系统化求解方法。

5.3.3.1　模块-信号分析法的模型和符号系统[213,221]

模块-信号模型(block-signal 模型，缩写为 **B-S 模型**，模块-信号分析法缩写为 **B-S 分析法**)是一个三元组，用来描述控制策略算法的作用：

模块 2(B2)把信号(Sg)作用于模块 1(B1)

如“模糊控制策略(B2)把误差(Sg)作用于被控对象(B1)”。B-S 模型的图形表示如图 5-6 所示，B-S 分析法的符号系统如图 5-7 所示。

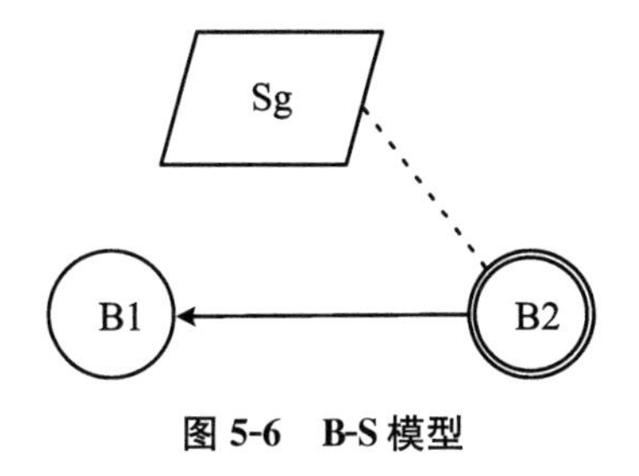

图 5-6　B-S 模型

B-S 分析法中，**模块**指的是构成控制系统的算法单元，如控制器、被控对象、滤波器、辨识器、自适应机构等，**信号**指的是在控制系统的算法单元之间传递的信息变量，如给定量、反馈量、控制量、辨识出的模型特征参数、参数调整值等。

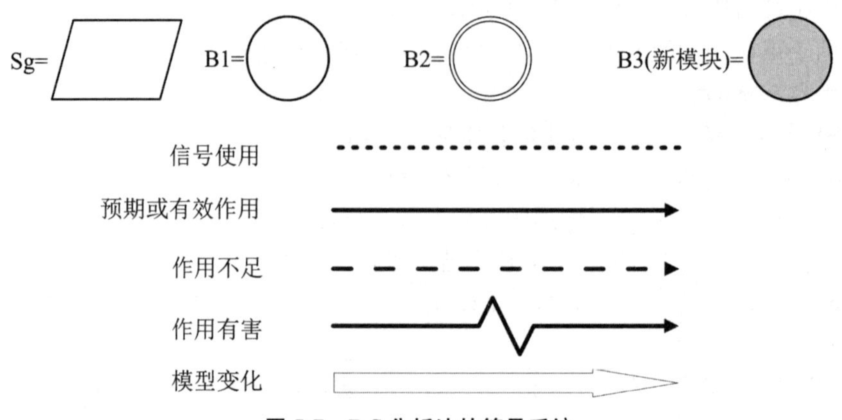

图 5-7 B-S 分析法的符号系统

5.3.3.2 控制策略的 B-S 分析与求解

针对一个已有的控制策略，通过建立其 B-S 模型，可以对其进行分析。B-S 分析法主要探讨控制策略预期作用的实现情况。

分析一个控制策略的 B-S 模型，通常有四种情况[214]：

(1) 完整有效模型，即 B2，Sg，B1 三要素齐备，B2 对 B1 的作用有效。

(2) 不完整模型，即三要素不齐备。

(3) 完整但作用不足模型，即 B2，Sg，B1 三要素齐备，但 B2 对 B1 的作用不足。

(4) 完整但作用有害模型，即 B2，Sg，B1 三要素齐备，但 B2 对 B1 的作用是有害的。

第一种是符合设计要求的情况，后三种是不符合设计要求的情况，即目的作用没有得到有效实现。其中第二种情况由于模型不完整，目的作用的实现无从谈起。

对于目的作用没有有效实现的控制策略，B-S 分析法采用 TRIZ 中的 76 个标准解进行求解[215]。TRIZ 研究认为，发明问题可以分为标准问题和非标准问题两大类，76 个标准解是解决标准发明问题的解法库。76 个标准解共有 5 级 18 个子级，构成如表 5-6 所示。其中第 5 级标准解不但可以用于 B-S 模型的后三种情况，还可以对完整有效模型进行优化。TRIZ 的 76 个标准解是面向物质-场模型的解法，也是创新技法的一种形式。

把 76 个标准解应用于 B-S 分析法，标准解中的“物质”与“模块”对应，“场”与“信号”相对应。

如标准解 S2.1.2(双物-场模型)：如果需要强化一个难以控制的物-场模型，而且禁止替换元素，则可以通过加入第 2 个易控制的场以建立一个双物-场模型来解决问题。

该标准解可以理解为“双 B-S 模型”：如果需要强化一个难以处理的 B-S 模型，而且禁止替换元素，则可以通过加入第 2 个易处理的信号以建立一个双 B-S 模型来解决问题。

表 5-6 TRIZ 的 76 个标准解[215]

级号	名称	子级号	名称	数目
S1	建立或拆解物-场模型	S1. 1	建立物-场模型	8
		S1. 2	拆解物-场模型	5
S2	强化物-场模型	S2. 1	向合成物-场模型转换	2
		S2. 2	加强物-场模型	6
		S2. 3	通过匹配节奏加强物-场模型	3
		S2. 4	合成加强物-场模型	12
S3	向超系统或微观级转换	S3. 1	向双系统或多系统转换	5
		S3. 2	向微观级转化	1
S4	检测和测量的标准解法	S4. 1	间接方法	3
		S4. 2	建立测量物-场模型	4
		S4. 3	加强测量物-场模型	3
		S4. 4	向铁-场模型转化	5
		S4. 5	测量系统的进化方向	2
S5	简化与改善策略	S5. 1	引入物质	4
		S5. 2	引入场	3
		S5. 3	相变	5
		S5. 4	应用物理效应和现象的特性	2
		S5. 5	根据实验的标准解法	3

标准解的选用有两种途径：一是根据标准解的使用前提选择，二是根据标准解的两级分类选择。76 个标准解中有 39 个解是通过“如果”引导的，这些技法具有产生式规则的形式，可以通过前提匹配来选用。76 个标准解的两级分类分别与 B-S模型的几种应用情况相对应：当要分析的算法为控制策略的检测环节时，采用 S4 级标准解；当 B-S 模型为“完整有效模型”时，采用 S5 级标准解进行简化和改善；当 B-S 模型为“不完整模型”时，采用 S1. 1 子级标准解；当 B-S 模型为“完整但作用有害模型”时，采用 S1. 2 子级标准解；当 B-S 模型为“完整但作用不足模型”时，采用 S2，S3 级标准解。

B-S 模型与适用标准解集的对应关系如图 5-8 所示，该对应关系是 B-S 分析法推理过程的核心环节。

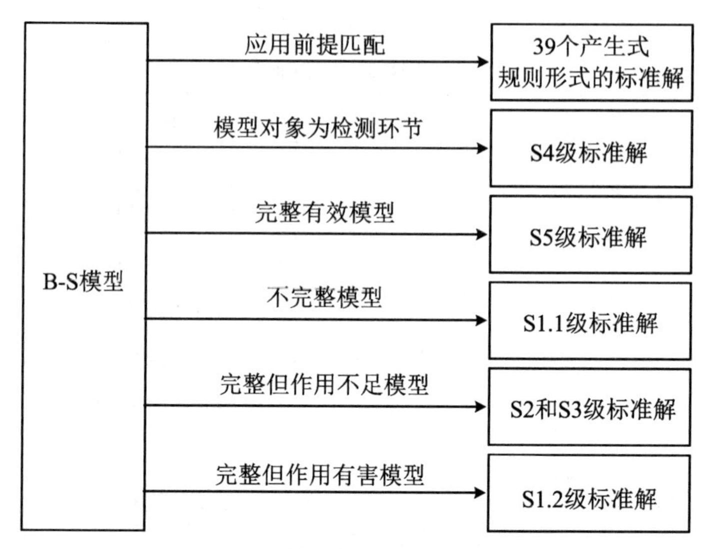

图 5-8　B-S 模型与标准解的对应关系

5.3.3.3　基于 B-S 分析法的控制策略概念设计步骤

基于 B-S 分析法的控制策略概念设计方法是一种基于实例推理的设计方法，同时也是基于知识的方法。其知识基础是 TRIZ 的物-场模型分类和 76 个标准解，属于基于创新技法的设计法。

应用 B-S 分析法进行控制策略概念设计，应首先选择一个概念解的实例作为创新求解的起点，然后利用 B-S 分析法获得适用的标准解，最后根据控制领域知识在标准解的指导下构建创新性设计方案。

控制策略概念设计的 B-S 分析法步骤如下：

步骤 BSSG1

STEP 1　选定一个面向问题的概念设计方案实例。

STEP 2　建立该实例的 B-S 模型。

STEP 3　对于 B-S 模型中的每一个基本 B-S 模型单元 $BS_i(i=1,2,\cdots,n)$，分析其预期作用的实现情况，根据图 5-8 的对应关系获得 BS_i 的适用标准解集 $SS_i=\{Sx.y.z\}$，其中 $Sx.y.z$ 为标准解的编号。

STEP 4　综合所有的标准解集 $SS_i(i=1,2,\cdots,n)$，根据控制领域知识构思备选设计方案集 S_c。

STEP 5　对 S_c 中的方案进一步分析获得可行方案集 S_f。

STEP 6　对 S_f 择优获得较佳方案集 S_p。

其中 STEP 1～STEP 4 可以循环进行，即把前一轮构思获得的备选方案作为实例，利用 B-S 分析法进行再分析与再设计，直至得到满意的备选设计方案集。

5.3.4　方案生成举例(例 5-4)[221]

例 5-4　部分状态不可测被控对象，要求设计控制器，使系统输出在外干扰的作用下保持在平衡点，并希望控制能耗尽可能小。

选用带 Luenberger 状态观测器的二次型最优状态反馈控制策略作为方案实例，实例的控制策略方框图如图 5-9 所示。

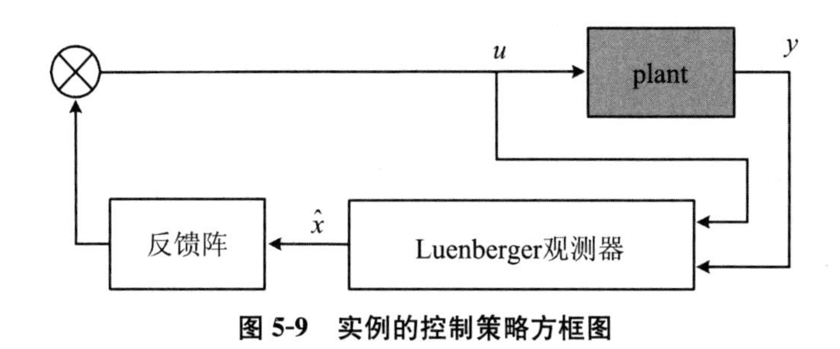

图 5-9　实例的控制策略方框图

5.3.4.1　利用 B-S 分析法构思创新性方案

绘制实例的 B-S 模型，如图 5-10 所示。

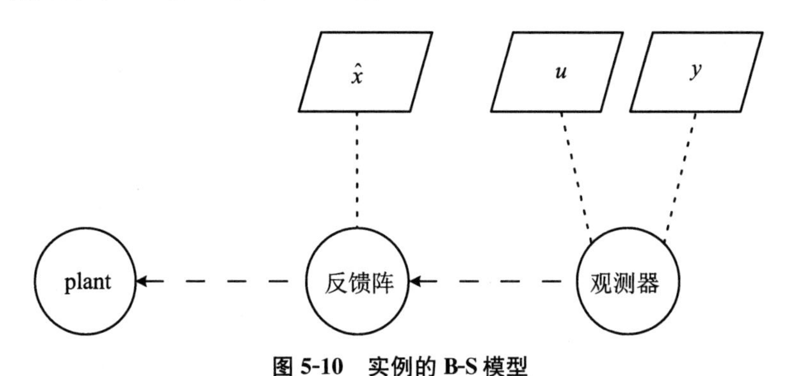

图 5-10　实例的 B-S 模型

对由“反馈阵＋被控对象 plant＋状态观测值 $\hat{x}$”组成的基本 B-S 模型 BS_1 进行分析，发现反馈阵的获得依赖被控对象的数学模型。由于被控对象的精确数学模型难以获得，该系统并不能使得控制能耗真正最小化，所以 BS_1 模型属于“完整但作用不足模型”。利用 B-S 模型与标准解的对应关系，获得 BS_1 模型的适用标准解集 SS_1＝{S2. 1. 1，S2. 2. 2，S3. 1. 1，S3. 2. 1}，SS_1 中的各元素的文字说明及构思获得的新 B-S 模型如表 5-7 所示。

表 5-7　SS_1 中的元素及创新 B-S 模型方案

标准解编号	标准解文字说明	构思获得的新 B-S 模型
S2. 1. 1	如果必须强化 B-S 模型，可以通过将 B-S 模型中的一个元素转化成独立控制的完整模型，形成链式 B-S 模型来解决问题	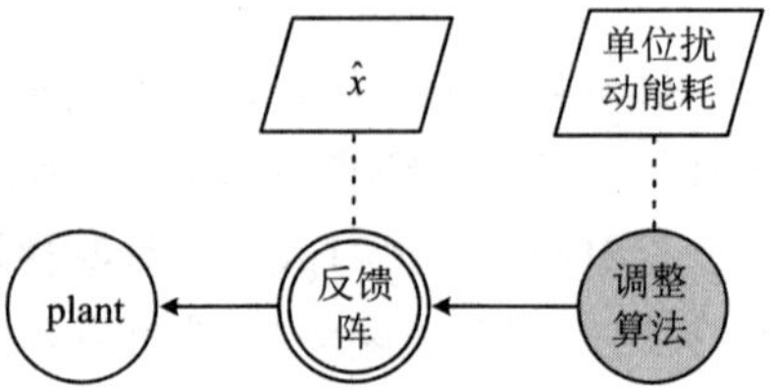 $\hat{x}$；单位扰动能耗；plant；反馈阵；调整算法
S2. 2. 2	通过加大 B2 的分裂程度来加强 B-S 模型	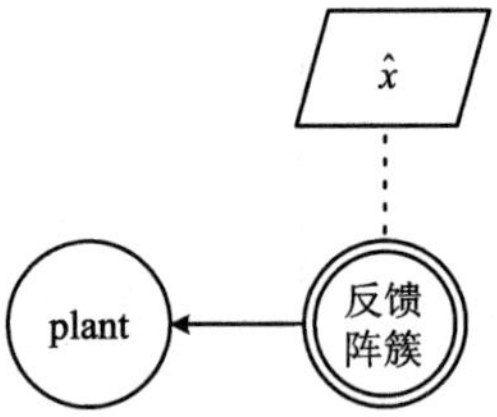 $\hat{x}$；plant；反馈阵簇
S3. 1. 1	通过与另外的系统组合，建立双系统或多系统来加强原系统	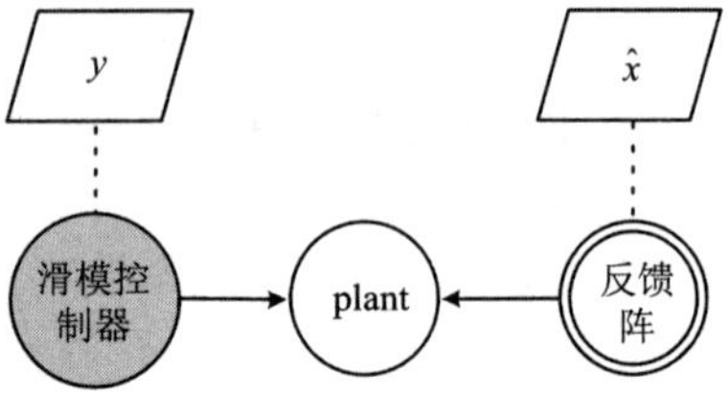 y；$\hat{x}$；滑模控制器；plant；反馈阵
S3. 2. 1	通过向微观级转化来强化原系统	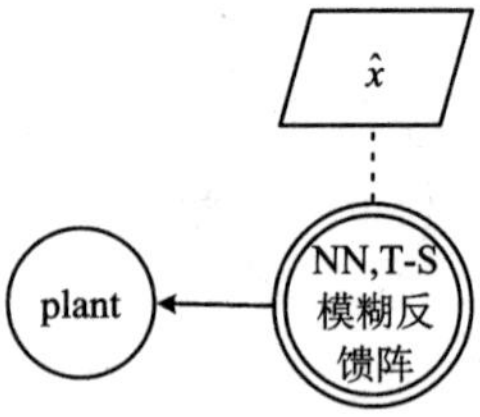 $\hat{x}$；plant；NN,T-S 模糊反馈阵

对由“Luenberger 状态观测器＋反馈阵＋对象输入输出值 u，y”组成的基本 B-S 模型 BS_2 进行分析，发现该模型属于检测环节。由于 Luenberger 状态观测器对数学模型存在依赖性，所以该模型也属于“完整但作用不足模型”。在 S4 级标准解中寻求适用 BS_2 的标准解，得到 $SS_2=\{S4.1.3, S4.2.2\}$，SS_2 中各元素的文字说明及构思获得的新 B-S 模型如表 5-8 所示。

表 5-8　SS_2 中的元素及创新 B-S 模型方案

标准解编号	标准解文字说明	构思获得的新 B-S 模型
S4. 1. 3	如果遇到检测和测量问题，不能使用标准解 S4. 1. 1 和 S4. 2. 1，可将问题转换成两次连续、变化的检测	u y 反馈阵 观测器 辨识器
S4. 2. 2	如果一个系统难以进行测量和检测，可以与易检测附加物复合得到合成 B-S 模型来解决	u y 反馈阵 对象逼近NN模型观测器

综合 SS_1 和 SS_2，可以构思出 8 种创新性设计方案，组成备选方案集 S_c，S_c 各方案的 B-S 模型及方框图如表 5-9 所示。

表 5-9　利用 B-S 分析法获得的备选方案

方案编号	方案标准解构成	方案 B-S 模型	方案框图
s1	S2. 1. 1 + S4. 1. 3	单位扰动能耗 $\hat{x}$ 调整算法 u y plant 反馈阵 观测器 辨识器	u plant y 反馈阵 $\hat{x}$ Luenberger观测器 辨识器 反馈阵调整算法 单位扰动能耗计算
s2	S2. 2. 2 + S4. 1. 3	$\hat{x}$ u y plant 反馈阵簇 观测器 辨识器	u plant y 反馈阵簇 $\hat{x}$ Luenberger观测器 辨识器 反馈阵选择算法

续表

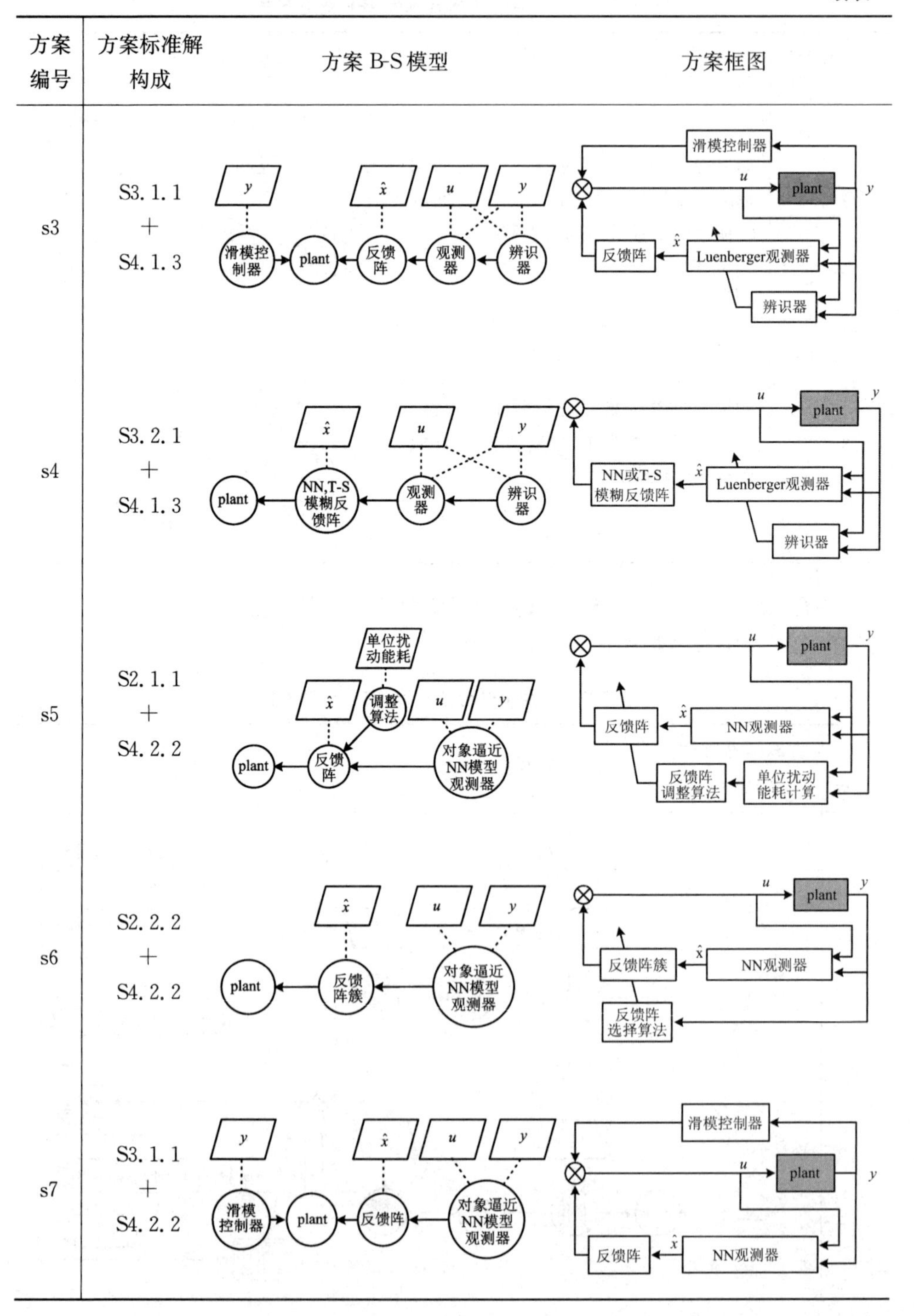

方案编号	方案标准解构成	方案 B-S 模型	方案框图
s3	S3.1.1 + S4.1.3		
s4	S3.2.1 + S4.1.3		
s5	S2.1.1 + S4.2.2		
s6	S2.2.2 + S4.2.2		
s7	S3.1.1 + S4.2.2		

续表

方案编号	方案标准解构成	方案 B-S 模型	方案框图
s8	S3. 2. 1 + S4. 2. 2	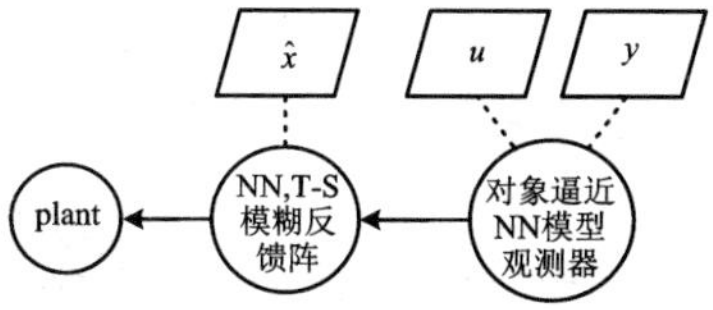 $\hat{x}$　u　y plant ← NN,T-S 模糊反馈阵 ← 对象逼近 NN模型 观测器	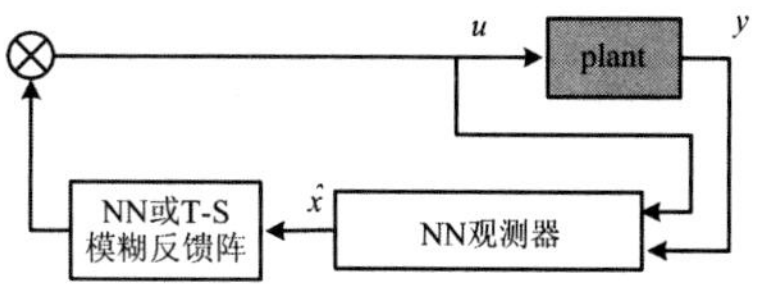 u　plant　y NN或T-S 模糊反馈阵 ← $\hat{x}$ ← NN观测器

在标准解的指导下如何构思新的 B-S 模型，取决于设计者的知识、经验和灵感，结果因人而异。表 5-7 和表 5-8 的新 B-S 模型仅仅是本书作者的构思结果，读者才高智深可以构思出更多更精妙的方案。

5. 3. 4. 2　对方案 s1 利用冲突矩阵创新法构思创新性方案

分析方案 s1，发现该方案对反馈阵按单位扰动能耗最小进行在线调整时，有可能影响到系统的稳定性，由此产生技术冲突 CT1：P22（能量损失）改善与 P13（结构的稳定性）恶化。查找冲突矩阵获得适用于 CT1 的发明原理具体手段 $\{T2.1, T6, T14.1, T39.1\}_1$，其原理描述及相应的启发性设计方案如表 5-10 所示。

表 5-10　CT1 适用的发明原理及启发性设计方案

发明原理编号	原理名称	原理描述	启发性设计方案
T2. 1	抽取	将物体中“负面”的部分或特性抽取出来	找到反馈阵的不稳定边界
T6	普遍性	使得物体或物体的一部分实现多种功能，以代替其他部分的功能	对反馈阵的部分（而不是全部）向量进行在线调整
T14. 1	曲面化	将直线（平面）用曲线（曲面）代替，立方体结构改成球体结构	获得反馈阵的在线调整曲面或利用优化算法在线调整
T39. 1	惰性环境	用惰性气体环境代替通常环境	在反馈阵的在线调整算法中采用死区加饱和的非线性策略，当单位扰动能耗在一定范围之外时对反馈阵不予调整

综合表 5-10 中的四个启发性设计方案,可以构思 s1 的改进方案如下:反馈阵调整算法仅对部分向量进行在线调整,所选被调整向量对系统稳定性影响小而对能耗影响大。调整算法的设计有三个要点:① 被调整向量仅在稳定边界之内调整,为此需要首先求出被调整向量的稳定边界;② 调整算法仅在单位扰动能耗的一定变化范围之内对反馈阵进行调整;③ 在线调整算法为优化算法。

综合上述改进要点,得到 s1 改进方案的方框图如图 5-11 所示。

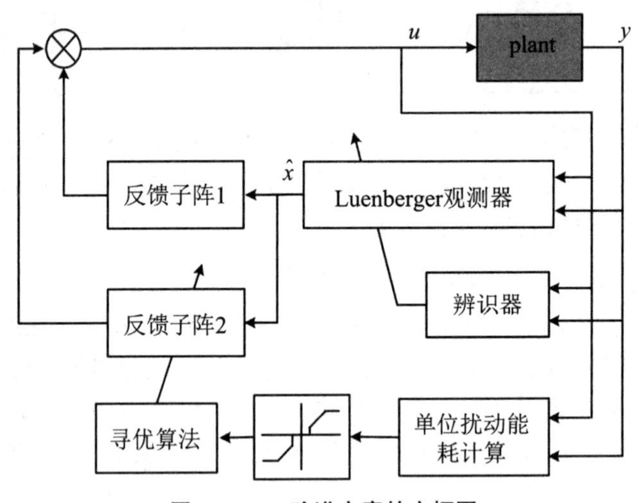

图 5-11 s1 改进方案的方框图

5.3.5 结论

本节基于 TRIZ 提出了两种具体的创新性控制策略概念设计方案生成方法,两种方法均具有一定的规范性和较强的可操作性。最后以状态反馈控制为例,演示了这两种方法的具体应用过程。此处提出的两种方法与 F-C-T 法相比,是更宽泛层面上的概念设计方案生成方法,主要用于方案构思,是一种面向人的指导性方法。与一般意义上的创新技法相比,这两种方法对控制领域的针对性更强,也更加程式化,更容易计算机软件化。

控制策略的创新、TRIZ 的现代化和计算机辅助创新都是当代技术发展的潮流。本节提供的两种方法,既为控制策略的创新提供了规范易行的途径,也扩展了 TRIZ 的具体方法和应用领域,还为控制策略计算机辅助创新设计提供了两种可程序化实现的方法。

5.4　本 章 小 结

本章对书中所提的第二大类方案生成方法进行了论述。首先从宏观层面上提出了基于创新技法的方案生成方法,然后以 TRIZ 为基础,给出了两种具体的控制策略创新性方案生成方法——控制策略冲突矩阵创新法和 B-S 分析法,并以四个例子展示了所给方法的方案创新能力。本书的第一大类方法(即 F-C-T 法)同时也是创新技法在控制领域应用的结果,第二大类方法涵盖了第一大类方法。

附　　录

附录 A　术语一览表

术　语	定义或说明所在页码
备选方案、可行方案、较佳方案	111
备选算艺方案、可行算艺方案、较佳算艺方案	90
必备功能属性	30
标识、标识的度	71,72
并发	72
不可知的、可知的	72
冲突、冲撞	72
出现序列、求解序列	73
待设计信息	89,105
单层功能-构型法	21,34
单层功能-构型-算艺法	22,112
单向连通的、强连通的	73
多层功能-构型法	21,36
多层功能-构型-算艺法	22,115
多层形态综合树	37,116
覆盖、真覆盖	72
改进 Freeman-Newell 功能推理模型	31
概念模型的形态综合问题(MSO 问题)	114

续表

术　语	定义或说明所在页码
概念模型的增量功能属性	110
概念设计的过程模型	20
概念设计需求	33,89,110
功能-算艺法	21,89
功能属性	17
构型的增量功能属性	32
构型形态综合优化问题(CSO 问题)	40
构型知识	106
固定子元、待定子元	30,106
关联矩阵	30,76,106
可变子元	32,109
可达、相互可达	73
可达标识集	71
可达标识图	77
可达标识图的顶点集、弧集、旁标	77
可行框架、可行构型、较佳构型	33,34
可行框架概念模型,可行框架概念模型集	113
可行框架集	34
控制策略的概念模型	17,106
控制策略的功能	16
控制策略的构型(构型)	16, 29,105
控制策略的算艺(算艺)	17,68
控制策略概念设计	1
控制策略概念设计的冲突矩阵创新法	174
控制策略概念设计方案生成	3
控制策略概念设计中的技术冲突	171
框架	29

续表

术　　语	定义或说明所在页码
框架概念模型	107
框架知识	106
扩展 I/S 工作流网	79
模块、信号	175
模块-信号模型(B-S 模型)、B-S 分析法	175
起始求解、终止求解	87,88
起始信息	79
求解(solver)、求解集	18,71
求解发生权向量、求解选择向量	76
设计变量	16
始点、终点	73
属性信息/求解网系统(属性 I/S 系统,AISWFN)	86
死标识	72
死的	72
死锁	72
算艺属性	18
算艺知识	87
通路、回路、初级通路、路径、初级回路、圈	73
同起止信息/求解子工作流网(同起止 I/S 子工作流网)	82
相容的、不相容的	82
信息表达方式	17
信息(information)、信息集	18,71
信息/求解标识网(I/S 标识网)	71
信息/求解工作流网系统(I/S 工作流网)	79
信息/求解网(I/S 网)	71
信息/求解网系统(I/S 系统)	18,71

续表

术　语	定义或说明所在页码
信息/求解子工作流网系统(I/S 子工作流网系统) 信息/求解子工作流网(I/S 子工作流网,ISsWFN)	82
形态综合	34,39
性能属性	18,20
一级活的	72
已知信息	89,110
应具备的功能属性	33,89,111
应有输入集、应有输出集	30
应知共享合成算艺模型	107
应知共享合成网	107
应知信息、应求信息	87
元素、元素集	73
增量功能需求	34,113
增量式设计	34,113
正确的	79
中间变量集	30,106
终止标识	79
终止信息	79
终止序列、最小终止序列	79
终止序列集、最小终止序列集	79
子元	30
自由选择 I/S 网	72
最大覆盖标识	71
最小 I/S 工作流网、非最小 I/S 工作流网	79
最小终止序列元素集之集	79

附录 B　符号系统说明

注:算例中与控制理论相关的符号按控制领域的习惯理解,不做专门说明。

符号	含　义	定义、说明或首次出现页码
$\varnothing$	空集	
$\wedge$	合取(逻辑与)	
$\vee$	析取(逻辑或)	
$\neg$	否定(逻辑非)	
$\rightarrow$	蕴含、映射	
iff	当且仅当	
$\forall$	全称量词,表示"对每一个"	
$\exists$	存在量词,表示"存在一个"	
$\vert \cdot \vert$	集合的模	
$\Leftrightarrow$	充要条件	
$\min^{p}$	取 p 个最小的	33
$\oplus$	异或	76
$\circledast$	用算子对 $\wedge$—$\oplus$定义的逻辑乘运算	76
$\ominus$	应知共享合成运算符	107
$A_{s_i}(k)$	关联矩阵 $\mathbf{A}$ 列向量 $\mathbf{A}_{s_i}$ 的第 k 个元素	76
B	固定子元集,$B=\{B_1,B_2,\cdots,B_{n_B}\}$	30
$B(s)$	求解 s 的界	73
$B(\Sigma)$	I/S 系统 Σ 的界	73
$B(M_i,M_j)$	可达标识图的弧(M_i,M_j)的旁标	77
B1,B2	B-S 模型中的模块 1、模块 2	175
C	构型,$C^{?}$表示"?"的构型	29,105

续表

符号	含　义	定义、说明或首次出现页码
C_f	可行构型集	33
C_p	较佳构型集	33
CTk	概念设计中的第 k 个技术冲突	175
csT$i.j$	形态综合树的第 i 层第 j 个形态学矩阵，csT0 表示第 0 层形态学矩阵	56
D	可变子元集	32,42,109
D_b	可变子元组合方案的分枝 $D_\mathrm{b}=z_{1,i_1}z_{2,i_2}\cdots z_{j,i_j}x\cdots x$	42
Dr	待定子元集，$Dr=\{Dr_1,Dr_2,\cdots,Dr_{n_D}\}$	30
$Dr_{jl}^{y_{kl}}$	备选框架 y_{kl} 的第 jl 个待定子元	37-39
$Dr^{y_{kl}}$	备选框架 y_{kl} 的待定子元集	37-39
$Dr^{g_{kl}}$	备选框架概念模型 g_{kl} 的待定子元集	116
$Dr_{jl}^{g_{kl}}$	备选框架概念模型 g_{kl} 的第 jl 个待定子元	116
E	概念模型集，$E=\{e_1,e_2,\cdots,e_{n_E}\}$	111
$E_{g_k.j}$	框架概念模型 g_k 的第 j 个待定子元的备选概念模型集	113
$E_{g_{kl}.jl}^{l}$	第 l 层形态综合时为设计需求 $Dr_{jl}^{g_{kl}}$ 所获得的可行概念模型集。E_R^1 表示第 1 层形态综合时为设计需求 R 所获得的可行概念模型集	116
$e_{j,i}$	待定子元 Dr_j 的第 i 个备选概念模型，$e_{j,i}\in E_{g_k.j}$	113
$e_{k,j}$	从构型知识 z_k 生成的第 j 个概念模型	139(例 4-1)
$e_{\mathrm{ss}?}$	“?”的稳态误差	119(例 4-1)
F	I/S 网的弧的集合，$F^?$ 表示“?”的弧集	71,138(例 4-1)
$\mathscr{F}$	功能元集	17
f_i	功能元，采用语言描述	17
$\mathbb{F}(\cdot)$	功能属性	17
f_i	功能属性的第 i 个元素值	17
f	所实现的算法，$f^?$ 表示“?”所实现的算法	29,105,106
$f_{(v_i,s_j)}$	I/S 网的弧(v_i,s_j)，$f_{(v_i,s_j)}\in F$	76

续表

符号	含　　义	定义、说明或首次出现页码
$\mathbb{F}(C/H)$	以 H 为框架的构型 C 的增量功能属性	32
$\mathbb{F}(R/y_k)$	设计需求 R 以 y_k 为框架的增量功能需求	34
$\mathbb{F}(\mathscr{M}/\Psi)$	以 Ψ 为框架的概念模型 $\mathscr{M}$ 的增量功能属性	110
$\mathbb{F}(R/g_k)$	R 以 g_k 为框架概念模型的增量功能需求	113
$\mathbb{F}(D_b/y_k)^+$	D_b 增量功能属性的上限估值	42
$\hat{F}(Z_{y_k}\cdot{}_j)$	辅助值	42
G	框架概念模型集，$G=\{g_1,g_2,\cdots,g_{n_G}\}$	111
$G^l_{g_{k(l-1)}\cdot j(l-1)}$	第 l 层形态综合时为设计需求 $Dr^{g_{k(l-1)}}_{j(l-1)}$ 获得的可行框架概念模型集。G^1_R 表示第 1 层形态综合时为设计需求 R 获得的可行框架概念模型集	116
$g_{k,j}$	从框架知识 y_k 生成的第 j 个框架概念模型	138(例 4-1)
H	框架，$H^?$ 表示“?”的框架	29
H_f	可行框架集	34
(H,D)	构型的合成表示形式，表示该构型以 H 为框架、以 D 为可变子元集。例如 $z_{21}=(y_3,\{z_1,z_4\})$表示构型 z_{21} 以 y_3 为框架、以$\{z_1,z_4\}$为可变子元集	32,58(例 2-2)
I	输入集，$I^?$ 表示“?”的输入集	29,106,107
$\boldsymbol{L}$	关联矩阵	30,106
$\mathscr{M}$	控制策略概念模型	106
$\mathscr{M}_c$	备选方案集	111
$\mathscr{M}_f$	可行方案集	111
$\mathscr{M}_p$	较佳方案集	111
$M(v)$	信息 v 的标识	71
M_0	I/S 系统的初始标识	71
M_e	I/S 工作流网的终止标识	79
M_E	网 N 的最大覆盖标识，$M_E=[1,1,\cdots,1]^T_{1\times n_V}$	71
$M(V)$	标识 M 的度	72

续表

符号	含　　义	定义、说明或首次出现页码
$M[s>$	求解 s 在标识 M 有发生权	71
$M[s>M'$	求解 s 在标识 M 发生，产生标识 M'	71
$M[\sigma>$	求解序列 σ 可以在标识 M 发生	74
$M[\sigma>M'$	求解序列 σ 在标识 M 发生后，产生新的最终标识 M'	74
$M[\{s_1, s_2\}>$	求解 s_1 和 s_2 在 M 并发	72
$M[s_1 \vee s_2>$	求解 s_1 和 s_2 在 M 冲突	72
$M_1 \leqslant M_2$	标识 M_2 覆盖标识 M_1	72
$M_1 < M_2$	标识 M_2 真覆盖标识 M_1	72
n_o	功能元集的模，$n_0 = \|\mathscr{F}\|$	17
O	输出集，$O^?$ 表示“?”的输出集	29,106,107
$P(\cdot)$	性能属性	18
$P(D_b)^-$	D_b 性能属性的下限估值	42
$\hat{P}_j$	辅助值	41
$\overline{\Delta P}_j$	$Z_{y_k}, _j$ 的性能属性平均跨度	41
P_k	TRIZ 的第 k 个通用工程参数	172
p	应求较佳概念模型的个数	33,89,111
Q	构型知识	106
R	概念设计需求	33,89,110
$R(M)$	标识 M 的可达标识集(含 M)	71,77
$RG(\Sigma)$	I/S 系统 Σ 的可达标识图	77
S	I/S 网的求解集，$S^?$ 表示“?”的求解集	71,95,138(例 4-1)
S^*	完全求解序列集，即由求解集 S 中的求解组成的所有求解序列(含空序列)的集合	73
$S_z(\Sigma)$	I/S 工作流网 Σ 的最小终止序列元素集之集	79
Sg	B-S 模型中的元素“信号”	175

续表

符号	含　义	定义、说明或首次出现页码
S$x.y.z$	TRIZ 的标准解编号	176-178
$^{\bullet}s$	求解 s 的前集	71
$s^{\bullet}$	求解 s 的后集	71
s_{s}	起始求解	87
s_{e}	终止求解	87
sR	子需求，ssR 表示子子需求	36
$s_k^?$	算艺“?”的第 k 个求解	124(例 4-1)
$\#(s/\sigma)$	求解 s 在序列 σ 中出现的次数	73
T	算艺模型，$T^?$ 表示“?”的算艺模型	87
$T(\cdot)$	算艺属性	18
T_{c}	备选算艺方案集	90
T_{f}	可行算艺方案集	90
T_{p}	较佳算艺方案集	90
T$x.y$	TRIZ 第 x 条发明原理的第 y 条应用手段，Tx 表示 TRIZ 第 x 条发明原理	172-175
$t_{\mathrm{s}?}$	“?”的±5%调节时间	119(例 4-1)
V	框架的中间变量集，I/S 网的信息集，$V^?$ 表示“?”的信息集	30,71,106,107
$^{\bullet}V_1$	信息子集 V_1 的前集	72
$V_1^{\bullet}$	信息子集 V_1 的后集	72
v_{s}	I/S 工作流网的起始信息	79
v_{e}	I/S 工作流网的终止信息	79
$v_k^?$	算艺“?”的第 k 个求解	123(例 4-1)
$\boldsymbol{X}(M)$	标识 M 下的求解发生权向量	76
$\boldsymbol{X}_{i_M}$	标识 M 下的求解选择向量	76
$\mathscr{X}_0$	应求信息集，$\mathscr{X}_0=\{x_1^0,x_2^0,\cdots,x_{n_{\mathscr{X}}}^0\}$	87
$\mathscr{X}_0^?$	“?”的应求信息集	90,107,109
$\mathscr{X}_1$	应知信息集，$\mathscr{X}_1=\{x_1^1,x_2^1,\cdots,x_{n_{\mathscr{X}}}^1\}$	87

续表

符号	含　义	定义、说明或首次出现页码
$\mathscr{X}_1^?$	“?”的应知信息集	90,107,109
$x_i->x_j$	网元素 x_i 可达 x_j	73
$x_i<->x_j$	网元素 x_i 与 x_j 相互可达	73
Y	备选框架集或框架知识集,$Y=(y_1,y_2,\cdots,y_{n_Y})$	33,111
$Y^l_{y_{k(l-1)}\cdot j(l-1)}$	第 l 层形态综合时为设计需求 $Dr_{j(l-1)}^{y_{k(l-1)}}$ 所获得的可行框架集。Y_R^1 表示第 1 层形态综合时为设计需求 R 所获得的可行框架集	37-39
$\mathscr{Y}_1$	已知信息集,$\mathscr{Y}_1=\{y_1^1,y_2^1,\cdots,y^1_{n_{\mathscr{Y}_1}}\}$	89,110
$\mathscr{Y}_0$	待设计信息集,$\mathscr{Y}_0=\{y_1^0,y_2^0,\cdots,y^0_{n_{\mathscr{Y}_0}}\}$	89,105
y_k	第 k 个备选框架集或框架知识	33,111
Z	备选构型集或构型知识集,$Z=\{z_1,z_2,\cdots,z_{n_Z}\}$	33,111
$Z_{y_k\cdot j}$	框架 y_k 的第 j 个待定子元的备选构型集	40
$Z^l_{y_{kl}\cdot jl}$	第 l 层形态综合时为设计需求 $Dr_{jl}^{y_{kl}}$ 所获得的可行构型集,Z_R^1 表示第 1 层形态综合时为设计需求 R 所获得的可行构型集	37-39
z_k	第 k 个备选构型或构型知识	33,111
$z_{j,i}$	待定子元 Dr_j 的第 i 个备选构型,$z_{j,i}\in Z_{y_k\cdot j}$	40
Γ	算艺知识	87
$\Gamma(Q)$	构型知识 Q 的算艺知识	106
$\Gamma(\Pi)$	框架知识 Π 的算艺知识	106
Π	框架知识	106
Σ	I/S 系统、属性 I/S 系统	71,86
$\Sigma^?$	算艺方案“?”的网系统	89,107,109
$\overline{\Sigma}$	Σ 的扩展 I/S 工作流网	79
σ	I/S 系统的求解序列	73
$\widehat{\sigma}$	求解序列 σ 的元素集	73
σ_e	I/S 工作流网的终止序列	79
σ_z	I/S 工作流网的最小终止序列	79

续表

符号	含　义	定义、说明或首次出现页码
$\sigma_?\%$	“?”的超调量	119(例 4-1)
τ	I/S 系统的出现序列	73
$\Phi(\Sigma)$	I/S 工作流网 Σ 的终止序列集	79
$\Phi_z(\Sigma)$	I/S 工作流网 Σ 的最小终止序列集	79
Ψ	控制策略框架概念模型	107
Ψ_f	可行框架概念模型集	113
(Ψ, D)	概念模型的合成表示形式，表示该概念模型以 Ψ 为框架、以 D 为可变子元集。例如 $e_{3036}=(g_3,\{e_{2405},e_7\})$ 表示概念模型 e_{3036} 以 g_3 为框架、以 $\{e_{2405},e_7\}$ 为可变子元集	109，143(例 4-1)
$\psi(FC)$	功能需求到构型的映射	20
$\psi(FT)$	功能需求到算艺的映射	20
$\psi(CT)$	构型到算艺的映射	20
$\psi(CF)$	构型的待定子元到功能的映射	20

附录C　方案生成算法与设计步骤一览表

算法、步骤	说　明	页码
算法 CSOA1	用于构型形态综合的启发式枚举算法	42
算法 CSOA2	用于构型形态综合的分段惯性权重 PSO 算法	45
算法 GB1	I/S 系统可达标识图的构造算法	78
算法 GB2	I/S 工作流网可达标识图的构造算法	81
算法 SB1	I/S 工作流网终止序列集 $\Phi(\Sigma)$的生成算法	83
算法 SB2	基于终止序列集 $\Phi(\Sigma)$的 I/S 工作流网最小终止序列元素集集 $S_z(\Sigma)$生成算法	84
算法 NG1	基于可达标识图的全部相容最小同起止 I/S 子工作流网生成算法	84
步骤 CSG1	单层 F-C 法的设计步骤	34
步骤 CSG2	多层 F-C 法的设计步骤	39
步骤 TSG1	F-T 法的设计步骤	90
步骤 MSG1	单层 F-C-T 法的设计步骤	114
步骤 MSG2	多层 F-C-T 法的设计步骤	118
步骤 CMSG1	控制策略冲突矩阵创新法设计步骤	175
步骤 BSSG1	B-S 分析法设计步骤	178

附录 D　方案生成匹配条件一览表

条件	说　明	页码
CH. IO 条件	构型匹配框架待定子元的接口匹配条件	31
CH. F 条件	构型匹配框架待定子元的功能支持条件	32
CR. IO 条件	构型匹配设计需求的接口匹配条件	33
CR. F 条件	构型匹配设计需求的功能支持条件	33
CR. P 条件	构型匹配设计需求的性能优选条件	33
HR. IO 条件	框架匹配设计需求的接口匹配条件	34
ΓR. XY 条件	算艺知识匹配设计需求的信息完备条件/ 构型知识与框架知识匹配 设计需求的信息完备条件	89/111
TΓ. XX 条件	从算艺知识生成算艺方案的算艺合理性条件/ 从构型知识与框架知识生成 概念模型与框架概念模型的算艺合理性条件	89/111
TR. F 条件	算艺方案匹配设计需求的功能支持条件	89
TR. P 条件	算艺方案匹配设计需求的性能优选条件	89
MΨ. IO 条件	概念模型匹配框架概念模型 待定子元的接口匹配条件	109
MΨ. F 条件	概念模型匹配框架概念模型 待定子元的功能支持条件	109
MR. IO 条件	概念模型匹配设计需求的接口匹配条件	111
MR. F 条件	概念模型匹配设计需求的功能支持条件	111
MR. P 条件	概念模型匹配设计需求的性能优选条件	111
ΨR. IO 条件	框架概念模型匹配设计需求的接口匹配条件	113

附录 E　缩略语一览表

缩略语	说　明	首次出现页码
TRIZ	发明问题求解理论	ⅰ
CACSD	computer aided control system design 控制系统计算机辅助设计	5
DAIS	design advisor for implementing systems 系统设计顾问	8
CACE	computer aided control engineering 计算机辅助控制工程	9
CBR	case-based reasoning,基于实例的推理	9
QFD	quality functional deployment 质量功能配置	11
I/S 网	information/solver net,信息/求解网	20
F-T 法	功能-算艺法	21
F-C 法	功能-构型法	23
F-C-T 法	功能-构型-算艺法	23
CSO	configuration synthesis optimization 构型形态综合优化	40
PSO	particle swarm optimization,粒子群算法	43
ISWFN	information/solver workflow net 信息/求解工作流网	79
ISsWFN	信息/求解子工作流网	82
MSO 问题	概念模型的形态综合问题	114
FOLPD	first-order lag plus delay 带有时间延迟的一阶模型	123

续表

缩略语	说　　明	首次出现页码
CMAC	cerebellar model articulation controller 小脑神经网络	135
B-S模型	模块-信号模型	175
B-S分析法	模块-信号分析法	175

附录 F　知识与模型关系简图

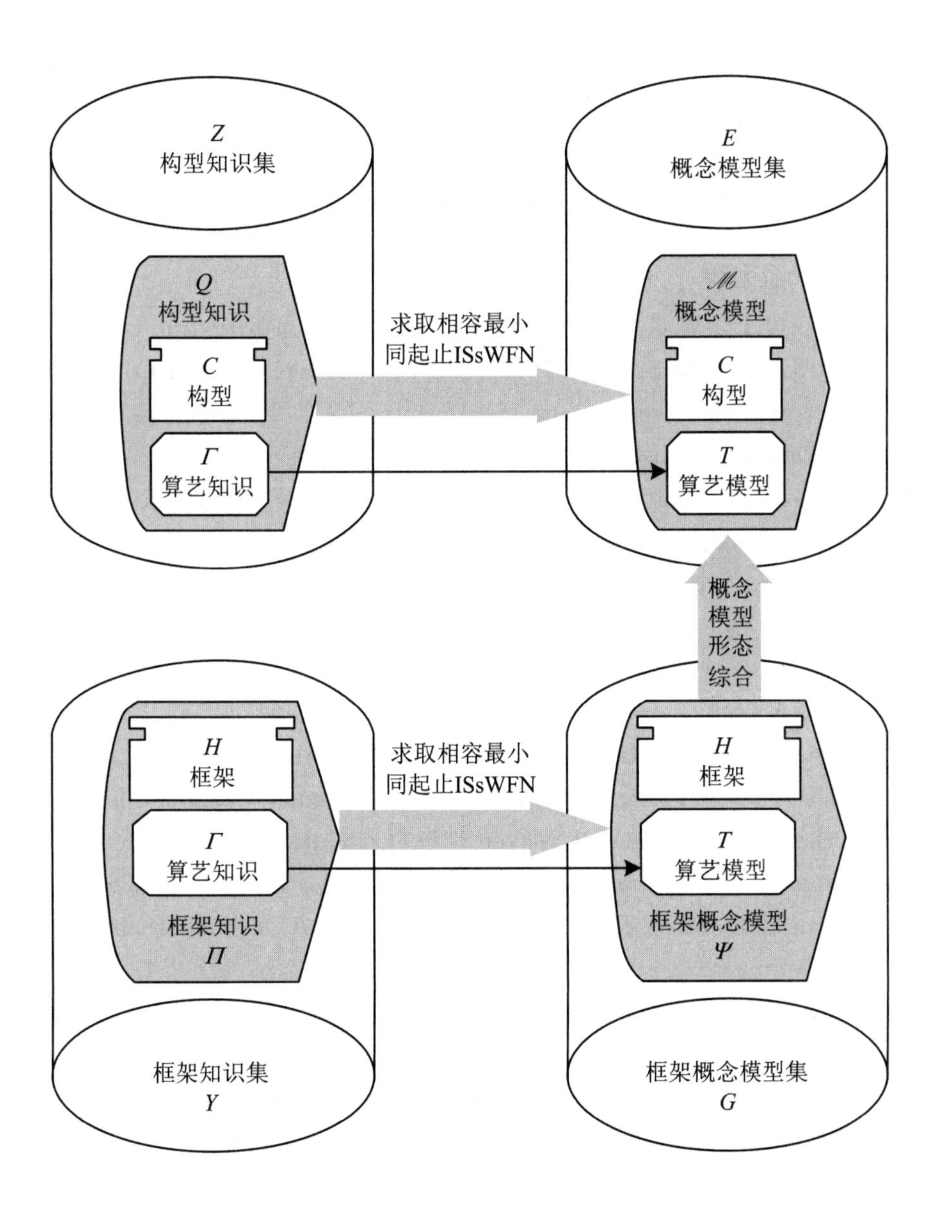

参 考 文 献

[1] Liu G Q, Liu W G. Conceptual Design of Control Strategies[C]// IEEE. Proceedings of the 2006 American Control Conference. New York: IEEE, 2006: 4615-4616.

[2] Pahl G, Beitz W. Engineering Design[M]. London: The Design Council, 1984.

[3] 邹慧君，张青，郭为忠. 广义概念设计的普遍性、内涵及理论基础的探索[J]. 机械设计与研究，2004，20(3)：10-14.

[4] Liu G Q, Liu W G, Liu X C. Control Strategy Formation: an Overview[C] // IEEE Beijing Section. Proceedings of 7th International Conference on Electronic Measurement and Instruments: Vol 2. Hong Kong: International Academic Publishers Ltd., 2005: 25-32.

[5] Schreeiber G. 知识工程和知识管理[M]. 史忠植，梁永全，吴斌，等译. 北京：机械工业出版社，2003.

[6] Foss A S. Critique of Chemical Process Control Theory[J]. American Institute of Chemical Engineers Journal, 1973, 19: 209-214.

[7] Rosenbrock H H. Computer-aided Control System Design [M]. New York: Academic Press, 1974.

[8] Maciejowski J M, MacFarlane A G J. CLADP: the Cambridge Linear Analysis and Design Programs[J]. IEEE Control Systems Magazine, 1982, 2: 3-8.

[9] Becker R G, Heunis A J, Mayne D Q. Computer-aided Design of Control Systems via Optimization[J]. IEE Proceedings, Part D, 1979, 126: 573-578.

[10] Mayne D Q, Polak E, Sangiovanni-Vincentelli A. Computer-aided Design via Optimization: a Review[J]. Automatica, 1982, 18: 147-154.

[11] Herget C J, Laub A J. Special Issue on Computer-aided Control System Design[J]. IEEE Control Systems Magazine, 1982, 2(4).

[12] Astrom K J. Computer-aided Modeling, Analysis and Design of Control Systems: a Perspective[J]. IEEE Control Systems Magazine, 1983, 3(2): 4-16.

[13] Taylor J H, Frederick D K. An Expert System Architecture for Computer aided Control Engineering[J]. Proceedings of the IEEE, 1984, 12(72): 1795-1805.

[14] Maciejowski J M. The Changing Face and Role of CACSD[C]// IEEE. Proceedings of the 2006 IEEE Conference on Computer-aided Control Systems Design. New York: IEEE, 2006: 1-7.

[15] 肖人彬,陶振武,刘勇. 智能设计原理与技术[M]. 北京:科学出版社,2006.

[16] Liu G Q, Liu W G. Conceptual Design of Control Strategies Based on Function- configuration Mapping Methodology[C]// IEEE. Proceedings of the 2nd IEEE Conference on Industrial Electronics and Applications. New York: IEEE, 2007: 1355-1360.

[17] 费奇,王红卫. 复杂决策问题的层次性及相应的决策支持技术[M]// 许国志,顾基发,车宏安. 系统科学与工程研究. 2 版. 上海:上海科技教育出版社,2001:224-237.

[18] Morari M. Integrated Plant Control: a Solution at Hand or a Research Topic for the Next Decade? [J]. CPC-Ⅱ, 1981: 467-495.

[19] Skogestad S, Postlethwaite I. Multivariable Feedback Control[M]. New Jersey: John Wiley & Sons Press, 1996.

[20] Skogestad S, Morari M. Control Configuration Selection for Distillation Columns[J]. AIChE Journal, 1987, 33(10): 1620-1635.

[21] Kontogiannis E, Munro N, Impram S T. Frequency Domain Control Structure Design Tools[J]. Lecture Notes in Control and Information Sciences, 1999, 243: 263-276.

[22] Antonio C B de Araujo, Govatsmark M, Skogestad S. Application of Plantwide Control to the HDA Process Ⅰ: Steady-state Optimization and Self-optimizing Control[J]. Control Engineering Practice, 2007, 15: 1222-1237.

[23] de Araújo A C B, Hori E S, Skogestad S. Application of Plantwide Control to the HDA Process Ⅱ: Regulatory Control[J]. Industrial & Engineering Chemistry Research, 2007, 46: 5159-5174.

[24] Vasbinder E M, Hoo K A. Integration of Control Structure Synthesis & Plant Design: a Novel Plantwide Decomposition[C]// AIChE. AIChE National Conference 2002. New York: AIChE, 2002.

[25] 金晓明,王树青. 工业过程先进控制的概念设计[J]. 化工自动化及仪表,2000,27(4):1-5.

[26] 王骥程,杨双华. 工业过程控制系统结构自动生成及综合的应用理论研究[J]. 自动化与仪器仪表,1991,2:6-10.

[27] 杨双华. 工业过程的建模、控制与决策[D]. 杭州:浙江大学,1993.

[28] 李慷,席裕庚,张钟俊. 复杂工业过程控制结构的综合[J]. 控制与决策,1995,10(4):296-303.

[29] 李慷. 复杂工业过程控制结构综合策略的研究[D]. 上海:上海交通大学,1995.

[30] Downs J J,Vogel E F. A Plant-wide Industrial Process Control Problem[J]. Computers and Chemical Engineering,1993,17:245-255.

[31] McAvoy T J,Ye N. Base Control for the Tennessee Eastman Problem[J]. Computers and Chemical Engineering,1994,18(5):383-413.

[32] Ricker N L. Decentralized Control of the Tennessee Eastman Challenge Process[J]. Journal of Process Control,1996,6(4):205-221.

[33] Luyben M L,Tyreus B D,Luyben W L. Plantwide Control Design Procedure[J]. AICHE Journal,1997,43(12):3161-3174.

[34] Lyman P R,Georgakis C. Plant-wide Control of the Tennessee Eastman Problem[J]. Computers and Chemical Engineering,1995,19(3):321-331.

[35] Tyreus B D. Dominant Variables for Partial Control 2:Application to the Tennessee Eastman Challenge Process[J]. Industrial & Engineering Chemistry Research,1998,38:1444-1455.

[36] Stephanopoulos G, Ng C. Perspectives on the Synthesis of Plant-wide Structures[J]. Journal of Process Control,2000,10:97-111.

[37] Antelo L T,Banga J R,Alonso A A. Hierarchical Design of Decentralized Control Structures for the Tennessee Eastman Process[J]. Computers and Chemical Engineering,2008,32:1995-2015.

[38] Larsson T,Skogest S. Plantwide Control:a Review and a New Design Procedure[J]. Modeling,Identification and Control,2000,21(4):209-240.

[39] van de Wal M, de Jager B. Control Structure Design: a Survey [C]// IEEE. Proceedings of the American Control Conference. New York: IEEE,1995:225-229.

[40] Johansson K H,Hagglund T. Control Structure Design in Process Control Systems[J]. IFAC Proceedings Volumes,2000,33(10):135-140.

[41] Zakian V,Al-Naib U. Design of Dynamical and Control Systems by the Method of Inequalities[J]. Proc. IEE,1973,120(11):1421-1427.

[42] Ng W Y. Application of Optimization-based Methods in Control System Design[J]. System Modelling and Optimization,1988,113:52-59.

[43] Becker R G,Heunis A J,Mayne D Q. Computer-aided Design of Control Systems via Optimization[J]. Proc. IEE Part D,1979,126(6):573-578.

[44] Yu J,Keane M A,Koza J R. Automatic Design of Both Topology and Tuning of a Common Parameterized Controller for Two Families of Plants Using Genetic Programming[C]//IEEE. Proceedings of the 2000 IEEE International Symposium on Computer-aided Control System Design. New York:IEEE,2000:234-242.

[45] Payne A N. On Control System Design by Multi-objective Optimization Techniques[J]. IEEE Control Systems Magazine,1982,12:50-51.

[46] Payne A N. Interval Elimination Methods for Interactive Optimization of Multiple Objectives [D]. Berkeley:University of California,1979.

[47] 刘永强. 变权综合型目标函数及其在控制系统优化设计中的应用[J]. 淮海工学院学报(自然科学版),2005,14(4):24-27.

[48] Polak E,Mayne D Q. Algorithms for Computer-aided Design of Control Systems by the Method of Inequalities[C]//IEEE. 18th IEEE Conference on Decision and Control Including the Symposium on Adaptive Processes. New York:IEEE,1980:555-559.

[49] Polak E,Mayne D Q,Stimler D M. Control System Design via Semi-infinite Optimization:a Review[J]. Proc. IEEE,1984,72:1777-1794.

[50] Sakawa M. Solution of Multicriteria Control Problems in Certain Types of Linear Distributed-parameter Systems by a Multicriteria Simplex Method[J]. Journal of Mathematical Analysis and Applications,1978,64(1):181-188.

[51] 王福永. 单纯形法在控制系统调节器优化设计中的应用[J]. 苏州大学学报(工科版),2002,22(4):38-41.

[52] 晋严尊. 基于非线性规划算法的控制系统优化设计[J]. 航空兵器,2003,1:9-12.

[53] Zhao B J,Li S Y. Ant Colony Optimization Algorithm and Its Application to Neuro-fuzzy Controller Design[J]. Journal of Systems Engineering and Electronics,2007,18(3):603-610.

[54] 尹宏鹏,柴毅. 基于蚁群算法的 PID 控制参数优化[J]. 计算机工程与应用,2007,43(17):4-7.

[55] Boissel O R,Kantor J C. Optimal Feedback Control Design for Discrete-

event Systems Using Simulated Annealing [J]. Computers and Chemical Engineering, 1995, 19(3): 253-266.

[56] Sarkar D, Modak J M. ANNSA: a Hybrid Artificial Neural Network/Simulated Annealing Algorithm for Optimal Control Problems[J]. Chemical Engineering Science, 2003, 58(14): 3131-3142.

[57] 罗亚中,唐国金,田蕾.基于模拟退火算法的最优控制问题全局优化[J].南京理工大学学报,2005,29(2):144-148.

[58] Zhang Z H. Multi-objective Optimization Immune Algorithm in Dynamic Environments and Its Application to Greenhouse Control[J]. Applied Soft Computing, 2008, 8: 959-971.

[59] 胡珉,吴耿锋.基于免疫系统的多模型控制算法[J].计算机应用,2008,28(2):297-301.

[60] Castellani U, Fusiello A, Gherardi R, et al.. Automatic Selection of MRF Control Parameters by Reactive Tabu Search[J]. Image and Vision Computing, 2007, 25(11): 1824-1832.

[61] Bagis A. Determining Fuzzy Membership Functions with Tabu Search: an Application to Control[J]. Fuzzy Sets and Systems, 2003, 139: 209-225.

[62] Zhao L, Shieh L S, et al.. Simplex Sliding Mode Control for Nonlinear Uncertain Systems via Chaos Optimization[J]. Chaos, Solitons and Fractals, 2005, 23(13): 747-755.

[63] Song Y, Chen Z Q, Yuan Z Z. Neural Network Nonlinear Predictive Control Based on Tent-map Chaos Optimization[J]. Chinese Journal of Chemistry Engineering, 2007, 15(4): 539-544.

[64] Karakuzu C. Fuzzy Controller Training Using Particle Swarm Optimization for Nonlinear System Control[J]. ISA Transactions, 2008, 47: 229-239.

[65] Ghoshal S P. Optimizations of PID Gains by Particle Swarm Optimizations in Fuzzy Based Automatic Generation Control[J]. Electric Power Systems Research, 2004, 72: 203-212.

[66] Goldberg D E. Genetic Algorithms and Rule-learning in Dynamic System Control[C]// Grefenstette J J. Proceedings of First International Conference on Genetic Algorithms and Their Applications. London: Psychology Press, 1985: 8-15.

[67] Grefenstette J J. Optimization of Control Parameters for Genetic Algorithms[J]. IEEE Transactions of Systems, Man and Cybernetics, 1986, 16

(1):122-128.

[68] Markon S,Kise H,Kita H,et al.. Control of Traffic Systems in Buildings [M]. London:Springer-Verlag,2006:103-119.

[69] Herrera F,Herrera-Viedma E,Lozano M. Genetic Algorithms and Fuzzy Logic in Control Processes[J]. Archives of Control Sciences. 1995,5(1-2):135-168.

[70] 杨智民,王旭,庄显. 遗传算法在自动控制领域中的应用综述[J]. 信息与控制,2000,29(4):329-339.

[71] 李永华,王荣瑞. 离散滑模控制系统参数优化设计[J]. 武汉汽车工业大学学报,1996,18(6):1-6.

[72] 罗熊,孙增圻. 计算智能方法优化设计模糊控制系统:现状与展望[J]. 控制与决策,2007,22(9):961-966.

[73] Homaifar A,Mccormick E. Simultaneous Design of Membership Functions and Rule Sets for Fuzzy Controller Using Genetic Algorithms[J]. IEEE Trans on Fuzzy Systems,1995,3(2):129-139.

[74] Hwang H S. Automatic Design of Fuzzy Rule Base for Modeling and Control Using Evolutionary Programming[J]. IEE Proceeding-control Theory and Applications,1999,144(I):9-16.

[75] Dasgupta D. Evolving Neuro-controllers for a Dynamic System Using Structured Genetic Algorithms[J]. Applied Intelligence,1998,8:113-121.

[76] 吴斌. 控制系统信息结构分析与优化设计[J]. 西南工学院学报,2000,15(2):1-6.

[77] Lo K L,Khan L. Hierarchical Micro-genetic Algorithm Paradigm for Automatic Optimal Weight Selection in H_∞ Loop-shaping Robust Flexible AC Transmission System Damping Control Design[J]. IET Proceeding-Generation Transmission and Distribution,2004,151(1):109-108.

[78] Boyle J M,Maciejowski J M. Expert-aided Sequential Design of Multivariable Systems[J]. IEE Proceedings,Part D,1992,139:471-490.

[79] Pang G K H,MacFarlane A G J. An Expert Systems Approach to Computer-aided Design of Multivariable Systems[M]. Lecture Notes in Control and Information Sciences,1987.

[80] Pang G K H,Vidyasagar M,Heunis A J. Development of a New Generation of Interactive CACSD Environments[J]. IEEE Control Systems Magazine,1990,10(5):40-44.

[81] Maekawa K,Grantham K H P. Control System Design Automation for Mechanical Systems[J]. Journal of Intelligent and Robotic Systems,1998,21:239-256.

[82] Lewin D R,Morari M. Robex:an Expert System for Robust Control Synthesis[J]. Computers and Chemical Engineering,1988,12:1187-1198.

[83] Postlethwaite I,Gu D W,Goh S J,et al.. An Expert System for Robust Controller Design[C]// IEEE. Proceedings of International Conference on Control 1994. New York:IEEE,1994:1170-1175.

[84] Gu D W,Goh S J,Fitzpatrick T,et al.. Application of an Expert System for Robust Controller Design[C]//IEE. Proceedings of UKACC International Conference on Control 1996. London:IEE,1996:1004-1009.

[85] 喻铁军,戴冠中,朱志祥. 控制系统计算机辅助设计专家系统的开发[J]. 信息与控制,1989,3:7-13.

[86] Tebbutt C. Expert-aided Control System Design[M]. Berlin: Springer-Verlag,1994.

[87] Ng W Y. Interactive Multi-objective Programming as a Framework for Computer-aided Control System Design[J]. Lecture Notes in Control and Information Sciences,1989,132.

[88] Thomas L T,Phillip S,Uri H R. Expert System Architecture for Control System Design[C]// IEEE. Proceedings of the 1986 American Control Conference. New York:IEEE,1986:1163-1169.

[89] March-Leuba J, Mullens J A, Wood R T. Final Report of Neri Project 99-119 Task 1: Advanced Control Tools and Methods and Task 1. 4: Requirements-driven Control System Design: ORNL/TM-2002/191[R]. Tennessee:Oak Ridge National Laboratory,2002.

[90] Jose M L,Wood R T. Development of an Automated Approach to Control System Design[J]. Nuclear Technology,2003,141(1):45-53.

[91] Taylor J H,Seres P. An Intelligent Front End for Control System Implementation [C]//IEEE. Proceedings of the 1996 IEEE International Symposium on Computer-aided Control System Design. New York: IEEE, 1996:7-13.

[92] Taylor J H, Chan C. An Intelligent Implementation Aid for Industrial Process Control Systems[C]//IEEE. Proceedings of the 1999 American Control Conference. New York:IEEE,1999:3605-3609.

[93] Frankovič B, Budinská I, Sebestyénová J, et al.. MARABU: Multiagentovy Podporny Systém pre Modelovanie, Riadenie a Simuláciu Dynamickych Systémov[J]. AT&P Journal, 2005, 4: 57-59.

[94] Sebestyénová J. Decision Support System for Modelling of Systems and Control Systems Design[C]//IEEE. Proceedings of the 2005 International Conference on Computational Intelligence for Modelling, Control and Automation, and International Conference on Intelligent Agents, Web Technologies and Internet Commerce. New York: IEEE, 2006: 70-75.

[95] Frankovic B, Oravec V. Design of the Agent-based Intelligent Control System[J]. Acta Polytechnica Hungarica, 2005, 2(2): 39-52.

[96] Sebestyénová J. Case-based Reasoning in Agent-based Decision Support System[J]. Acta Polytechnica Hungarica, 2007, 4(1): 127-138.

[97] 吴麒,高黛陵,毛剑琴. 论控制系统的智能设计[J]. 控制理论与应用,1993,10:241-249.

[98] 吴麒,高黛陵. 控制系统的智能设计[M]. 北京:机械工业出版社,2003.

[99] 李东海,吴麒. 非最小相位控制系统的智能设计[J]. 自动化学报,1995,21(1):87-92.

[100] Saifuddin A B, Maciejowski J M, Szymkat M. Computational Chains for CACSD Using Matlab Containers[C]//IEEE. Proceedings of the 1996 IEEE International Symposium on Computer-aided Control System Design Dearborn. New York: IEEE, 1996: 392-397.

[101] 朱宏辉,曾开来,查靓. 控制系统自动设计中的自然语言理解[J]. 武汉理工大学学报(交通科学与工程版),2003,27 (2):194-197.

[102] Bradshaw A, Counsell J M. A Knowledge Based Mechatronics Approach to Controller Design[C]//Institute of Chemical Engineers. Proceedings of UKACC International Conference on Control 1998. New Jersey: Inst. Electrical Engineers Inspec. Inc., 1998: 1723-1727.

[103] Counsell J, Porter J, Dawson D, et al.. Schemebuilder: Computer-aided Knowledge Based Design of Mechatronic Systems[J]. Assembly Automation, 1999, 19(2): 129-138.

[104] Counsell J M, Porter I, Duffy M. Schemebuilder: CACD for Mechanism Motion Control[C]//Burrows C R, Edge K A. Proceedings of Bath Workshop on Power Transmission and Motion Control. Westminister: Professional Engineering Publishing Ltd., 1998: 45-57.

[105] Michael Ulrik Sorensen. Application of Functional Modelling in the Design of Industrial Control Systems[J]. Reliability Engineering and System Safety,1999,64:301-315.
[106] Ahlstrom K,Torin J,Per Johannessen. Design Method for Conceptual Design of By-wire Control: Two Case Studies[C]// IEEE. Proceedings of the IEEE International Conference on Engineering of Complex Computer Systems. New York:IEEE,2001:133-143.
[107] Li H X,Tso S K,Deng H. A Conceptual Approach to Integrate Design and Control for the Epoxy Dispensing Process[J]. International Journal of Advanced Manufacturing Technology,2001,17:677-682.
[108] Yavuz H,Bradshaw A. A New Conceptual Approach to the Design of Hybrid Control Architecture for Autonomous Mobile Robots[J]. Journal of Intelligent and Robotic Systems,2002,34:1-26.
[109] Association M. Modelica Specification,Version 3. 0[EB/OL]. https://www. modelica. org/documents/ModelicaSpec30. pdf,2019-05-12.
[110] 杨锡运,徐大平. 一种键图模型控制法的研究[J]. 华北电力大学学报. 2003,30(02):45-48.
[111] Cadsim Engineering. Basic Bond Graph Modeling Concepts[EB/OL]. http://www. bondgraph. com/,2019-05-12.
[112] 王连成. 工程系统论[M]. 北京:中国宇航出版社,2003.
[113] 张帅. 复合功能产品概念设计建模理论及自动化求解方法研究[D]. 杭州:浙江大学,2005.
[114] 韩晓建. 机械产品概念设计过程研究与实现[D]. 北京:北京航空航天大学,2000.
[115] 孙守迁,黄琦. 计算机辅助概念设计[M]. 北京:清华大学出版社,2004.
[116] 曾硝,谢金崇,邓家禔. 创新设计中产品定义模型的动态生成[J]. 中国机械工程,2002,13(6):497-500.
[117] 韩晓建,邓家禔. 机械产品设计的过程建模[J]. 北京航空航天大学学报,2000,26(5):604-607.
[118] 檀润华,王庆禹. 产品设计过程模型、策略与方法综述[J]. 机械设计,2000,11:1-5.
[119] 林小峰,宋春宁,宋绍剑,等. 基于 IEC 61131-3 标准的控制系统及应用[M]. 北京:电子工业出版社,2007.
[120] 张建明,魏小鹏,张德珍. 产品概念设计的研究现状及其发展方向[J]. 计算

机集成制造系统,2003,9(8):613-620.

[121] Suh N P. 公理设计:发展与应用[M]. 谢友柏,袁小阳,徐华,等,译. 北京:机械工业出版社,2004.

[122] Tay F E H,Gu J. Product Modeling for Conceptual Design Support[J]. Computers in Industry,2002,48:143-155.

[123] Gero J S. Design Prototypes:a Knowledge Representation Schema for Design[J]. AI Magazine,1990,11(4):26-36.

[124] 李宗斌. 先进制造中多色集合理论的研究与应用[M]. 北京:中国水利水电出版社,2005.

[125] 中国国家标准化管理委员会. 工业过程测量和控制系统用功能块:第 1 部分 结构:GB/T 19769. 1-2005[S]. 北京:中国标准出版社,2005.

[126] van der Aalst W M P. The Application of Petri Nets to Workflow Management[J]. Journal of Circuits, Systems and Computers, 1988, 8(1): 21-66.

[127] 刘歌群,刘卫国. 信息/求解 Petri 网系统[J]. 海军工程大学学报,2008,20(4):33-38.

[128] 曹东兴,檀润华,苑彩云. 基于集合原理的产品概念设计过程建模[J]. 机械工程学报,2004,40 (8):134-139.

[129] 宋慧军. 机械产品概念设计方案生成方法与关键技术研究[D]. 西安:西安交通大学,2003.

[130] 邹慧君. 机械系统概念设计[M]. 北京:机械工业出版社,2003.

[131] Kevin N O,Kristion L W. 产品设计(Product Design Techniques in Reverse Engineering and New Product Development)[M]. 齐春萍,宫晓东,张帆,译. 北京:电子工业出版社,2005.

[132] Hussain T,Frey G. Defining IEC 61499 Compliance Profiles Using UML and OCL [C]//IEEE. Proceedings of 2007 5th IEEE International Conference on Industrial Informatics: Vol. 2. New York: IEEE, 2007: 1157-1162.

[133] Gouyon D,Pétin J F,Morel G. A Product-driven Reconfigurable Control for Shop Floor Systems[J]. Studies in Informatics and Control,2007,16(1).

[134] Dubinin V,Vyatkin V. Formalized Definition and Modelling of IEC 61499 Function Block Systems[J]. Letters of Tertiary Education Institutions, 2005,5:76-89.

[135] Johan F, Massimo T, Ivica C. A Component-based Development Framework for Supporting Functional and Non-functional Analysis in Control System Design[C]// ACM SIGART. Proceedings of 20th IEEE/ACM International Conference on Automated Software Engineering. New York: Association for Computing Machinery, 2005: 368-371.

[136] Karl-Heinz J, Michael T. IEC 61131-3: Programming Industrial Automation Systems[M]. Berlin: Springer-Verlag, 2001.

[137] IEC. Programming Industrial Aotumation Systems: Concepts and Programming Languages, Requirements for Programming Systems, Aids to Decision-making Tools: IEC61131-3 [S]. Berlin: Springer-Verlag, 1993: 12.

[138] IEC. Function Blocks: Part 1 Architecture: IEC61499-1[S]. Berlin: Springer-Verlag, 2005: 1.

[139] Dubinin V, Vyatkin V. On Definition of a Formal Model for IEC 61499 Function Blocks[J]. EURASIP Journal on Embedded Systems, 2008, (1): 426713.

[140] 苗东升. 系统科学精要[M]. 北京:人民大学出版社,2006.

[141] 陈禹. 层次:系统科学的一个重要范畴[M]//许国志,顾基发,车宏安. 系统科学与工程研究. 2 版. 上海:上海科技教育出版社,2001:101-182.

[142] 陈忠,盛毅华. 现代系统科学学[M]. 上海:上海科学技术文献出版社,2005.

[143] Freeman P, Newell A. A Model for Functional Reasoning in Design[C]// British Computer Soc. Proceedings of the Second International Joint Conference on Artificial Intelligence. London: British Computer Soc., 1971: 621-640.

[144] Chakrabarti A, Bligh T P. A Scheme for Functional Reasoning in Conceptual Design[J]. Design Studies, 2001, 22: 493-517.

[145] 罗海玉. 基于功能分析的概念设计[J]. 机械研究与应用,2002,15(4): 65-67.

[146] 王玉新,杨丽艳,朱殿华. 复杂功能、结构关系表达及其在概念设计中应用[J]. 机械工程学报,2004,40(6):49-54.

[147] 陈义保,钟毅芳,张磊. 基于蚁群系统的方案组合优化设计方法[J]. 机械设计与研究,2004,20 (1):13-15.

[148] 薄瑞峰,黄洪钟,吴卫东. 蚂蚁算法在概念设计方案求解中的应用[J]. 西安

交通大学学报,2005,39(11):1236-1240.

[149] 许可证,赵勇.面向方案组合优化设计的混合遗传蚂蚁算法[J].计算机辅助设计与图形学学报,2006,18(10):1587-1593.

[150] 陈光柱,肖兴明,李志蜀,等.基于模糊多目标免疫算法的概念设计[J].机械工程学报,2007,43 (3):165-171.

[151] 刘希玉,王文平,姚坤.微粒群优化算法及其在创新概念设计中的应用[J].山东交通学院学报,2006,14(3):62-66.

[152] Kennedy J,Eberhart R. Particle Swarm Optimization[C]//IEEE. IEEE International Conference on Neural Networks:Vol. 4. New York:IEEE,1995:1942-1948.

[153] van den Bergh F. An Analysis of Particle Swarm Optimizers[D]. Pretoria:University of Pretoria,2002.

[154] 高尚,杨静宇.非线性整数规划的粒子群优化算法[J].微计算机应用,2007,28(2):126-130.

[155] Beasley D,Bull D R,Martin R R. A Sequential Niching Technique for Multimodal Function Optimization[J]. Evolutionary Computation,1993,1(2):101-125.

[156] Brits R,Engelbrecht A P,van den Bergh F. A Niching Particles Warm Optimizer[C]// Springer. Proceedings of the Conference on Simulated Evolution and Learning. Berlin:Springer,2002:692-696.

[157] Stevens A L,Wigdorowitz B. The Guider System for Classical Controller Design [C]//IEEE. Proceedings of the 1996 IEEE International Symposium on Computer-aided Control System Design. New York:IEEE,1998:483-487.

[158] 姚忠林.创成式 CAPP 零件建模和工艺决策的研究[D].长春:吉林大学,2001.

[159] 乔建明.面向工艺信息化 CAPP 技术的研究[D].西安:西北大学,2001.

[160] 刘敏,潘晓弘,程耀东,等.创成式 CAPP 系统中工艺规划过程的建模[J].浙江大学学报(工学版),2000,34(5):489-493.

[161] 朱国华.多级安全工作流研究[D].武汉:华中科技大学,2003.

[162] 汪涛.基于 Petri 网的工作流管理模型研究及应用[D].武汉:华中理工大学,1999.

[163] 王斌君.工作流过程模型的层次研究及其分析[D].西安:西北大学,2002.

[164] Kiritsis D,Porchet M. A Generic Petri Net Model for Dynamic Process

Planning and Sequence Optimization[J]. Advances in Engineering Software,1996,(25):61-71.

[165] 蔡宗琰,王宁生,任守纲,等.基于赋时可重构 Petri 网的可重构制造系统调度算法[J].西南交通大学学报,2004,39(3):341-344.

[166] Kanehara T,Suzuki T,Inaba A,et al.. On Algebraic and Graph Structural Properties of Assembly Petri Nets-searching by Llinear Programming [C]//IEEE. Proceedings of IEEE/RSJ International Conference on Intelligent Robots and Systems. New York:IEEE,1993:2286-2293.

[167] Chen J H,Fu L C,Lin M H. Petri-net and GA Based Approach to Modeling,Scheduling,and Performance Evaluation for Wafer Fabrication[C]// IEEE. Proceedings of the 2000 IEEE International Conference on Robotics and Automation. New York:IEEE,2000:3403-3408.

[168] 吴哲辉.Petri 网导论[M].北京:机械工业出版社,2006.

[169] 崔焕庆,吴哲辉.计算一类递归方程的增广 Petri 网模型[J].系统仿真学报,2003,15:40-42.

[170] 袁崇义.Petri 网原理与应用[M].北京:电子工业出版社,2005.

[171] Tsai J,Teng C C,Lee C H. Test Generation and Site of Fault for Combinational Circuits Using Logic Petri Nets Systems[C]//IEEE. Proceedings of 2006 IEEE International Conference on Systems, Man, and Cybernetics:Vol 1. New York:IEEE,2006:91-96.

[172] 刘金琨.滑模变结构控制 MATLAB 仿真[M].北京:清华大学出版社,2005.

[173] 高为炳.变结构控制理论基础[M].北京:中国科学技术出版社,1990.

[174] 薛定宇.控制系统计算机辅助设计:MATLAB 语言与应用 [M].2 版.北京:清华大学出版社,2006:306-307.

[175] 薛定宇.控制系统计算机辅助设计:MATLAB 语言与应用 [M].2 版.北京:清华大学出版社,2006:100-103.

[176] 薛定宇.控制系统计算机辅助设计:MATLAB 语言与应用 [M].2 版.北京:清华大学出版社,2006:263-268.

[177] Zhuang M,Atherton D P. Automatic Tuning of Optimum PID Controllers[J]. IEE Proceedings-control Theory and Applications,1993,140(3):216-224.

[178] Cheng G S,Hung J C. A Least-squres Based Self-tuning of PID Controllers[C]//IEEE. Proceedings of the IEEE South East Conference. New York:IEEE,1985:325-332.

[179] Wang F S, Juang W S, Chan C T. Optimal Tuning of PID Controllers for Single and Cascade Control Loops[J]. Chemical Engineering Communications, 1995, 132: 15-34.

[180] Hang C C, Astrom K J, Ho W K. Refinements of the Ziegler-NicholsTuning Formula[J]. IEE Proceedings-control Theory and Applications, 1991, 138(2): 111-118.

[181] 薛定宇. 控制系统计算机辅助设计: MATLAB 语言与应用 [M]. 2 版. 北京: 清华大学出版社, 2006: 272-275.

[182] Ellis G. Control System Design Guide [M]. 3rd ed. Beijing: Publishing House of Electronics Industry, 2006: 81.

[183] 薛定宇. 控制系统计算机辅助设计: MATLAB 语言与应用 [M]. 2 版. 北京: 清华大学出版社, 2006: 374.

[184] 卢志刚, 吴士昌, 于灵慧. 非线性自适应逆控制及其应用[M]. 北京: 国防工业出版社, 2004: 116-120.

[185] 卢志刚, 吴士昌, 于灵慧. 非线性自适应逆控制及其应用[M]. 北京: 国防工业出版社, 2004: 111.

[186] 赵宏, 黄洪钟. 支持计算机辅助概念设计的机械产品创新过程动态建模[J]. 机械工程学报, 2006, 42(10): 190-196.

[187] 曾硝, 谢金崇, 邓家褆. 创新设计中产品定义模型的动态生成[J]. 中国机械工程, 2002, 13(6): 497-500.

[188] 何斌. 有助于产品创新的概念设计理论与方法的研究[D]. 杭州: 浙江大学, 2006.

[189] 张付英. 机械产品创新设计信息化建模、求解及其关键技术研究[D]. 天津: 天津大学, 2004.

[190] 赵勇, 查建中. 产品方案创新的信息处理与知识发掘技术[J]. 计算机应用研究, 2002(1): 1-3.

[191] 李瑞琴, 邹慧君. 现代机构创新设计理论与方法研究[J]. 机械科学与技术, 2003, 22(1): 83-85.

[192] 罗玲玲. 创造力理论与科技创造力[M]. 沈阳: 东北大学出版社, 1998.

[193] 许延浪. 现代大学实用创造学[M]. 西安: 西北工业大学出版社, 2003.

[194] 甘自恒. 创造学原理和方法: 广义创造学[M]. 北京: 科学出版社, 2003.

[195] 张武城. 创造创新方略[M]. 北京: 机械工业出版社, 2005.

[196] Levant A. Sliding Order and Sliding Accuracy in Sliding Mode Control [J]. International Journal of Control, 1993, 58(6): 1247-1263.

[197] Chiacchiarini H G, Desages A C, Romagnoli J A, et al.. Variable Structure Control with a Second Order Sliding Condition: Application to a Steam Generator[J]. Automatica, 1995, 31(8): 1157-1168.

[198] Bartolini G, Ferrara A, Usai E. Chattering Avoidance by Secondorder Sliding Mode Control[J]. IEEE Transactions on Automatic Control, 1998, 43(2): 241-246.

[199] Savransky S D. Engineering of Ceativity[M]. New York: CRC Press, 2000.

[200] 赵新军. 技术创新理论(TRIZ)及应用[M]. 北京:化学工业出版社,2004.

[201] 郑称德. TRIZ 的产生及其理论体系:TRIZ 创造性问题解决理论 I [J]. 科技进步与对策,2002,1:112-114.

[202] 檀润华. 产品创新设计若干问题研究进展[J]. 机械工程学报,2003,39(9):11-16.

[203] Vladimir P, Svetlana V. TRIZ Electing a President[J/OL]. The TRIZ Journal, 2000, 4 [2019-05-12]. http://triz-journal.com/triz-electing-president/.

[204] Kowalick J F. The TRIZ APPROACH: Case Study Creative Solutions to a Human Relations (HR) Problem[J/OL]. The TRIZ Journal, 1997, 11 [2019-05-12]. http://www.triz-journal.com/triz-approach-case-study-creative-solutions-human-relations-hr-problem/.

[205] Kevin C R. Applying TRIZ to Software Problems: Creatively Bridging Academia and Practice in Computing[J/OL]. The TRIZ Journal, 2002. https://triz-journal.com/applying-triz-software-problems-creatively-bridging-academia-practice-computing/, 2019-05-12.

[206] King R K. Applying TRIZ and the Theory of Ideal Super Smart Learning to Computing Systems: Ultimate Ideal Autonomous Objects, Strategic Problem Solving, and Product Innovation[J/OL]. The TRIZ Journal, 2002, 9. https://triz-journal.com/applying-triz-theory-ideal-supersmart-learning-computing-systems-ultimate-ideal-autonomous-objects-strategic-problem-solving-product-innovation/, 2019-05-12.

[207] 镇璐,蒋祖华,苏海,等. 知识网格辅助产品创新平台及其关键技术[J]. 上海交通大学学报,2007,41(6):876-880.

[208] Domb E. The 39 Features of Altshuller's Contradiction Matrix[J/OL]. The TRIZ Journal, 1998, 11. http://triz-journal.com/39-features-alt-

shullers-contradiction- matrix/,2019-05-12.

[209] Mann D,Catháin C Ó. 40 Inventive (Architecture) Principles with Examples. [J/OL]. The TRIZ Journal,2001,7. https://www.researchgate.net/publication/ 267794849_40_Inventive_Architecture_Principles_With_Examples,2019-05-12.

[210] Liu G Q,Liu W G. Instructing the Innovation of Control Strategies by TRIZ [C]//IEEE. Proceedings of Sixth International Conference on Intelligent Systems Design and Applications: Vol. 1. New York: IEEE, 2006:787-791.

[211] 檀润华.发明问题解决理论[M].北京:科学出版社,2004.

[212] Terninko J. Su-field Analysis[J/OL]. The TRIZ Journal,2000,2[2019-05-12]. https://triz- journal.com/su-field-analysis/.

[213] Liu G Q,Liu W. TRIZ-aided Innovation in Conceptual Design of Control Strategies[J]. Materials Science Forum, 2006,532-533:901-904.

[214] 杨清亮.发明是这样诞生的:TRIZ 理论全接触[M].北京:机械工业出版社,2006.

[215] Slocum M S,K O St I,Domb E,et al. Solution Dynamics as a Function of Resolution Method [J/OL]. The TRIZ Journal,2003,1 [2019-05-12]. https://triz-journal.com/ solution-dynamics-function-resolution-method-physical-contradiction-v-technical-contradiction/.

[216] 刘金琨.先进 PID 控制 Matlab 仿真[M].2 版.北京:电子工业出版社,2004.

[217] Liu G Q. Improved Freeman-Newell Functional Reasoning Model for Conceptual Design of Manufacturing Process Control Strategies[J]. Advanced Materials Research,2010,102-104:422-426.

[218] Liu G Q,Liu L. The Information/Solver Workflow Net[C]//IEEE. Proceedings of the 8th World Congress on Intelligent Control and Automation:Vol. 7. New York:IEEE,2010:1914-1918.

[219] 刘歌群.信息/求解网系统的可达图分析[J].微电子学与计算机,2010,27(12):1-3.

[220] 刘歌群.利用创新技法指导控制策略创新初探[J].控制工程,2010,17(S0):1671-1675.

[221] 刘歌群."物质-场"分析法在控制策略创新设计中的应用[J].机械设计与研究,2010,26(3):7-11.